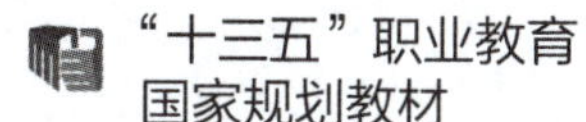

Photoshop CC 图像处理基础

刘万辉　韩锐 / 主编

高等教育出版社·北京

内容简介

本书是"十三五"职业教育国家规划教材。

本书分为10章：认识Photoshop CC、Photoshop CC基本工具的使用、图层的使用、图像色彩色调的调整、路径与形状绘制、蒙版的应用、通道的应用、滤镜的应用、动画与动作自动化命令的应用和综合实战训练。前面9个章节的编写主要分为任务展示、知识准备（其中包括综合案例）、任务实施、任务拓展、项目实训等环节。最后一章分为3个项目，对前面所学知识进行综合应用。

本书配有114个微课视频、授课用PPT、案例素材、习题答案等丰富的数字化学习资源。与本书配套的数字课程"Photoshop CC图像处理基础"在"智慧职教"平台（www.icve.com.cn）上线，学习者可以登录平台进行在线学习及资源下载，授课教师可以调用本课程构建符合自身教学特色的SPOC课程，详见"智慧职教"服务指南。教师也可发邮件至编辑邮箱1548103297@qq.com获取相关资源。

本书内容丰富，实用性强，可作为高等职业院校计算机应用技术、多媒体技术、动漫技术等相关专业的"Photoshop图像处理"课程的教材，也可作为平面设计爱好者学习的参考用书。

图书在版编目（CIP）数据

Photoshop CC图像处理基础 / 刘万辉，韩锐主编. --北京：高等教育出版社，2018.11（2022.9重印）
ISBN 978-7-04-050062-2

Ⅰ. ①P… Ⅱ. ①刘… ②韩… Ⅲ. ①图象处埋软件-高等职业教育-教材 Ⅳ. ①TP391.413

中国版本图书馆CIP数据核字（2018）第149231号

Photoshop CC Tuxiang Chuli Jichu

策划编辑 许兴瑜　　责任编辑 许兴瑜　　封面设计 赵 阳　　版式设计 于 婕
插图绘制 于 博　　责任校对 刘娟娟　　责任印制 韩 刚

出版发行	高等教育出版社	网　　址	http://www.hep.edu.cn
社　　址	北京市西城区德外大街4号		http://www.hep.com.cn
邮政编码	100120	网上订购	http://www.hepmall.com.cn
印　　刷	北京印刷集团有限责任公司		http://www.hepmall.com
开　　本	787mm×1092mm 1/16		http://www.hepmall.cn
印　　张	20		
字　　数	530千字	版　　次	2018年11月第1版
购书热线	010-58581118	印　　次	2022年9月第8次印刷
咨询电话	400-810-0598	定　　价	49.50元

物 料 号 50062-A0

智慧职教服务指南

“智慧职教”是由高等教育出版社建设和运营的职业教育数字教学资源共建共享平台和在线课程教学服务平台，包括职业教育数字化学习中心平台（www.icve.com.cn）、职教云平台（zjy2.icve.com.cn）和云课堂智慧职教 App。用户在以下任一平台注册账号，均可登录并使用各个平台。

• 职业教育数字化学习中心平台（www.icve.com.cn）：为学习者提供本教材配套课程及资源的浏览服务。

登录中心平台，在首页搜索框中搜索“Photoshop CC 图像处理基础”，找到对应作者主持的课程，加入课程参加学习，即可浏览课程资源。

• 职教云（zjy2.icve.com.cn）：帮助任课教师对本教材配套课程进行引用、修改，再发布为个性化课程（SPOC）。

1. 登录职教云，在首页单击“申请教材配套课程服务”按钮，在弹出的申请页面填写相关真实信息，申请开通教材配套课程的调用权限。

2. 开通权限后，单击“新增课程”按钮，根据提示设置要构建的个性化课程的基本信息。

3. 进入个性化课程编辑页面，在“课程设计”中“导入”教材配套课程，并根据教学需要进行修改，再发布为个性化课程。

• 云课堂智慧职教 App：帮助任课教师和学生基于新构建的个性化课程开展线上线下混合式、智能化教与学。

1. 在安卓或苹果应用市场，搜索“云课堂智慧职教”App，下载安装。

2. 登录 App，任课教师指导学生加入个性化课程，并利用 App 提供的各类功能，开展课前、课中、课后的教学互动，构建智慧课堂。

“智慧职教”使用帮助及常见问题解答请访问 help.icve.com.cn。

前言

Adobe Photoshop 是由 Adobe 公司推出的图像处理软件，主要应用于插画、游戏、影视、广告、海报、网页设计、多媒体设计、软件界面、POP、照片处理等领域。同时，Photoshop 也是一款实战性很强的软件，学习者需要不断地实践，才能够掌握 Photoshop 中的相关技术与技巧。

本书内容采用模块化的编写思路，先从零碎的基础知识讲起，然后融合为具体任务，最终通过综合的项目实战训练融会贯通，全面提高学生的综合能力。

本书具体内容包括 10 章：Photoshop CC 基本操作、基本工具的使用、图层的使用、图像色彩色调的调整、路径与形状绘制、蒙版的应用、通道的应用、滤镜的应用、动画与动作自动化命令的应用和综合实战训练。

前 9 章中，每一章都由 5 个模块组成，分别为任务展示、知识准备（包括综合案例）、任务实施、任务拓展、项目实训等。

- 任务展示：简述任务目标，展示任务实施效果，提高学生学习兴趣。
- 知识准备：详细讲解知识点，展示相关技术的使用方法与技巧，通过系列实例实践，边学边做。同时通过综合案例综合应用相关技术的使用方法与技巧。
- 任务实施：通过任务综合应用所学知识，提高综合运用知识的能力。
- 任务拓展：强调一些拓展知识、提高知识与技巧交流。
- 项目实训：在项目实施的基础上通过“学、仿、做”达到理论与实践统一、知识的内化与应用的教学目的。

本书的主要特点如下。

- 内容设计合理，凸显学习者的认知规律，由简单到复杂，循序渐进，逐步深入，便于初学者入门。
- 案例与任务的选取基于实际操作应用，素材的选取既注重实用性，又注重艺术性，在学习技术的同时，提高艺术修养。
- 教材资源丰富，配套建设了电子教学课件、项目案例与源文件，以及重点与难点的系列微课视频等。

本书配有 114 个微课视频、授课用 PPT、案例素材、习题答案等丰富的数字化学习资源。与本书配套的数字课程“Photoshop CC 图像处理基础”在“智慧职教”平台（www.icve.com.cn）上线，学习者可以登录平台进行在线学习及资源下载，授课教师可以调用本课程构建符合自身教学特色的 SPOC 课程，详见“智慧职教”服务指南。教师也可发邮件至编辑邮箱 1548103297@qq.com 获取相关资源。

本书于 2018 年 11 月出版后，基于广大院校师生的教学应用反馈并结合最新的课程教学改革成果，不断优化、更新教材内容，将优秀的中华传统文化、当代青年应有的时代精神、公益海报等自然融入教学案例中，以进一步推进习近平新时代中国特色社会主义思想进教材，将软件的新功能、新技巧、典型应用案例及时纳入教学内容，进一步推动现代信息技术与教育教学深度融合。

本书由刘万辉、韩锐任主编，刘万辉负责教材总体设计及统稿。常村红、郑丽萍、支立勋、章早立等老师参与了本书的编写工作或相关资料的收集工作。

由于时间仓促，书中难免存在不妥之处，请读者谅解，并提出宝贵意见。编者邮箱：149940599@qq.com。

编　者

2021 年 10 月

目录

第1章 认识 Photoshop CC

Adobe Photoshop 是由 Adobe 公司推出的图像处理软件。Photoshop 主要处理以像素所构成的数字图像，使用其众多的编修与绘图工具，可以有效地进行图片编辑工作。Photoshop 主要应用在图像、图形、文字、视频、出版等方面。

教学导航

教学目标	（1）了解像素和分辨率的相关概念 （2）区分位图与矢量图 （3）了解色彩模式与图像格式 （4）认识 Photoshop CC 的界面 （5）掌握 Photoshop CC 的基本操作 （6）掌握 Photoshop CC 常用快捷键的应用
本章重点	（1）图像处理理论基础 （2）Photoshop CC 的基本操作 （3）Photoshop CC 常用快捷键的应用
本章难点	（1）参考线的使用 （2）常用工具的参数设置
教学方法	任务驱动法、讲授法、演示操作法
建议课时	4 课时

任务展示：设计全屏海报

本任务主要实现一家旗袍服饰旗舰店的全屏海报首焦设计，整体设计效果如图 1-1 所示。

图 1-1
传统旗袍全屏海报设计效果

知识准备

1.1　图像处理理论基础

1.1.1　像素和分辨率

1. 像素

像素是构成图像的最小单位，它的形态是一个小方点。很多个像素组合在一起就构成了一幅图像，组成图像的每一个像素只显示一种颜色。由于图像能记录下每一个像素的数据信息，因而可以精确地记录色调丰富的图像，逼真地表现自然界的景观，图 1-2 所示为金黄色秋天的风景照片。

图 1-2
像素构成的风景图片

2. 分辨率

分辨率是图像处理中一个非常重要的概念，它是指位图图像在每英寸上所包含的像素数量，单位是像素每英寸（pixels per inch，PPI）来表示。图像分辨率的高低直接影响图像的质量，分辨率越高，图像越清晰，文件也就越大。图 1-3 所示为一张蜜蜂采花粉的图片（300 PPI），整个画面非常清晰，但处理速度也会变慢；反之，分辨率越低，图像就越模糊，同样的图片（72 PPI）但分辨率降低的效果如图 1-4 所示，这时文件也会越小。

图 1-3
分辨率高的图像
（300 PPI）

图 1-4
分辨率低的图像
（72 PPI）

图像的分辨率并不是越高越好，应视其用途而定。屏幕显示的分辨率一般为 72 PPI，打印的分辨率一般为 150 PPI，印刷的分辨率一般为 300 PPI。

1.1.2 位图与矢量图

在计算机设计领域中，图形图像分为两种类型，即位图图像和矢量图形。

1. 位图

位图又称为点阵图，是由许多点组成，这些点称为像素（Pixel）。当许多不同颜色的点（即像素）组合在一起后，便构成了一幅完整的图像。

位图可以记录每一个点的数据信息，因而可以精确地制作出色彩和色调变化丰富的图像，可以逼真地表现自然界的景象，达到照片般的品质。但是，由于所包含的图像像素数目是一定的，若将图像放大到一定程度后，图像就会失真，边缘会出现锯齿，如图 1-5 所示。

图 1-5
位图的原效果与放大后的效果

2. 矢量图

矢量图形也称为向量图形，它用数学的矢量方式来记录图像内容，以线条和色块为主，这类对象的线条非常光滑、流畅，可以进行无限的放大、缩小或旋转等操作，并且不会失真，如图 1-6 所示。矢量图不宜制作色调丰富或者色彩变化太多的图形，而且绘制出来的图形无法像位图那样精确地描绘各种绚丽的景象。

图 1-6
矢量图的原图与放大后的效果

1.1.3　色彩模式

色彩模式决定了图像的显示颜色的数量，也影响图像通道数和图像的文件大小。Photoshop 中能以多种色彩模式显示图像，最常用的有 RGB、CMYK、灰度和位图等模式。

1. RGB 模式

RGB 模式是 Photoshop 默认的色彩模式，是图形图像设计中最常用的色彩模式。它代表了可视光线的 3 种基本色，即红、绿、蓝，也称为“光学三原色”，每一种颜色存在着 256 个等级的强度变化。当三原色重叠时，由不同的混色比例和强度会产生其他的间色，三原色相加会产生白色，如图 1-7 所示。

RGB 模式在屏幕表现下色彩丰富，所有滤镜都可以使用，各软件之间文件兼容性高，但在印刷输出时偏色情况较重。

2. CMYK 模式

CMYK 模式即由 C（青色）、M（洋红）、Y（黄色）、K（黑色）合成颜色的模式，这是印刷行业使用的颜色模式，由这 4 种油墨混合可生成各种颜色，因此被称为四色印刷。

由青色、洋红、黄色叠加即生成红色、绿色、蓝色及黑色，如图 1-8 所示；黑色用来增加对比度，以补偿 CMY 产生黑度不足之用。由于印刷使用的油墨都包含一些杂质，单纯由 C、M、Y 这 3 种油墨混合不能产生真正的黑色，因此需要加一种黑色（K）。CMYK

模式是一种减色模式，每一种颜色所占的百分比范围为 0 ~ 100%，百分比越大，颜色越深。

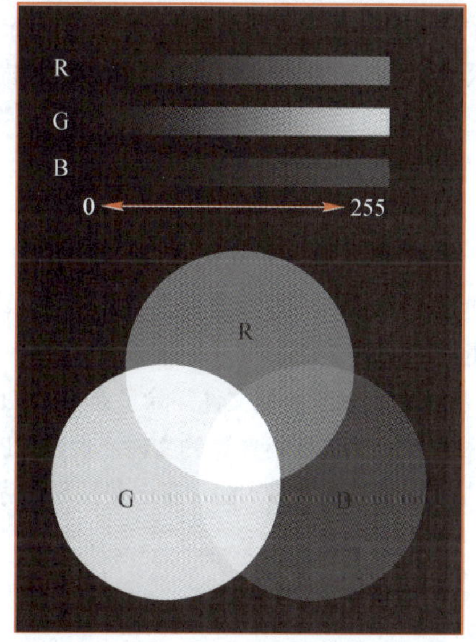

图 1-7
RGB 色彩模式示意图

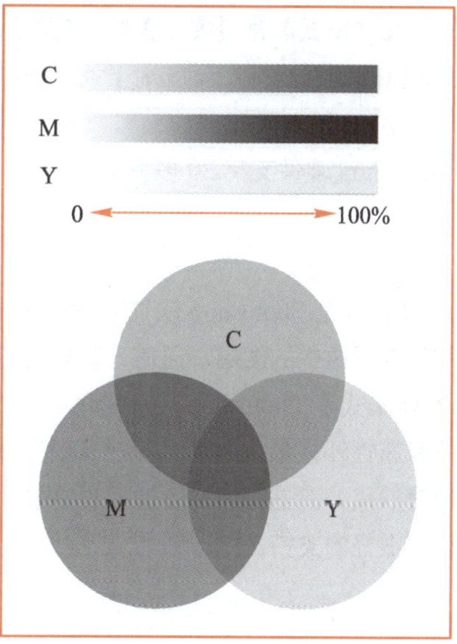

图 1-8
CMYK 色彩模式示意图

3. 灰度模式

灰度模式可以将图片转变成黑白相片的效果，如图 1-9 所示，它是图像处理中被广泛运用的模式，采用 256 级不同浓度的灰度来描述图像，每一个像素都有 0 ~ 255 之间的亮度值。

将彩色图像转换为灰度模式时，所有的颜色信息都将被删除。虽然 Photoshop 允许将灰度模式的图像再转换为彩色模式，但是原来已丢失的颜色信息不能再恢复。

4. 位图模式

位图模式也称为黑白模式，使用黑、白双色来描述图像中的像素，如图 1-10 所示，黑白之间没有过渡色，该类图像占用的内存空间非常小。当一幅彩色图像转换为黑白模式时，不能直接转换，必须先将图像转换为灰度模式，然后再转换为位图模式。

图 1-9
灰度模式的图像

图 1-10
位图模式的图像

笔 记

1.1.4　图像格式

图像文件格式是指在计算机中表示、存储图像信息的格式。面对不同的工作时，选择不同的文件格式非常重要。例如，在彩色印刷领域，图像的文件格式要求为 TIFF 格式，而 GIF 和 JPEG 格式则广泛应用于互联网中，因为其独特的图像压缩方式，所占用的内存空间十分小。

Photoshop 软件支持 20 多种文件格式，下面介绍 8 种常用的图像文件格式。

1．PSD/PSB 格式

PSD 格式是 Photoshop 软件的默认格式，也是唯一支持所有图像模式的文件格式，可以分别保存图像中的图层、通道、辅助线和路径信息。

PSB 格式是 Photoshop 中新建的一种文件格式，它属于大型文件，除了具有 PSD 格式的所有属性外，最大的特点就是支持宽度和高度最大为 30 万像素的文件。但是，PSB 格式也有缺点，就是存储的图像文件特别大，占用磁盘空间较多。由于在一些图形程序中没有得到很好的支持，所以通用性不强。

2．BMP 格式

BMP 格式是 DOS 和 Windows 兼容的计算机上的标准图像格式，是英文 Bitmap（位图）的简写。BMP 格式支持 1～24 位颜色深度，使用的颜色模式有 RGB、索引颜色、灰度和位图等，但不能保存 Alpha 通道。BMP 格式的特点是包含图像信息较丰富，几乎不对图像进行压缩，其占用磁盘空间大。

3．JPEG 格式

JPEG 是一种高压缩比、有损压缩真彩色的图像文件格式，其最大特点是文件比较小，可以进行高倍率的压缩，因而在注重文件大小的领域应用广泛，如网络上绝大部分要求高颜色深度的图像都使用 JPEG 格式。JPEG 格式支持 RGB、CMYK 和灰度颜色模式，它主要用于图像预览和制作 HTML 网页。

JPEG 格式是压缩率最高的图像格式之一，这是由于 JPEG 格式在压缩保存的过程中会以失真最小的方式丢掉一些肉眼不易察觉的图像信息，因此，保存后的图像与原图会有差别。此格式的图像没有原图像的质量好，所以不宜在印刷、出版等高要求的场合下使用。

4．AI 格式

AI 格式是 Illustrator 软件所特有的矢量图形存储格式。在 Photoshop 软件中将保存了路径的图像文件输出为 AI 格式，可以在 Illustrator 和 CorelDRAW 等矢量图形软件中直接打开，并且可以进行任意修改和处理。

5．TIFF 格式

TIFF 格式用于在不同的应用程序和不同的计算机平台之间交换文件。TIFF 格式是一种通用的图像文件格式，几乎所有的绘画、图像编辑和平面设计软件均支持该文件格式。

TIFF 格式能够保存通道、图层和路径信息，由此看来，它与 PSD 格式没有什么区别。但实际上，如果在其他应用程序中打开该文件格式所保存的图像，则所有图层将被合并，

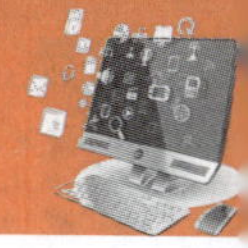

因此只有使用 Photoshop 打开保存了图层的 TIFF 文件，才能修改其中的图层。

6. GIF 格式

GIF 格式也是一种通用的图像格式，由于最多只能保存 256 种颜色，且使用 LZW 压缩方式压缩文件，因此，GIF 格式保存的文件不会占用太多的磁盘空间，非常适合在互联网上传输。GIF 格式还可以保存动画。

7. PNG 格式

PNG 格式（Portable Network Graphics，可移植网络图形）是一种无损压缩的图像文件格式。其设计目的是试图替代 GIF 和 TIFF 文件格式，同时增加一些 GIF 文件格式所不具备的特性。PNG 格式一般应用于 Java 程序、网页中，原因是它压缩比高，生成文件体积小。

8. EPS 格式

EPS 是 Encapsulated PostScript 的缩写。EPS 可以说是一种通用的行业标准格式，可同时包含像素信息和矢量信息。除了多通道模式的图像之外，其他模式都可以存储为 EPS 格式，但是它不支持 Alpha 通道。EPS 格式支持剪贴路径，在排版软件中可以产生镂空或蒙版效果。

1.2 Photoshop CC 基本操作

微课 1-1
Photoshop CC 的操作界面

1.2.1 认识 Photoshop CC 的界面

Photoshop CC 是一款功能强大的图形图像处理软件。现在来认识一下 Photoshop 这个软件，熟悉各个模块以及功能。

Photoshop CC 的工作界面主要由菜单栏、工具选项栏、工具箱、面板组、文件窗口和状态栏等组成，如图 1-11 所示。下面介绍这些功能项的含义。

图 1-11 Photoshop CC 软件界面

- 菜单栏：从左至右依次为“文件”“编辑”“图像”“图层”“类型”“选择”“滤镜”“3D”“视图”“窗口”“帮助”等菜单项，这些菜单集合了 Photoshop 中的所有命令。
- 工具箱：工具箱中集合了图像处理过程中使用最为频繁的工具，使用它们可以绘制图像、修饰图像、创建选区以及调整图像显示比例等活动。它的默认位置在工作界面左侧，拖动其顶部可以将它移到工作界面的任意位置。工具箱顶部有个折叠按钮，单击该按钮可以将工具箱中的工具排列紧凑。
- 工具选项栏：在工具箱中选择某个工具后，菜单栏下方的选项栏就会显示当前工具对应的属性和参数，用户可以通过这些设置参数来调整工具的属性。
- 面板组：面板组是 Photoshop CC 中进行颜色选择、图层编辑、路径编辑等操作的主要功能面板，单击面板组左上角的扩展按钮，可打开隐藏的面板组。如果想尽可能多地显示工作区，单击面板区右上角的折叠按钮可以用最简洁的方式显示面板组。
- 文件窗口：文件窗口是对图像进行浏览和编辑的主要场所，窗口标题栏主要显示当前图像文件的文件名及文件格式、显示比例及图像色彩模式等信息。
- 状态栏：状态栏位于窗口的底部，最左端显示当前图像窗口的显示比例，在其中输入数值后按<Enter>键可以改变图像的显示比例；中间显示当前图像文件的大小；右端显示当前所选工具及正在进行操作的功能与作用。

1.2.2　图像文件的创建、保存与关闭

微课 1-2
图像文件的操作

1. 图像文件的创建

执行“文件”→“新建”菜单命令，打开“新建”对话框，如图 1-12 所示，进行宽度、高度、分辨率等的设置后，单击“确定”按钮即可完成图像文件的创建。

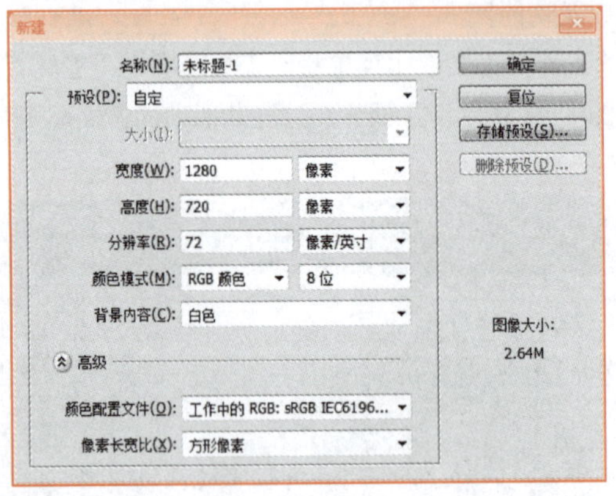

图 1-12
“新建”对话框

“新建”对话框中主要参数含义如下。

- “名称”：设置图像的文件名。
- “预设”：指定新图像的预定义设置，可以直接从下拉列表框中选择预定义的参数。
- “宽度”和“高度”：用于指定图像的宽度和高度值，在其后的下拉列表框中可以设置计量单位（如“像素”“厘米”“英寸”等）。例如，数字媒体、软件与网页界面设计一般用“像素”作为单位，应用于印刷的设计一般用“毫米”作为单位。

- “分辨率”：主要指图像分辨率，一般用“像素/英寸”为单位，指每英寸图像含有多少像素。
- “颜色模式”：网页界面设计主要用 RGB（主要用于屏幕显示）。
- “背景内容”：该项有“白色”“背景色”“透明”3 种选择。

2. 保存与关闭

执行“文件”→“存储为”菜单命令，打开“存储为”对话框，选择合适的路径，并输入合适的文件名即可保存图像（默认格式为 PSD，网络中一般使用 JPG、PNG 或 GIF 格式）。

执行“文件”→“关闭”菜单命令即可关闭图像，或者直接单击窗口右上角的“关闭”按钮，也可以关闭文件并退出 Photoshop。

1.2.3 图像文件的打开与屏幕模式

图像的打开：执行“文件”→“打开”菜单命令，弹出“打开”对话框，从中选择图像，然后单击“打开”按钮，即可打开图像。

在 Photoshop 中有 3 种不同的显示模式，这 3 种显示模式可以通过执行“视图”→“屏幕模式”下的命令进行切换。

屏幕模式分为“标准屏幕模式”“带有菜单的全屏模式”“全屏模式”3 种模式。“标准屏幕模式”的效果如图 1-11 所示，“带有菜单的全屏模式”的效果如图 1-13 所示，“全屏模式”的效果如图 1-14 所示。

图 1-13
带有菜单的全屏模式

3 种模式的切换也可以通过快捷键<F>来实现，连续按快捷键<F>可以在这 3 种模式间快速切换。为了获得更好的显示效果，还可以通过按快捷键<Tab>来隐藏工具箱和面板组。

微课 1-3
图像大小与画布大小

1.2.4 图像与画布大小的操作

像素作为数字图像的一种度量单位，只存在于计算机中，它是一种虚拟的单位。打开一幅图片“中国结.jpg”，执行“图像”→“图像大小”菜单命令，在打开的“图像大小”

对话框中可以看到图像的基本信息，如图 1-15 所示。

图 1-14
全屏模式

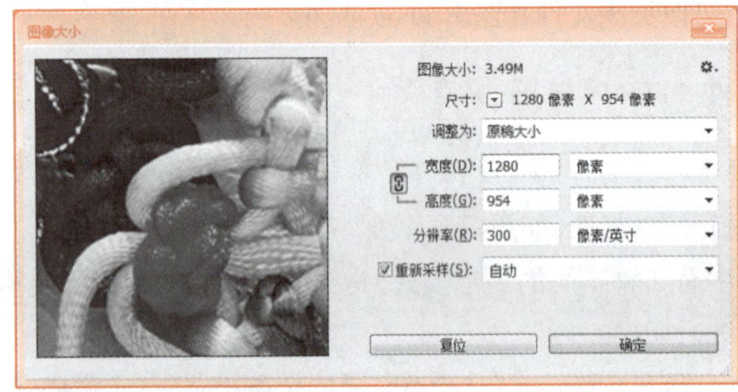

图 1-15
“图像大小”对话框

这时可以看到这张图片的图像大小，其中，宽度为 1280 像素，高度为 954 像素，分辨率为 300 像素/英寸（1 英寸=2.54 厘米）。通过修改宽度和高度值修改图像大小。

修改画布大小的方法是执行“图像”→“画布大小”菜单命令，即可显示如图 1-16 所示的“画布大小”对话框，它可用于添加现有图像周围的工作区域，或通过减小画布区域来裁切图像。

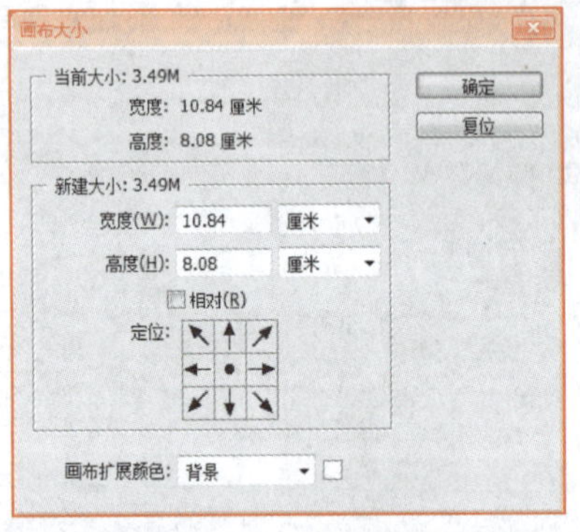

图 1-16
“画布大小”对话框

在“宽度”和“高度”数值框中输入所需的画布尺寸，从“宽度”和“高度”数值框右侧的下拉列表框中可以选择度量单位。

如果选中“相对”复选框，在输入数值时，则画布的大小相对于原尺寸进行相应的增加与减少。输入的数值如果为负数表示减小画布。对于“定位”，可以通过点按某个方块以指示现有图像在新画布上的位置。从“画布扩展颜色”下拉列表框中可以选择画布的颜色。

在“画布大小”对话框中设置好参数后，单击“确定”按钮，修改就完成了。

1.2.5 基本选区的使用

微课 1-4
基本选区的使用

选区就是用来编辑的区域，所有的命令只对选区有效，对选区外无效。选区用黑白相间的“蚂蚁线”表示。

使用“矩形选框工具”可以方便地在图像中绘制长宽随意的矩形选区。操作时，在图像窗口中按住鼠标左键进行拖动即可建立一个简单的矩形选区（可以复制、粘贴选区），如图 1-17 所示。

图 1-17
建立矩形选区

在选择了“矩形选框工具”后，Photoshop 的工具选项栏会自动变换为“矩形选框工具”参数设置状态，该选项栏主要分为选择方式、羽化、消除锯齿和样式 4 部分，如图 1-18 所示。

图 1-18
矩形选框工具选项栏

取消蚂蚁线的方式是执行“选择”→“取消选择”菜单命令。

选择方式又分为以下几种功能。

- “新选区”按钮：能清除原有的选区，直接新建选区。这是 Photoshop 中默认的选择方式，使用起来非常简单。
- “添加到选区”按钮：能在原有选区的基础上，添加新的选区。
- “从选区减去”按钮：能在原有选区中，减去与新的选区交叉的部分。
- “与选区交叉”按钮：使原有选区和新建选区相交的部分成为最终的选择范围。

羽化：设置羽化参数可以有效地消除选择区域中的硬边界并将它们柔化，使选区的边界产生朦胧的渐隐效果。对图 1-19 所示中的选取内容进行羽化（羽化值为 25 像素）后的对比效果如图 1-20 所示。

图 1-19
未进行羽化的矩形选区

图 1-20
羽化后的矩形选区

样式：当需要得到精确的选区长宽特性时，可通过选区的“样式”选项来完成。样式分为 3 种：正常、固定长宽比、固定大小。

微课 1-5
前景色与背景色设置

1.2.6 前景色与背景色的设置

Photoshop 使用前景色绘图、填充和描边选区，使用背景色进行渐变和填充图像中被擦除的区域。前景色与背景色的设置按钮都在工具箱中，如图 1-21 所示。

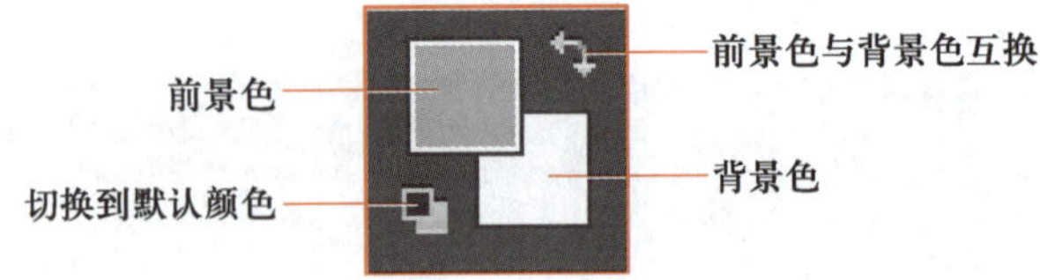

图 1-21
设置前景色与背景色

单击前景色或背景色颜色框，即可打开“拾色器”对话框，如图 1-22 所示。

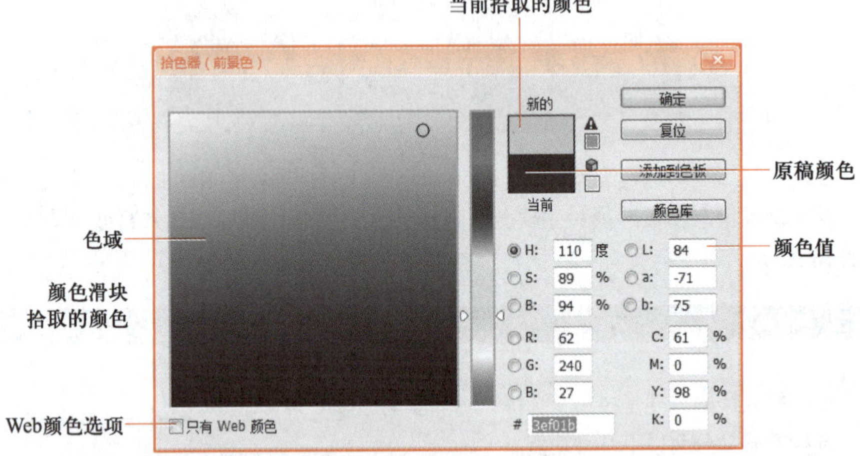

图 1-22
“拾色器”对话框

在左侧的色域中所需颜色处单击，或者在选项区域中输入其中一种颜色模式的数值均可得到所需的颜色。

选择工具箱中的“吸管工具”，然后在需要的颜色上单击，即可将该颜色设置为当前的前景色，当拖动“吸管工具”在图像中取色时，前景色选择框会动态地发生相应的变化。如果单击某种颜色的同时按住<Alt>键，则可以将该颜色设置为新的背景色。

1.3 Photoshop CC 快捷键应用

微课 1-6
入门基本操作

1.3.1 快捷键指法应用

1. 指法介绍

下面举几个例子来说明快捷键的使用方法与技巧。

快捷键<Ctrl+A>功能意义：选择全部。

操作要点：按住<Ctrl>键不松手，然后按一下<A>键，最后同时松开所有按键。

操作指法（以左手操作键盘，右手操作鼠标为例），如图 1-23 所示。

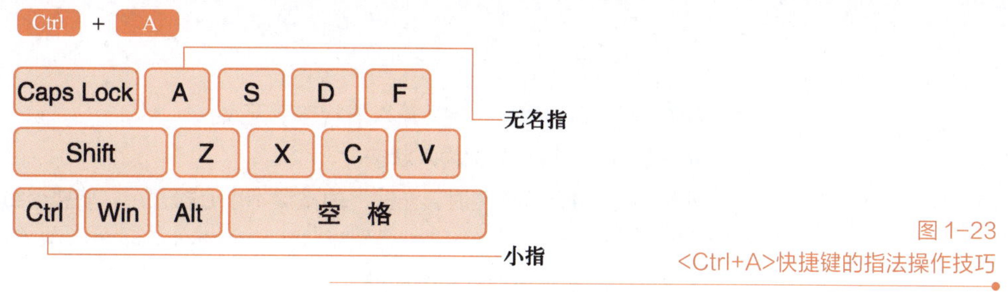

图 1-23
<Ctrl+A>快捷键的指法操作技巧

快捷键<Ctrl+P>功能意义：打印。

操作指法如图 1-24 所示。

图 1-24
<Ctrl+P>快捷键的指法操作技巧

快捷键<Ctrl+Alt+空格>功能意义：切换至“缩小工具”。

操作指法如图 1-25 所示。

图 1-25
<Ctrl+Alt+空格>快捷键的指法操作技巧

快捷键<Ctrl+Shift+Alt+T>功能意义：再次变换复制的像素数据并建立一个副本。

操作指法如图 1-26 所示。

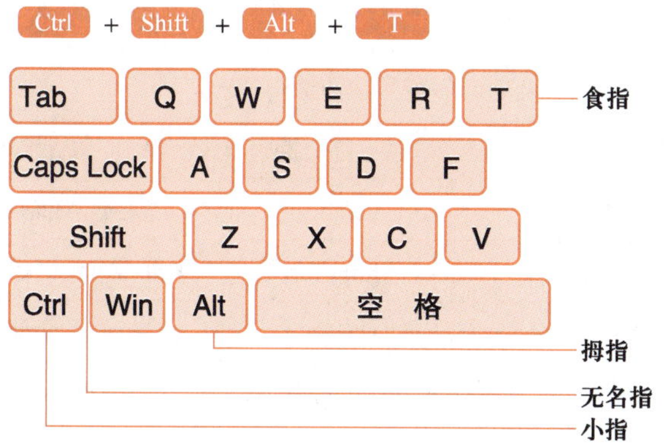

图 1-26
<Ctrl+Shift+Alt+T>快捷键的指法操作技巧

2. 常见问题

问题 1：许多快捷键在中文输入法状态下无效。

解决办法：切换至英文输入状态。

问题 2：按组合快捷键时，先按下的按键不小心松开了，使整个组合快捷键无效（初期会出现）。

解决办法：不要松开第一个按键。

问题 3：快捷键与鼠标协同操作时，先松开键盘，后松开鼠标，导致鼠标操作无效。

解决办法：先松开鼠标，再松开键盘。

1.3.2　常用快捷键

常用工具快捷键一览表见表 1-1。

表 1-1　Photoshop 常用工具快捷键一览表

快　捷　键	功能与作用	快　捷　键	功能与作用
M	选框	L	套索
V	移动	W	快速选择
J	污点修复画笔	B	画笔
I	吸管	S	仿制图章
Y	历史记录画笔	E	橡皮擦
R	旋转视图	O	减淡
P	钢笔	T	文字
U	自定义形状	G	渐变
H	抓手	Z	缩放
D	默认前景和背景色	X	切换前景和背景色
Q	编辑模式切换	F	显示模式切换

常用的快捷键一览表见表 1-2。

表 1-2　Photoshop 常用快捷键一览表

快　捷　键	功能与作用	快　捷　键	功能与作用
Ctrl+N	新建图形文件	Tab	切换显示或隐藏所有的控制板
Ctrl+O	打开已有的图像	Shift+Tab	隐藏其他面板（除工具箱）
Ctrl+W	关闭当前图像	Ctrl+A	全部选择
Ctrl+D	取消选区	Shift+Backspace	弹出“填充”对话框
Ctrl+Shift+I	反向选择	Ctrl++	放大视图

续表

快 捷 键	功能与作用	快 捷 键	功能与作用
Ctrl+S	保存当前图像	Ctrl+−	缩小视图
Ctrl+X	剪切选取的图像或路径	Ctrl+0	满画布显示
Ctrl+C	复制选取的图像或路径	Ctrl+L	调整色阶
Ctrll+V	将剪贴板的内容粘贴到当前图像中	Ctrl+M	打开“曲线调整”对话框
Ctrl+K	打开“预置”对话框	Ctrl+U	打开“色相/饱和度”对话框
Ctrl+Z	还原/重做前一步操作	Ctrl+Shift+U	去色
Ctrl+Alt+Z	还原两步以上操作	Ctrl+I	反相
Ctrl+Shift+Z	重做两步以上操作	Ctrl+J	通过复制建立一个图层
Ctrl+T	自由变换	Ctrl+E	向下合并或合并链接图层
Ctrl+Shift+Alt+T	再次变换复制的像素数据并建立一个副本	Ctrl+[	将当前层下移一层
Delete	删除选框中的图案或选取的路径	Ctrl+]	将当前层上移一层
Ctrl+Backspace 或 Ctrl+Delete	用背景色填充所选区域或整个图层	Ctrl+Shift+[	将当前层移到最下面
Alt +Backspace 或 Alt +Delete	用前景色填充所选区域或整个图层	Ctrl+Shift+]	将当前层移到最上面

1.4 综合案例：网站广告位展示

1.4.1 效果展示

备战 2022 年冬奥会，“让三亿人上冰雪”，本案例主要使用大小不一样的框架，而且使用不同的色块展示滑冰鞋、轮滑鞋等相关产品，通过不同的色块避免了视觉疲劳，借助矩形选框工具和文字工具实现页面效果。

网站广告位展示如图 1-27 所示。

图 1-27
网站广告位页面效果展示

1.4.2　实现过程

操作步骤如下。

① 打开 Photoshop 软件，执行“文件”→“新建”菜单命令（或者按<Ctrl+N>快捷键），创建一个宽为 800 像素、高为 500 像素、分辨率为 72 像素/英寸的文档。

② 按快捷键<Ctrl+R>显示标尺，右击标尺，设置标尺单位为像素。

③ 执行“视图”→“新建参考线”菜单命令，添加 4 条水平辅助线（依次为 10 像素、260 像素、270 像素、490 像素），添加 8 条垂直辅助线（依次为 10 像素、260 像素、270 像素、530 像素、540 像素、590 像素、600 像素、790 像素），如图 1-28 所示。

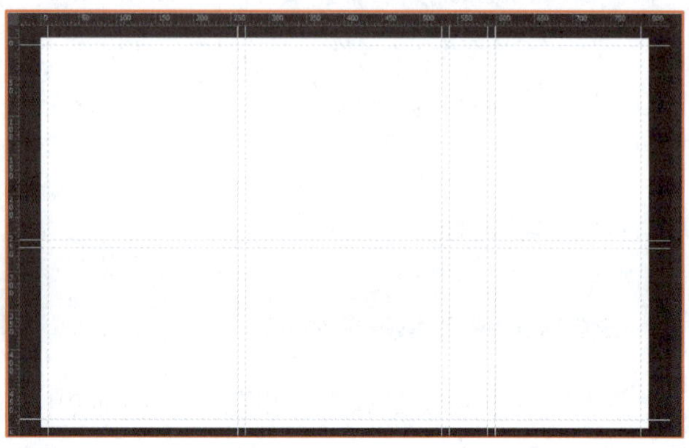

图 1-28
添加辅助线后的页面效果

④ 使用“矩形选框工具”选择从坐标（10 px，10 px）到（260 px，490 px）的矩形，设置前景色为橙色（#ff7f02），使用“油漆桶工具”填充这个区域，页面效果如图 1-29 所示。

⑤ 采用同样的方法，依次使用“矩形选框工具”选择从坐标（270 px，10 px）到（590 px，260 px）的矩形，设置前景色为天蓝色（#2a9dff），使用“油漆桶工具”填充这个区域。选择从坐标（600 px，10 px）到（790 px，260 px）的矩形，设置前景色为深绿色（#24af6c），使用“油漆桶工具”填充这个区域。选择从坐标（270 px，270 px）到（530 px，590 px）的矩形，设置前景色为草绿色（#7dba1c），使用“油漆桶工具”填充这个区域。选择从坐标（540 px，270 px）到（790 px，490 px）的矩形，设置前景色为深蓝色（#0753bc），使用“油漆桶工具”填充这个区域。页面效果如图 1-30 所示。

图 1-29
填充第一个矩形框的效果

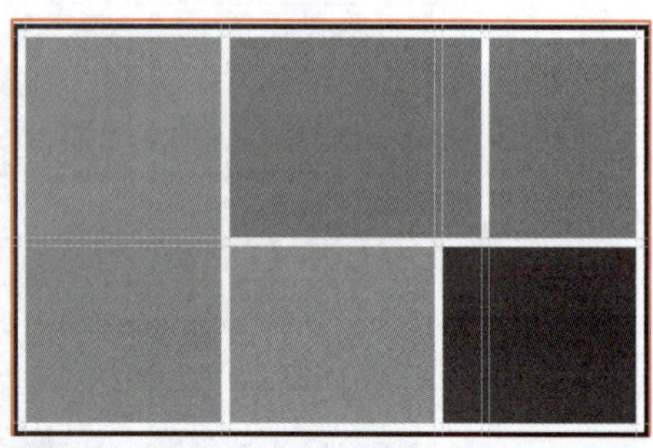

图 1-30
填充所有的矩形选区的效果

⑥ 执行“视图”→“显示”→“参考线”菜单命令，或者使用快捷键<Ctrl+;>将参考线隐藏。

⑦ 执行“文件”→“置入”菜单命令，在打开的对话框中选择“网站广告位展示素材”文件夹中的图片“1 短道速滑冰刀鞋.png”，将图片置入当前文档中，效果如图 1-31 所示。

⑧ 执行“编辑”→“自由变换”菜单命令，左手按住<Shift>键，将置入的图片等比例缩小，将鼠标指针放置在图片的任一个顶点上，将图片旋转一定角度，页面效果如图 1-32 所示。

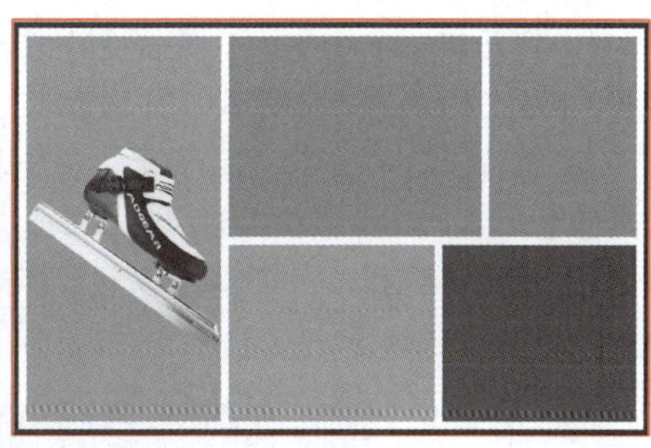

图 1-31 填充第一个矩形选区的效果

图 1-32 填充所有的矩形选区的效果

⑨ 采用同样的方法，依次将“网站广告位展示素材”文件夹中的图片“2 速滑冰刀鞋.png”“3 花样滑冰冰刀鞋”“4 成人轮滑鞋.png”“5 儿童轮滑鞋.png”置入当前文档并调整位置，页面效果如图 1-33 所示。

⑩ 使用“横向文字工具”输入文本“短道速滑冰刀鞋”，设置字体为“微软雅黑”、字体大小为“26 像素”、文字颜色为白色。同样添加英文文本“Short track speed skating ice skates”，设置字体大小为“12 像素”、文字颜色为白色，调整它们的位置。页面效果如图 1-34 所示。

图 1-33 添加所有图片后的效果

图 1-34 填充所有的矩形选区的效果

⑪ 依次添加其他产品的文字说明，最终的页面效果如图 1-27 所示。

任务实施：设计全屏海报

1. 任务分析

本任务是为一家旗袍服饰旗舰店设计首焦海报，整体风格简洁明快，主题鲜明，折扣和主打文案紧密相连，突出显示便宜，吸引客户的眼球。在设计过程中先设定背景色，再绘制出文案区域的底图，然后分别设计模特素材和产品像素素材的展示，最后通过文字和图形工具设计中间的文案区域，完成设计。

微课 1-7 传统旗袍网页 banner 广告展示实现

2. 技能要点

核心技能要点：参考线、渐变工具、矩形选框工具、横排文字工具、直线工具、椭圆选框工具等。

3. 实现过程

具体操作如下。

① 打开 Photoshop 软件，按快捷键<Ctrl+N>执行“新建”命令，创建一个宽为 1200 像素、高为 320 像素、分辨率为 72 像素/英寸的文档。

② 按快捷键<Ctrl+R>显示标尺，右击标尺，设置标尺单位为像素。设置前景色为浅卡其色（#f9dcc7），按快捷键<Alt+Delete>填充前景色。

③ 执行“视图”→“新建参考线”菜单命令，添加一条垂直参考线，位置在 300 像素处，如图 1-35 所示。

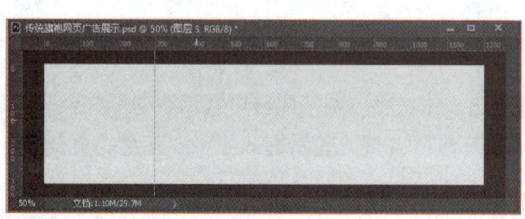

图 1-35
填充颜色后的效果

④ 执行“文件”→“置入嵌入对象”菜单命令，选择“传统旗袍网页广告展示”文件夹中的图片“祥云.jpg”，将图片置入项目中，调整位置，设置图片的不透明度为 40%，效果如图 1-36 所示。

图 1-36
添加祥云背景后的效果

⑤ 执行“文件”→“置入嵌入对象”菜单命令，选择“传统旗袍网页广告展示”文件夹中的图片“红色旗袍.png”，将图片置入项目中，将领口的水平中心位置对准垂直的 300 像素，调整大小，如图 1-37 所示。

⑥ 使用“椭圆选框工具”，在工具选项栏中设置“样式”为“固定大小”、宽度为“230 像素”、高度为“230 像素”，如图 1-38 所示。

图 1-37
置入旗袍图片后的效果

样式：固定大小　宽度：230 像素　高度：230 像素

图 1-38
设置工具选项栏

⑦ 执行“图层”→“新建”→“图层”菜单命令，创建一个新图层“图层 1”。

⑧ 使用“椭圆选框工具”绘制一个圆形，设置前景色为白色，按快捷键<Alt+Delete>填充前景色，效果如图 1-39 所示。

图 1-39
绘制圆形后的效果

⑨ 设置前景为深红色（#95021f），执行“编辑”→“描边”菜单命令，弹出“描边”对话框，如图 1-40 所示，描边后的页面效果如图 1-41 所示。

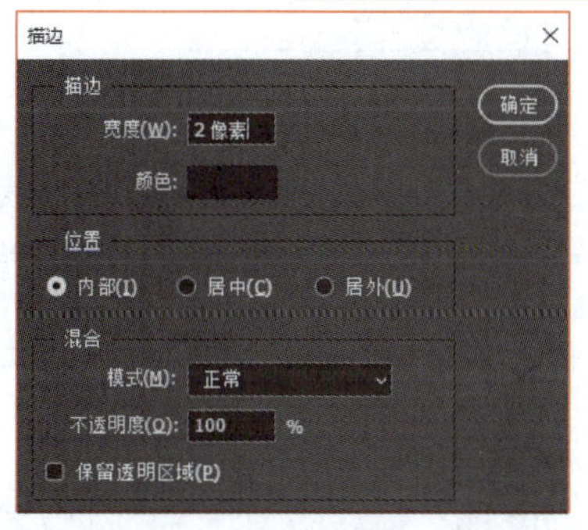

图 1-40
“描边”对话框

图 1-41
描边后的效果

⑩ 执行“文件”→“置入嵌入对象”菜单命令，选择“传统旗袍网页广告展示”文件夹中的图片“花纹设计.png”，将图片置入项目中。用同样的方法导入“领口设计.png”，调整大小与位置，效果如图 1-42 所示。

图 1-42
置入素材图片后的效果

⑪ 使用“横排文字工具”输入大写字母“M”，设置字体为“Impact”、字体大小为“100 像素”、文字颜色为深红色（#95021f），调整其位置，在“横排文字工具”的工具选项栏中设置“切换字符和段落”面板，在“字符”面板中设置文字为“仿斜体”，设置界面如图 1-43 所示。然后输入英文“oman charm”，设置文字大小为“24 像素”、文字为“仿斜体”，效果如图 1-44 所示。

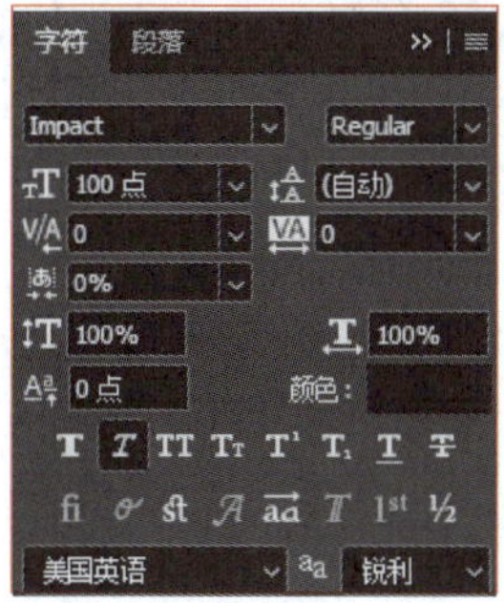

图 1-43
“字符”面板

图 1-44
设置文字后的效果

⑫ 使用“横排文字工具”输入“立体裁剪”，设置字体为“黑体”、字体大小为“38 像素”，文字颜色为深红色（#95021f），文字为“仿斜体”，调整其位置；用同样的方法输入数字“1”，设置字体为“Impact”、字体大小为“70 像素”、文字颜色为橙色（#fbb307）、文字为“仿斜体”，调整其位置；用同样的方法输入“折”字，设置字体为“黑体”、字体大小为“28 像素”、文字颜色为橙色（#fbb307）、文字为“仿斜体”，效果如图 1-45 所示。

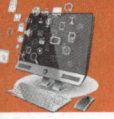

⑬ 使用“横排文字工具”输入“简约的轮廓展现优雅的气质”，设置字体为“黑体”、字体大小为“30 像素”、文字颜色为深红色（#95021f）、文字为“仿斜体”，调整其位置，效果如图 1-46 所示。

图 1-45
输入立体裁剪文字后的效果

图 1-46
输入辅助文字后的效果

⑭ 执行“图层”→“新建”→“图层”菜单命令，创建一个新图层，使用“矩形选框工具”绘制一个长方形，设置前景色为深红色（#95021f），按快捷键<Alt+Delete>填充前景色，效果如图 1-47 所示。

⑮ 执行“编辑”→“自由变换”菜单命令，右键切换到“斜切”命令，将矩形框水平倾斜平移-30°。使用“横排文字工具”输入“高端优雅 女王风范”，设置字体为“微软雅黑”、字体大小为“48 像素”、文字颜色为白色、文字为“仿斜体”，调整其位置，效果如图 1-48 所示。

图 1-47
添加矩形框

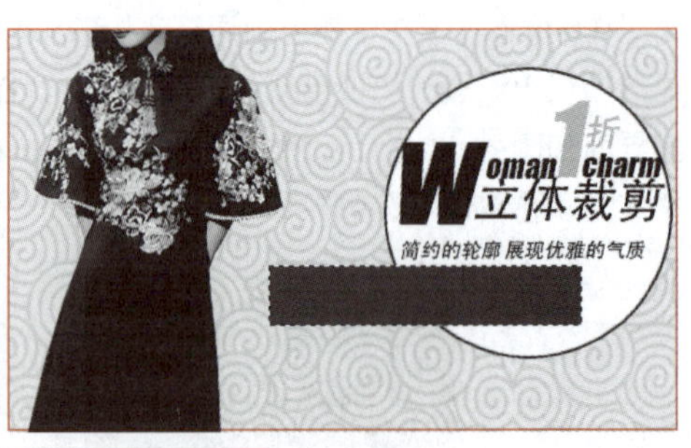

图 1-48
矩形框斜切并输入文字

⑯ 采用同样的方法在圆形“花纹设计”图像下方绘制矩形框，添加文本“花纹设计”；在圆形“领口设计”图像下方绘制矩形框，添加文本“领口设计”，效果如图 1-1 所示。

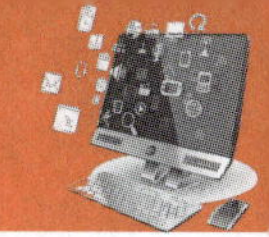

任务拓展

1. 字体的选择与使用

西文的字体分为了两类：衬线字体和无衬线字体。实际上这种分类方法对于汉字的字体也是适用的。

（1）衬线字体

衬线字体在笔画开始和结束的地方有额外的装饰，而且笔画的粗细有所不同。文字细节较复杂，较注重文字与文字的搭配和区分，在纯文字的演示文稿中使用较好。

常用的衬线字体有宋体、楷书、隶书、粗倩、粗宋、舒体、姚体、仿宋体等，如图 1-49 所示。使用衬线字体作为页面标题时，有优雅、精致的感觉。

宋体　楷体　隶书　粗倩　粗宋　舒体　姚体　仿宋体

图 1-49 衬线字体

（2）无衬线字体

无衬线字体笔画没有装饰，笔画粗细接近，文字细节简洁，字与字的区分不是很明显。相对衬线字体的手写感，无衬线字体人工设计感比较强，时尚而有力量，稳重而又不失现代感。无衬线字体更注重段落与段落，文字与图片的配合区分，在图表类型演示文稿中表现较好。

常用的无衬线体有黑体、微软雅黑、幼圆、综艺简体、汉真广标、细黑等，如图 1-50 所示。使用无衬线字体作为页面标题时，有简练、明快、爽朗的感觉。

黑体　微软雅黑　幼圆　综艺简体　汉真广标　细黑

图 1-50 无衬线字体

（3）书法体

书法体，就是书法风格的字体。传统书法体主要有行书字体、草书字体、隶书字体、篆书字体和楷书字体 5 种，也就是五个大类。在每一大类中又细分若干小的门类，如篆书又分大篆、小篆，楷书又有魏碑、唐楷之分，草书又有章草、今草、狂草之分。

PPT 常用的书法体有苏新诗柳楷、迷你简启体、迷你简祥隶、叶根友毛笔行书等，如图 1-51 所示。书法字体常被用在封面、片尾，用来表达传统文化或富有艺术气息的内容。

苏新诗柳楷　迷你简启体　迷你简祥隶　叶根友毛笔行书

图 1-51 书法字体

2. CRAP 设计原则

CRAP 是平面设计的四大基本原则，可指引读者快速掌握设计技巧。

（1）对比（Contrast）

在不同元素之间建立层级结构，让页面元素具有截然不同的字体、颜色、大小、线

宽、形状、空间等，从而增加版面的视觉效果。

目的：增强页面效果，有助于信息的组合。

（2）重复（Repetition）

让设计中的视觉要素在整个作品中重复出现，可以重复颜色、形状、材质、空间关系、线宽、字体、大小和图片，既可增加条理性，又可加强统一性。重复对于多页文档的设计更重要。

目的：统一并增强视觉效果，如果一个作品看起来很有趣，它往往也更易于阅读。

（3）对齐（Alignment）

任何东西都不能在页面上随意摆放，每个元素都与页面上的另一个元素有某种视觉联系（如并列关系），可建立一种清晰、精巧且清爽的外观。

目的：使页面统一而且有条理，不论创建精美的、正式的、有趣的还是严肃的外观，通常都可以利用一种明确的对齐来达到目的。

（4）亲密性（Proximity）

彼此相关的项应当靠近，归组在一起，如果多个项相互之间存在很近的亲密性，它们就会成为一个视觉单元，而不是多个孤立的元素，这有助于组织信息，减少混乱。要有意识地注意读者（自己）是怎样阅读的，视线怎样移动，有确定的开始和结束。

目的：根本目的是实现组织性，使空白更美观。

以“大规模在线开放课程”平台介绍为主要载体来实践一下界面设计的 CRAP 原则的运用，原效果如图 1-52 所示。运用 CRAP 原则后的布局效果如图 1-53 所示。

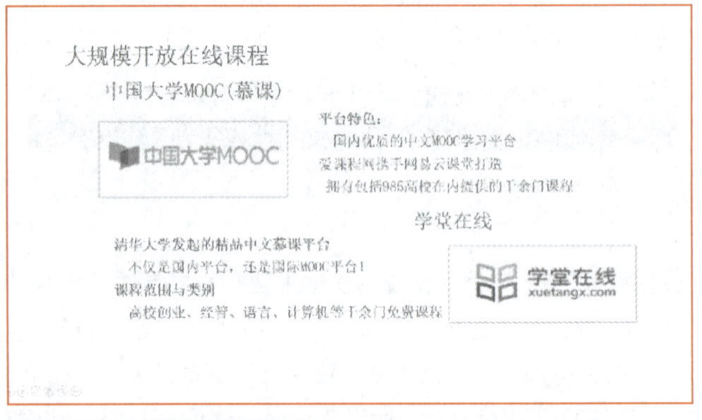

图 1-52
原页面效果

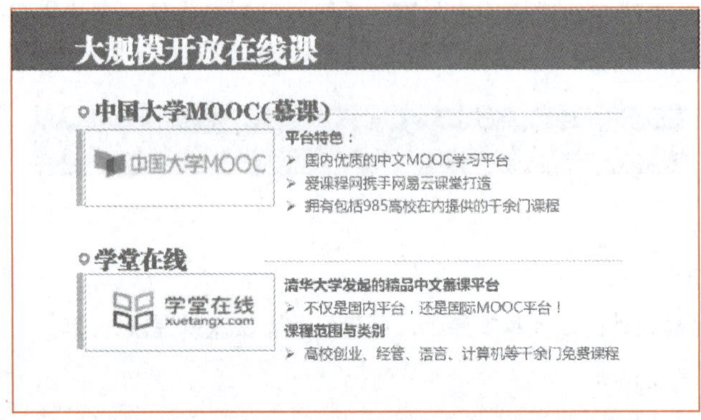

图 1-53
运用 CRAP 原则后的效果

项目实训：名片的设计与制作

名片的作用就是要表现自己或自己的行业，从而来推销自己和自己的公司，让对方留下深刻的印象，以增加将来的商机。名片是个人或公司基本信息的展示，由于名片的面积比较小，所容纳的内容有限，所以一张名片想要达到良好的宣传和展示效果，需要将名片的主要信息设计完整。尤其是对于公司来说，名片是极其重要的介绍和宣传手段。在进行名片设计时需要包含姓名、公司名称及标志、个人的头衔或职称、地址、联系方式等基本信息。

下面根据现有的名片信息（如图 1-54 和图 1-55 所示），设计并制作新的名片。

图 1-54
名片正面

你在承载记忆
我在焕发活力

图 1-55
名片背面

第 2 章

Photoshop CC 基本工具的使用

Photoshop 软件中的工具主要分为四大类二十多个工具组，包括移动工具、套索工具组、魔棒工具、油漆桶工具、裁剪工具、仿制图章工具、渐变工具、模糊工具组、文字工具组、画笔工具、橡皮擦工具等，掌握并应用这些工具是应用 Photoshop 设计制作图像的基础。

PPT
Photoshop CC
基本工具的使用

教学导航

教学目标	（1）掌握选区工具的使用方法 （2）掌握颜色填充与描边工具的使用方法 （3）掌握移动工具、裁剪工具、仿制图章工具、橡皮擦工具、渐变工具的使用方法 （4）掌握模糊工具组的使用方法 （5）掌握文字工具组的使用方法
本章重点	（1）选区与颜色填充等工具的使用方法 （2）移动工具、裁剪工具、仿制图章工具、橡皮擦工具、渐变工具等的使用方法 （3）模糊工具组、文字工具组的使用方法
本章难点	（1）常用工具的参数设置 （2）常用工具的使用技巧与使用场景
教学方法	任务驱动法、讲授法、演示操作法
建议课时	8 课时

任务展示：公益海报的制作

诚信泛指待人处事真诚、讲信誉，一言九鼎。一般而言，主要是指两个方面：一是指为人处事真诚，尊重事实，实事求是；二是指信守承诺。本任务为传播社会文明，弘扬道德风尚，而设计并制作的一个关于“诚信”的公益海报，整体设计效果如图 2-1 所示。

图 2-1
海报设计效果

知识准备

微课 2-1
矩形选框工具

2.1　图像选区的调整与编辑

2.1.1　选框工具组

选框工具组包含有矩形选框工具、椭圆选框工具、单行选框工具及单列选框工具

4 种不同的工具。

矩形选框工具可以方便地在画布中绘制出长宽随意的矩形选区。操作时，只要在图像窗口中，按住鼠标左键拖动到合适大小，松开鼠标便可建立矩形选区。

注意

按住<Shift>键可建立正方形选区，按住<Shift+Alt>组合键可以以单击点为中心创建一个正方形选区。

椭圆选框工具可以绘制出半径随意的椭圆形选区，按住<Shift>键可以绘制圆形选区。

微课 2-2
椭圆选框工具

单行选框工具可以在图像中绘制出高度为 1 像素的单行选区。

单列选框工具可以在图像中绘制出宽度为 1 像素的单列选区。

在选框工具选项栏中依次是选区建立方式、羽化、消除锯齿、样式及宽度和高度等选项，如图 2-2 所示。各工具的选框工具栏功能相似，但也各有不同。

选区建立方式　设置羽化　设置消除锯齿　设置样式　调整边缘

图 2-2
选框工具选项栏

- 选区建立方式：包括新选区、添加到选区、从选区中减去、与选区交叉 4 个选项，它们的功能与魔术棒中的选区建立方式功能相似。
- 羽化：此选项用于设置各选区的羽化属性。羽化选项可以模糊选区边缘的像素，产生过渡效果。羽化宽度越大，则选区的边缘越模糊，选区的直角部分也将变得圆滑，这种模糊会使选定范围边缘上的一些细节丢失。在“羽化”文本框中可以输入羽化数值（取值范围为 0～250 像素）。
- 消除锯齿：选中该复选框后，选区边缘锯齿将消除，此选项在椭圆选框工具中才能使用。
- 样式：此选项用于设置各选区的形状。单击右侧的三角按钮，在打开的下拉列表框中可以选取不同的样式。其中，选择“正常”选项表示可以创建不同大小和形状的选区；选定“固定长宽比”选项可以设置选区宽度和高度之间的比例，并可在其右侧的“宽度”和“高度”文本框中输入具体的比例数值；若选择“固定大小”选项，表示将锁定选区的宽度与高度，并可在右侧的文本框中输入一个数值。

微课 2-3
单行、单列选框工具

2.1.2 套索工具组

套索工具组中主要包含套索工具、多边形套索工具和磁性套索工具，它们也是经常使用的创建选区的工具，可以用来制作折线轮廓选区或者不规则选区。

1. 套索工具

微课 2-4
套索工具

套索工具：可以在图像中建立任意形状的选区，主要采用手绘的方式实现。它的随意性很大，要求对鼠标指针具有较好的控制能力。因为它勾画的是任意形状的选区，如果想勾画出精确的选区，则不宜使用此工具。套索工具的选项栏，主要包括建立选区的方式、羽化、消除锯齿等选项，各选项的含义与矩形选框工具选项栏中相应选项的含义一致。

套索工具的操作方法是按住鼠标左键进行拖拉，随着鼠标指针的移动可形成任意形状的选择范围，松开鼠标后就会自动形成封闭的选区，如图 2-3 所示，羽化值设置为 10 像素。

图 2-3
套索工具的使用

若要利用套索工具绘制直线边框的选区，或者在绘制过程中实现手绘与直边线段之间的切换，需要按住<Alt>键，单击起始位置和终止位置。要删除最近绘制的直线段，直接按<Delete>键。要闭合选区，需要在未按住<Alt>键时松开鼠标。

微课 2-5
多边形套索工具

2. 多边形套索工具

多边形套索工具：主要用来绘制边框为直线的多边形选区。其选项栏与套索工具相一致。

操作方法是用鼠标在形成直线的起点单击，移动鼠标，拖出直线，在此条直线结束的位置再次单击鼠标，两个单击点之间就会形成直线，依次类推。当终点和起点重合时，工具图标的右下角有圆圈出现，单击鼠标就可形成封闭的选区。如果终点与起点未重合时，想完成该选区的创建，需要使用双击鼠标或者按住<Ctrl>键并单击。多边形选区如图 2-4 所示。

图 2-4
多边形套索工具的使用

在绘制过程中按住<Shift>键可绘制角度为 45 度倍数的直线，若要使用手绘模式则需要按住<Alt>键，即在绘制的过程中完成套索工具与多边形套索工具之间的切换。要删掉最近绘制的线段，直接按<Delete>键即可。

微课 2-6
磁性套索工具

3. 磁性套索工具

磁性套索工具：是一种自动选择边缘的套索工具，适用于快速选择与背景对比强

烈且边缘复杂的对象。当拖动磁性套索工具时，它将分离前景和背景，在前景图像边缘上设置节点，直到形成选区。当所选轮廓与背景有明显的对比时，磁性套索工具可以自动地分辨出图像上物体的轮廓而加以选择。磁性套索工具之所以能自动地选择轮廓，是因为它可以判断颜色的对比度，当颜色对比度的数值在其判断范围以内，可以轻松地选中轮廓；而当轮廓与背景颜色接近时，则不宜使用。

磁性套索工具的选项栏除了选区建立方式、羽化、消除锯齿外（作用与选框工具中的相应选项一致），还有一些套索工具所没有的选项，如宽度、对比度、频率等（如图 2-5 所示）。

图 2-5
磁性套索工具选项栏

- 宽度：当要指定检测宽度，可在“宽度”文本框中输入像素值，磁性套索工具只检测从指针开始指定宽度以内的边缘。宽度的取值范围是 1 ~ 256 像素，例如输入数字“10”，再移动鼠标时，磁性套索工具寻找 10 个像素距离之内的物体边缘。数字越大，寻找的范围也越大，可能会导致边缘的不准确。
- 对比度：指定套索对图像边缘的灵敏度，其取值范围为 1% ~ 100%。较高的数值将只检测与其周边对比鲜明的边缘，较低的数值将检测低对比度边缘。
- 频率：指定套索以什么频度设置固定点，可以在“频率”文本框中输入 0 ~ 100 的数值。较高的数值会更快地固定选区边框。
- 钢笔压力：在工具选项栏中处于“频率”选项后面。如果要使用钢笔绘图板，选择或取消选择该选项。选中了该选项时，增大钢笔压力将导致边缘宽度减小。

在边缘精确定义的图像上，可以使用更大的宽度和更高的边对比度，然后大致地跟踪边缘。在边缘较柔和的图像上，尝试使用较小的宽度和较低的边对比度，然后更精确地跟踪边框。

设定好各项数值后，可按照下列步骤确定选择范围。

① 选中磁性套索工具，根据图像的情况，在工具选项栏中进行设定，将鼠标指针移动到图像边缘的某一部位，单击鼠标确定起始点，然后沿着图像边缘拖动鼠标（不用按住鼠标），会自动增加节点，如图 2-6 所示。

② 在拖动鼠标的过程中，如果边框没有与所需的边缘对齐，则单击以手动添加一个节点。继续跟踪边缘，并根据需要添加节点。

③ 如果要删除刚画的节点和路径片段，可直接按键盘上的<Delete>键。

④ 若要结束当前的路径，可双击鼠标，终点和起点会自动连接起来，以形成封闭的选区，如图 2-7 所示。

图 2-6
磁性套索工具的使用

图 2-7
磁性套索工具建立选区

⑤ 若要以直线点封闭选择区域，请按住<Alt>键，然后双击鼠标左键。

⑥ 在使用磁性套索工具的过程中，若要改变套索宽度，可按键盘上的<[>键和<]>键。每按一次<[>键，可将宽度减少 1 个像素；每按一次<]>键，可将宽度增加 1 个像素。

微课 2-7
魔棒工具

2.1.3　魔棒工具

魔棒工具：用来选择图片中着色相近的区域。当单击工具箱中魔棒工具时，魔棒工具选项栏将显示在菜单栏下方，如图 2-8 所示。选项栏中依次是选区建立方式、取样大小、容差、消除锯齿、连续、对所有图层取样等选项。

图 2-8
魔棒工具选项栏

使用魔棒建立的选区有 4 种方式，分别为：新选区、添加到选区、从选区中减去、与选区交叉。

- 新选区功能就是去掉旧的选择区域，选择新的区域。每次单击都将是一个独立的、新的选区，在选区的边缘位置会出现运动的虚线，虚线内部的区域为已选中的区域，如图 2-9 所示。添加到选区就是在旧的选择区域的基础上，增加新的选择区域，形成最终的选区，即可选择多个区域，如图 2-10 所示。

图 2-9
魔棒工具新选区的使用

图 2-10
魔棒工具添加到新选区

- 容差：数值越小，选取的颜色范围越接近；数值越大，选取的颜色范围越大。容差的取值范围为 0～255，默认值为 32。
- 消除锯齿：选中该项后，所选择的区域更加圆滑。
- 连续：如果不选中此项，则得到的选区是整个图层中色彩符合条件的所有区域，但这些区域并不一定是连续的。
- 对所有图层取样：如果选中该项，则色彩选取范围可跨所有可见图层。如果不选中该项，魔棒工具只对当前图层起作用。

2.1.4　选区修改

除了通过工具选项栏中的添加到选区、从选区中减去、与选区交叉等选项修改选区外，还可以通过“扩大选区”“选取相似”“变换选区”等命令来修改选区。

1. 反向选区

在使用“魔棒工具”时，主要选择图片中着色相近的区域。在图 2-9 中，如果使用“魔棒工具”选择图像的白色区域，如图 2-11 所示，那么相反的区域就是图像中的百合花

部分，执行“选择”→“反向”菜单命令（或按快捷键<Ctrl+Shift+I>），即可得到百合花图像选区，如图2-12所示。

图2-11 用“魔棒工具”选择白色选区

图2-12 用“反向”命令获得百合花图像选区

2. 扩大选区

选择菜单中的“扩大选区”命令，主要功能是以包含所有位于“魔棒工具”选项中指定的容差范围内的相邻像素建立选区。

其操作方式为，先在图像中确定一个小块选区，如图2-13所示，根据需要设置魔棒工具的容差范围，然后再执行“选择”→“扩大选区”菜单命令，即可创建相应的选区，如图2-14所示。

微课2-8 扩大选区命令

图2-13 建立一小块选区

图2-14 “扩大选区”后的效果

3. 选取相似

使用“选取相似”命令亦是扩大选区的一种方法，它针对的是图像中所有颜色相近的像素，使用时也是以“魔棒工具”选项中指定的容差范围内的相邻像素建立选区，所不同的是“扩大选区”创建的是与原选区相邻的选区。而且，“选取相似”可以创建不连续的选区。

微课2-9 选取相似

4. 变换选区

使用“变换选区”命令可对已建立的选区进行任意的变形，其方法是执行“选择”→“变换选区”菜单命令。当使用该命令时，在选区的四周会出现矩形边框，拖动矩形框可以任意调整选区的形状，如图2-15所示。

此时，可以选择选项栏右上角的“在自由变换和变形模式下切换”功能对选区自由变形。使用鼠标拖动变形框内的任一点都可以调整选区的形状，拖动灰色实心点可以调

整选区的弧度。这一功能和“自由变换”命令的功能相类似，所不同的是此处调整的是选区的形状，而“自由变换”调整的是图像的形状，如图 2-16 所示。

图 2-15
选区的变换

图 2-16
变形模式

微课 2-10
修改选区命令

5. 修改选区

当选区建立后可通过修改选区的命令对选区做一些调整。修改选区的命令仍然在“选择”菜单中，包括“边界”“扩展”“平滑”“收缩”和“羽化”等。

- 边界：可选择在现有选区边界的内部和外部的像素宽度。新选区将为原始选定区域创建框架，此框架位于原始选区边界的中间。选择如图 2-17 所示的选区为例，若边框宽度设置为 20 像素，则会创建一个新的柔和边缘选区，如图 2-18 所示。

图 2-17
原始选区

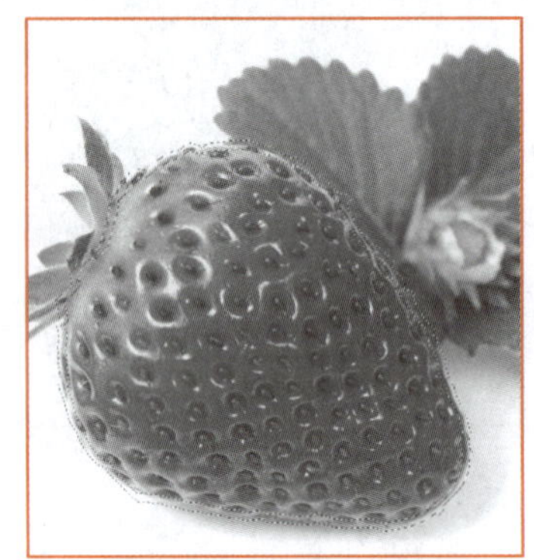

图 2-18
选区的“边界”设置

- 扩展：按指定数量的像素扩展选区，以图 2-17 为例，若扩展选区设置为“20 像素”，效果如图 2-19 所示。
- 收缩：按指定数量的像素收缩选区，以图 2-17 为例，若收缩选区设置为“20 像素”，效果如图 2-20 所示。

在对图像的边缘进行处理时，经常使用选区的“扩展”与“收缩”操作。

- 平滑：主要用来清除基于颜色选区中的杂散像素，整体效果是将减少选区中的斑迹以及平滑尖角和锯齿线。以图 2-17 为例，放大图像能够看到图像的选区边缘有清晰的棱角，如图 2-21 所示，如果应用“平滑”处理后选区就会平滑很多，效果如图 2-22 所示。
- 羽化：为现有选区定义羽化边缘，如果选区小而羽化半径大，则小选区可能变得非常模糊，以至于看不到并因此不可选。

图 2-19
选区的“扩展”设置

图 2-20
选区的“收缩”设置

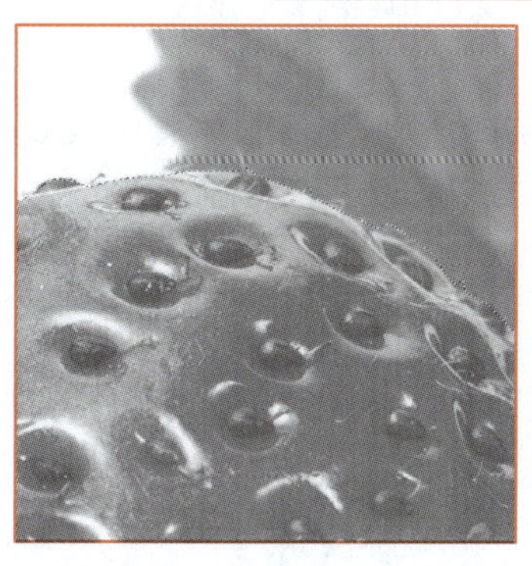

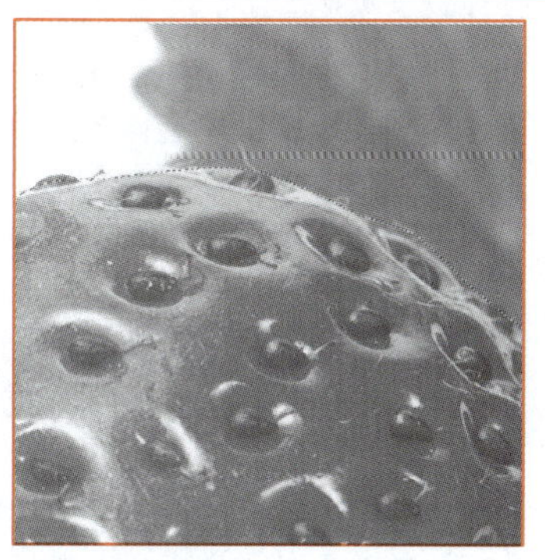

图 2-21
“平滑”设置前的选区

图 2-22
“平滑”设置后的选区

2.1.5　色彩范围命令

微课 2-11
色彩范围命令

“色彩范围”命令的作用是选择现有选区或整个图像内指定的颜色或色彩范围，或者说是按照指定的颜色或颜色范围来创建选区，主要用来创建不规则选区。它像一个功能强大的魔棒工具，除了以颜色差别来确定选取范围外，它还综合了选区的相加、相减、相似命令，以及根据基准色选择等多项功能。

打开图像“雏菊.jpg”文件，执行“选择”→“色彩范围”菜单命令，将弹出“色彩范围”对话框，如图 2-23 所示。

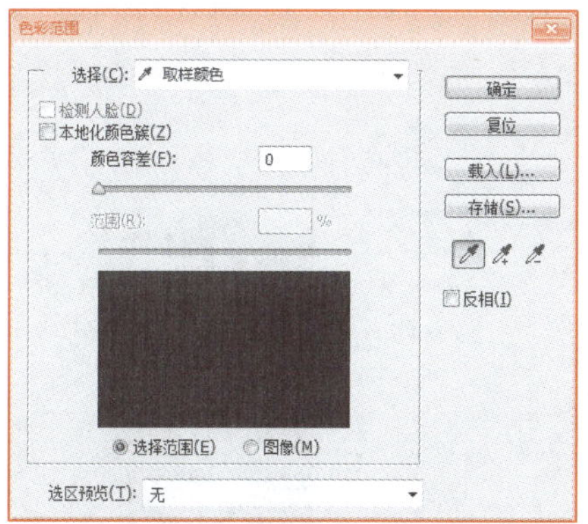

图 2-23
“色彩范围”对话框

- 选择：其作用是选择颜色或色调范围，但是不能调整选区。默认为“取样颜色”，

即自行选取颜色。如果在图像中选取多个颜色范围，则选择“本地化颜色簇”复选框，以构建更加精确的选区。

- 颜色容差：拖动滑块或输入一个数值来调整选定颜色的范围。“颜色容差”设置可以控制选择范围内色彩范围的广度，并增加或减少部分选定像素的数量。设置较低的“颜色容差”值可以缩小色彩范围，设置较高的“颜色容差”值可以增大色彩范围。
- 范围：如果已选定“本地化颜色簇”复选框，则使用“范围”滑块可以控制要包含在蒙版中的颜色与取样点的最大和最小距离。例如，图像在前景和背景中都包含一束紫色的花，但只想选择前景中的花，这时可对前景中的花进行颜色取样，并缩小范围，以避免选中背景中有相似颜色的花。
- 预览：在对话框的中心黑色位置为图像预览区。当鼠标指针离开该对话框时，鼠标指针变成吸管形状，单击画布中图像的某一种颜色，表示吸取了该颜色，即选择了颜色的范围。
- 选择范围：当选中“选择范围”单选按钮时，默认情况下，白色区域是选定的像素，黑色区域是未选定的像素，而灰色区域则是部分选定的像素，如图 2-24 所示。

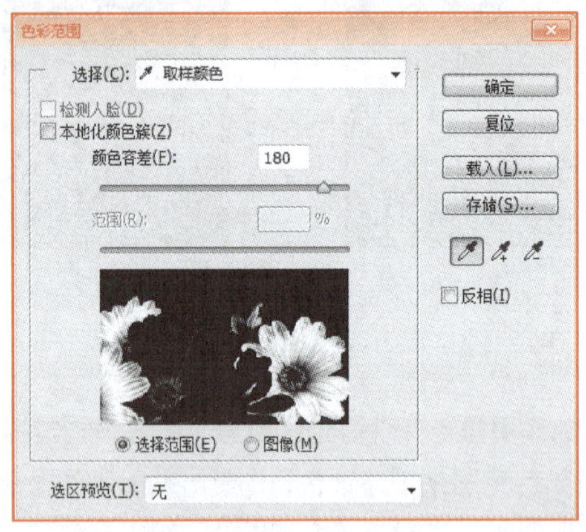

图 2-24
“选择范围”预览图

- 图像：“图像”单选按钮表示预览整个图像，如图 2-25 所示。

单击“确定”按钮后，即可看到图像中的沿着紫色花朵的选区已建立，如图 2-26 所示。

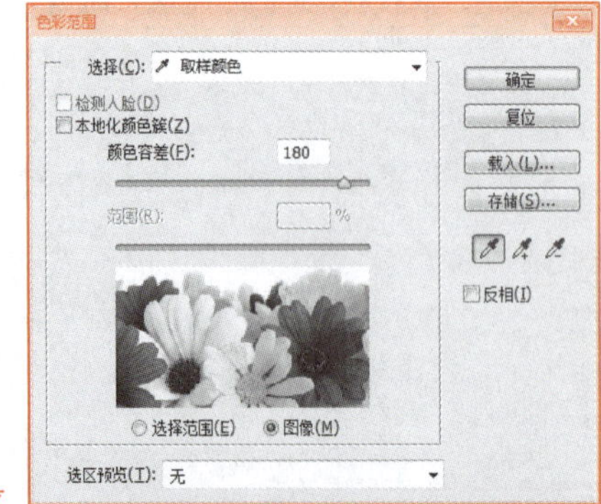

图 2-25
“图像”预览图

图 2-26
使用色彩范围建立选区

- 吸管工具组：在对话框的右侧区域有 3 个吸管工具 ，第 1 个为“吸管”工

具，主要用来吸取一次颜色。第 2 个为"添加到取样"工具，作用是保留原先的取样颜色，继续增加新的取样颜色，如图 2-27 所示，作用是扩大选区，效果如图 2-28 所示。第 3 个"从取样中减去"工具，将新吸取颜色的选区从原先选区中减掉。

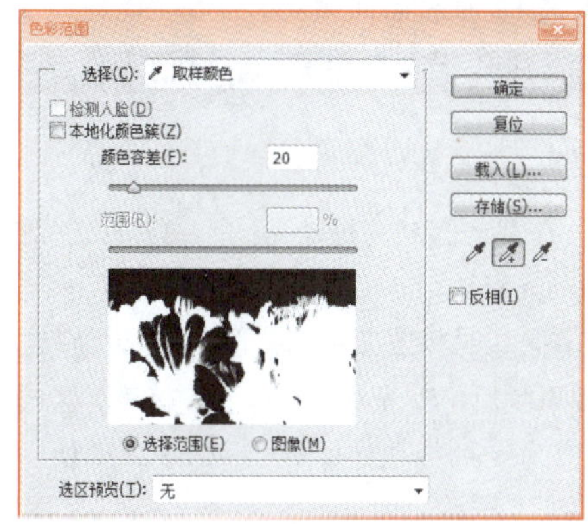

图 2-27 "添加到取样"工具使用

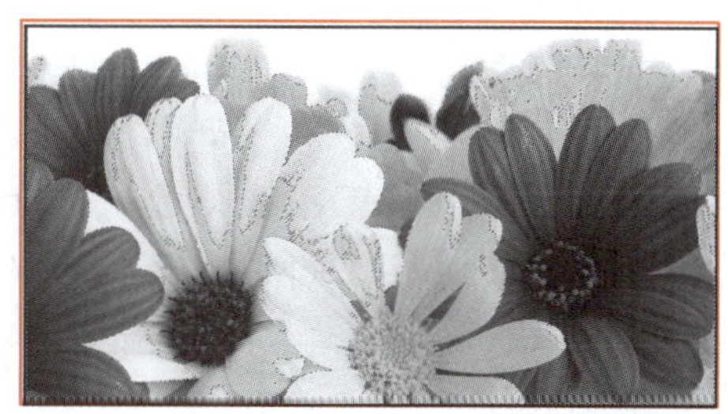

图 2-28 "添加到取样"工具新选区

2.2 图像编辑常用工具

微课 2-12 移动工具

2.2.1 移动工具

移动工具：用来移动图层里的整个画面或选区。当单击移动工具时，移动工具选项栏将会显示在菜单栏的下方，如图 2-29 所示。

图 2-29 移动工具选项栏

在移动工具选项栏中，"自动选择"复选框被选中时，当用鼠标单击画布中的图像，这时图像便会自动被选择，否则需要通过单击"图层"面板中的相应图层，图像才会被选中。"显示变换控件"复选框被选中时，当单击画布中的图像，这时便会在图像的四周出现黑色矩形边框，通过边框的矩形框可对图像进行大小调整、旋转等操作，如图 2-30 所示。在"显示变换控件"后面的多种工具可对多个图形进行对齐、排列等操作。操作结束后，可单击选项栏中的按钮，或者双击该图片，即可确认此次操作。

(a) 自动选择状态

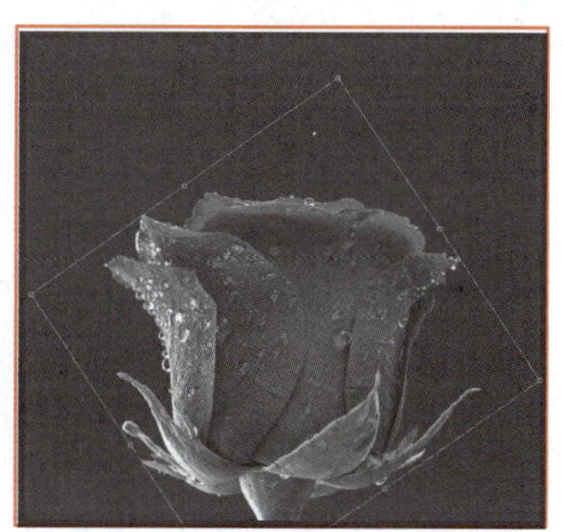

(b) 对图像进行了旋转

图 2-30 移动工具的使用

微课 2-13
裁剪工具

2.2.2　裁剪工具

裁剪工具：用来裁剪图像的大小。单击裁剪工具后，裁剪工具选项栏如图 2-31 所示。宽度和高度分别为裁剪后图像的实际宽度和高度，分辨率为裁剪后图像的分辨率，这 3 项可根据实际需要进行设置。

图 2-31
裁剪工具选项栏

默认情况下，裁剪区域自动显示为整个图像的编辑区域。

要调整裁剪区域的尺寸，可首先将光标定位在裁剪区域，拖动光标；或者将光标移至四周的控制点上，待光标变为形状后，拖动光标即可。在裁切区域的中心有一个标记，该标记被称为旋转支点，即用户在旋转裁剪区域时将以该点为中心。要移动旋转支点，可首先将光标移至支点附近，待光标变为形状后拖动光标即可；要旋转裁剪区域，可首先将光标定位在裁剪区域外侧，待光标形状变为后拖动光标即可，如图 2-32 所示，旋转到位后，按<Enter>键确认。

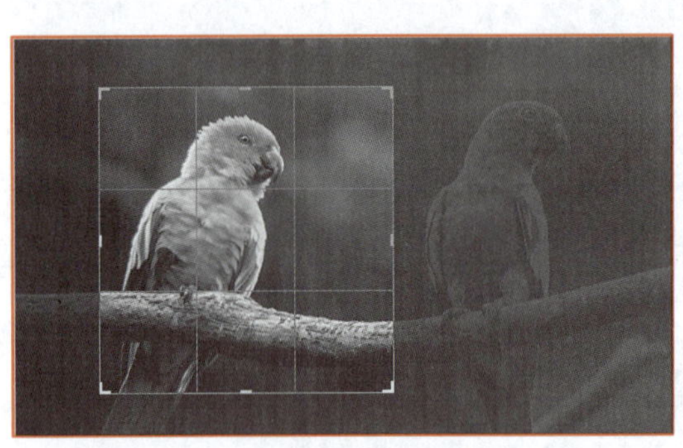

(a) 使用裁剪工具

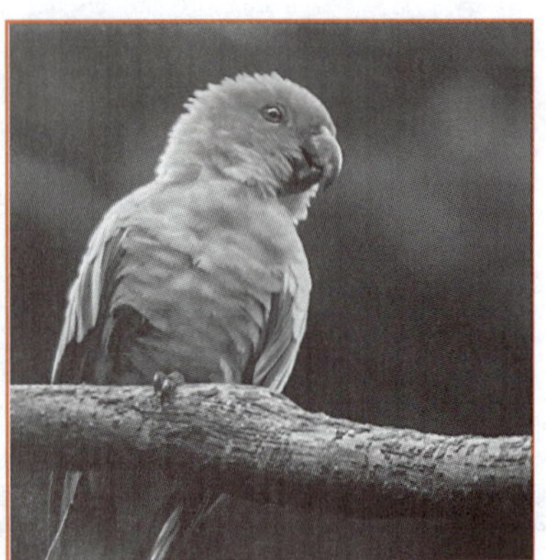

(b) 裁剪后的图片效果

图 2-32
裁剪工具的使用

2.2.3　缩放工具

选择工具箱中的“缩放工具”，在当前图像文件中单击，即可放大图像；按住<Alt>键，利用“缩放工具”在当前图像文件中单击，即可缩小图像。

在缩放工具选项栏上选中“细微缩放”复选框，此时使用“缩放工具”在画布中向右拖动即可放大显示比例，而向左拖动即可缩小比例，这是一项非常方便的功能。

- 执行“视图”→“放大”菜单命令（或按快捷键<Ctrl++>），可以放大图像。
- 执行“视图”→“缩小”菜单命令（或按快捷键<Ctrl+->），可以缩小图像。
- 执行“视图”→“按屏幕大小缩放”菜单命令，可满屏显示当前图像。
- 执行“视图”→“实际像素”菜单命令，当前图像以实际大小显示。

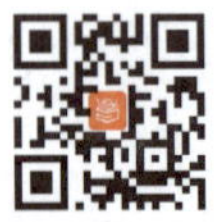

微课 2-14
橡皮擦工具

2.2.4　橡皮擦工具

橡皮擦工具组包括橡皮擦、背景橡皮擦、魔术橡皮擦 3 种不同擦除工具。

橡皮擦工具当作用在背景层时相当于使用背景颜色的画笔；当作用于图层时擦除后

变为透明；背景橡皮擦能将背景层擦成普通层，把画面完全擦除；魔术橡皮擦依据画面颜色擦除画面。橡皮擦工具选项栏如图 2-33 所示。

图 2-33
橡皮擦工具选项栏

- 模式：可选择擦除的方式及形状。
- 不透明度：可设置擦除效果的不透明度。
- 流量：可设置擦除效果的深浅。

选择“橡皮擦工具”，并选择相应的模式及不透明度等选项，在图像上拖动即可擦除橡皮擦经过的部分。

2.2.5 抓手工具

如果放大后的图像大于画布，或者图像超出了屏幕的显示范围，则可以使用“抓手工具”在画布中进行拖动，用以观察图像的各个位置。

在其他工具为当前的操作工具时，按住键盘上的空格键，可以暂时切换为“抓手工具”。

2.2.6 应用案例：盘中的红樱桃

微课 2-15
案例-图像的抠取

本例将通过常用工具与选区工具的运用制作盘中的红樱桃，操作步骤如下。

① 打开 Photoshop，执行“文件”→“打开”菜单命令，在弹出的对话框中找到“餐具.jpg”文件并打开，如图 2-34 所示。用同样的方法打开“红樱桃.jpg”文件，如图 2-35 所示。

图 2-34
“餐具”图像素材

图 2-35
“红樱桃”图像素材

② 在打开的餐具原始效果图中，使用裁剪工具对其进行裁剪，保留画布右侧的餐具。将鼠标指针放在边框右上角的矩形框的外侧，待指针变成形状后，对裁剪的部分进行调整，以使调整后的餐具摆正位置，而不是倾斜的，效果如图 2-36 所示。调整合适后，双击裁剪区域或者单击裁剪工具选项栏右侧的按钮确认此次操作，效果如图 2-37 所示。

③ 打开红樱桃原始效果图，单击“魔棒工具”，并选择魔棒工具选项栏中“添加到选区”选项，单击除樱桃外的所有白色区域，这时所有白色区域将会被选中，如图 2-38 所示。

本案例目的是将樱桃放置在盘子中，因此需要选中樱桃，而不是白色区域。接下来执行“选择”→“反选”菜单命令（或按快捷键<Ctrl+Shift+I>）来选中樱桃，效果如图 2-39 所示。

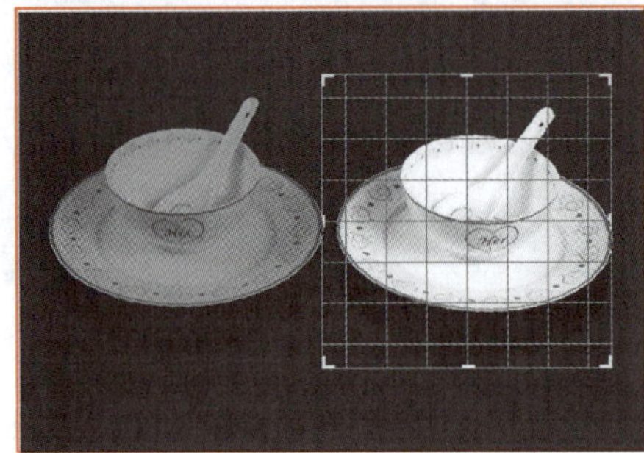

图 2-36
调整图片

图 2-37
调整后的效果图

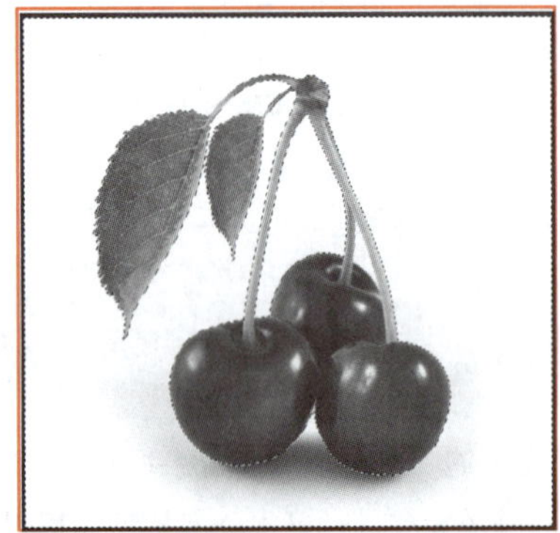

图 2-38
白色区域被选中

图 2-39
红色樱桃被选中

④ 使用“编辑”菜单中的“拷贝”命令（或按快捷键<Ctrl+C>），复制被选中的樱桃。进入到裁剪后的餐具原始效果图中，使用“编辑”菜单中的“粘贴”命令（或按快捷键<Ctrl+V>），将已复制的樱桃图像粘贴到本文件中，效果如图 2-40 所示。

粘贴后的樱桃个头较大，执行“编辑”→“变换”→“自由变换”菜单命令（或按快捷键<Ctrl+T>），使用“移动工具”对其大小及摆放的角度进行调整，如图 2-41 所示。大小调整合适后，鼠标双击樱桃以确认此次操作。

图 2-40
粘贴后的樱桃效果图

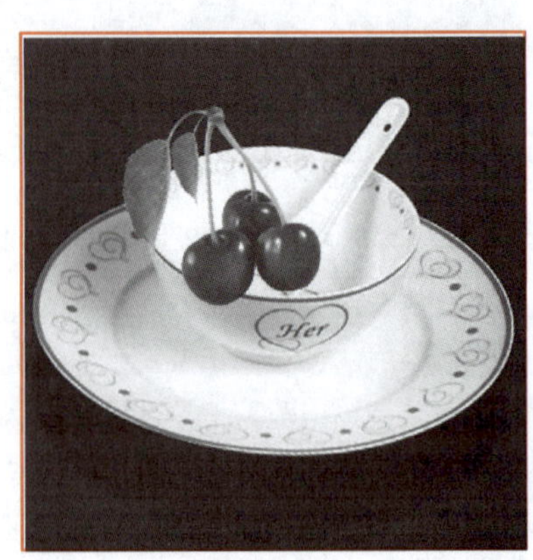

图 2-41
樱桃调整效果图

⑤ 为使樱桃放置在盘中的效果更加逼真，使用橡皮擦工具沿着碗的边缘将餐具外边沿的樱桃部分擦除，以达到将樱桃放置在碗中的效果。为使擦除的边缘更精细，可以使用放大镜工具将图像放大进行操作，擦除后效果如图 2-42 所示。

图 2-42
最终效果

2.3 图像绘制与修饰工具

Photoshop 软件中的绘图工具包括：画笔、铅笔、历史记录画笔、艺术历史记录画笔、仿制图章、图案图章、橡皮擦、背景橡皮擦、魔术橡皮擦、模糊、锐化、涂抹、加深、减淡和海绵等工具。

2.3.1 画笔工具

1. 认识画笔

使用“画笔工具”可以绘制出比较柔和的线条，此工具在绘制工作中使用最为频繁。画笔工具选项栏如图 2-43 所示。

图 2-43
画笔工具选项栏

- 画笔：下拉列表中可选择合适的画笔大小。
- 模式：设置用于绘图的前景色与作为画纸的背景之间的混合效果。
- 不透明度：设置绘图颜色的不透明度，数值越大绘制的效果就越明显，数值越小绘制的效果就越不清晰。
- 流量：控制颜色的浓淡，如真实画笔中墨水的多少，数值越小，颜色越淡；数值越大，颜色越浓。
- 喷枪工具：单击图标，将“画笔工具”设置为“喷枪工具”，在该工具下得到的画笔边缘更加柔和，而且只要按住鼠标不放，前景色就会在当前位置淤集，直到鼠标释放为止。

设置好画笔后，可以直接绘制内容，通过右键可以选择画笔形状、画笔大小、硬度等。

2. 认识“画笔”面板

Photoshop 软件中“画笔”面板的使用非常重要，“画笔”面板主要用于设置笔刷的详细属性，除了调整画笔的直径和硬度等属性外，Photoshop 针对笔刷还提供了非常详细的设置选项。

执行“窗口”→“画笔”菜单命令（或按快捷键<F5>），可弹出“画笔”面板，如图 2-44 所示。

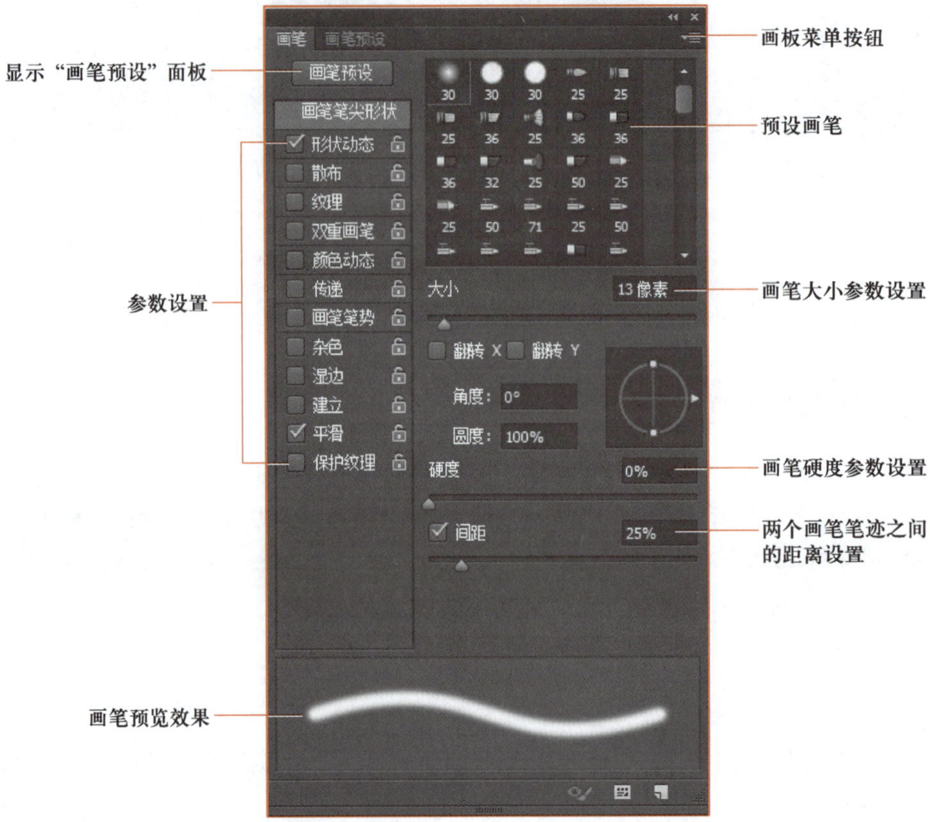

图 2-44
“画笔”面板

“画笔”面板中默认提供了画笔笔尖形状的详细设置，利用各选项可以改变画笔的大小、角度、粗糙程度等属性。

- 大小：控制画笔大小，输入以像素为单位的值或拖移滑块来设置。
- 调整样本大小：将画笔复位到它的原始直径，只有在画笔笔尖形状是通过采集图像中的像素样本创建的情况下，此选项才可用“翻转 X”和“翻转 Y”，即改变画笔笔尖在其 X、Y 轴上的方向。
- 角度：指定椭圆画笔或样本画笔的长轴从水平方向旋转的角度。可直接输入数值或在预览框中拖曳水平轴进行设置。
- 圆度：指定画笔短轴和长轴的比率，输入百分比值，或在预览框中拖动点进行设置。其中，100%表示圆形画笔，0%表示线形画笔，两者之间的值表示椭圆画笔。
- 硬度：控制画笔硬度中心的大小，输入数值，或使用滑块输入画笔直径的百分比值进行设置。
- 间距：控制描边中两个画笔笔迹之间的距离，如果要更改间距可以输入数值，或使用滑块输入画笔直径的百分比值。当取消选择此选项时，光标的速度决定间距。

“画笔”面板中的画笔预设提供了形状动态、散布、纹理、双重画笔等 12 个功能，可以改变画笔的大小和整体形态，这里不再赘述。

2.3.2 渐变工具

微课 2-16
渐变工具

“渐变工具” 用来填充渐变颜色，如果不创建选区，“渐变工具”将作用于整个图像。所谓渐变，就是在图像某一区域填入多种过渡颜色的混合色。“渐变工具”的使用方法是：按住鼠标左键进行拖曳，绘制一条直线，直线的长度和方向决定了渐变填充的区域和方向。拖曳鼠标的同时按住<Shift>键，可保证鼠标移动的方向是水平、竖直或 45 度方向。拖动距离越长，其渐变越柔和。单击工具箱中的“渐变工具”，在菜单栏下方会出现渐变工具选项栏，如图 2-45 所示。

图 2-45
渐变工具选项栏

渐变工具选项栏中主要包括编辑渐变效果、选择渐变类型、模式、不透明度、反向等选项。

1. 编辑渐变效果

单击“编辑渐变效果”图标，会弹出“渐变编辑器”对话框，如图 2-46 所示。

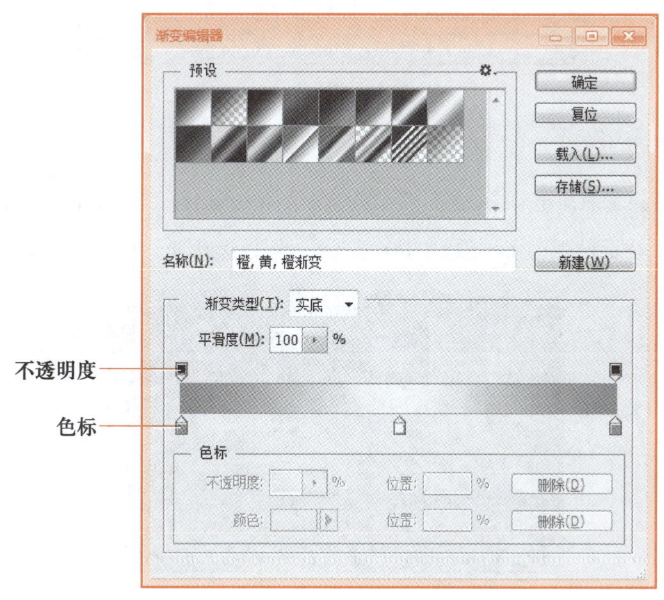

图 2-46
“渐变编辑器”对话框

单击任意一个预设渐变，在“名称”文本框中就会显示其对应的名称，在对话框下部的渐变效果预览条显示渐变的效果，并可进行渐变调节。在预设的渐变样式中，选择一种渐变作为编辑的基础，在渐变效果预览条中调节任何一个色标后，“名称”文本框中自动变成“自定”，用户可以自行输入名字。

在渐变效果预览条下端有颜色标记点，其上半部分的小三角是白色，表示没有选中，用鼠标单击颜色标记点，上半部分的小三角变黑，表示已选中。在下面的“色标”选项区域中（如图 2-47 所示），“颜色”后面的色块会显示当前选中标记点的颜色，单击此色块，在弹出的“拾色器”对话框中可修改颜色。在渐变效果预览条下端边缘单击，可增加颜色标记点。

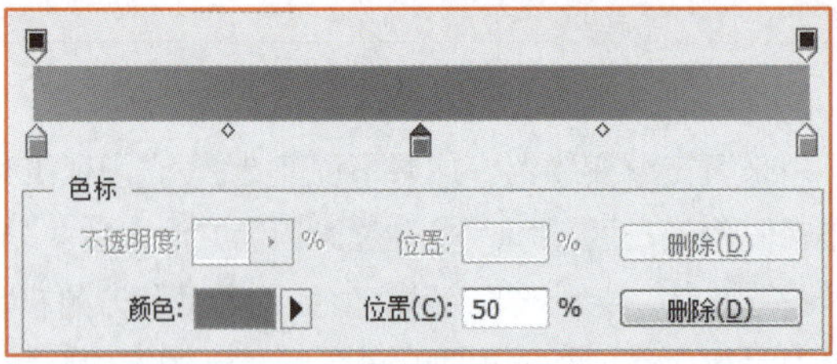

图 2-47
颜色标记点设置

渐变效果预览条上端有不透明度标记点，其下半部分的小三角是白色，表示没有选中，用鼠标单击不透明度标记点，下半部分的小三角变黑，表示已选中。在渐变效果预览条上端边缘单击可增加不透明度标记点，用于标记渐变过程中该位置的透明度设置。在下面的“色标”选项区域中（如图 2-48 所示），“不透明度”文本框中会显示当前选中标记点的不透明度，在“位置”文本框中会显示其位置，单击右侧的“删除”按钮可将此不透明度标记点删除。

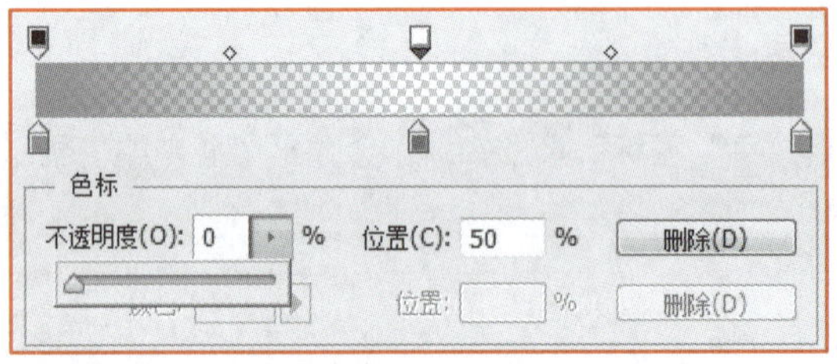

图 2-48
不透明度标记点设置

2. 选择渐变效果

单击“编辑渐变效果”图标后面的小三角按钮，会出现预设渐变列表，如图 2-49 所示，里面已保存多种预设的渐变效果，可以选择任一种渐变效果。

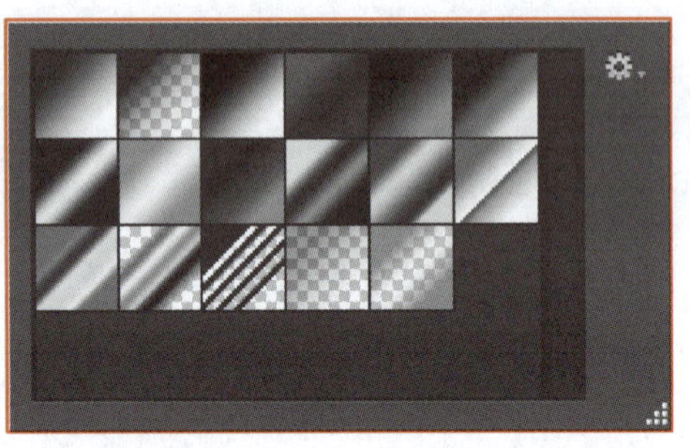

图 2-49
选择渐变效果

3. 选择渐变类型

渐变类型共有 5 种，线性渐变、径向渐变、角度渐变、对称渐变和菱形渐变。单击各小图标可选择不同的渐变类型。

- 线性渐变：可以创建直线渐变效果。
- 径向渐变：可以创建从圆心向外扩展的渐变效果。
- 角度渐变：可以创建颜色围绕起点，并随着角度改变的渐变效果。
- 对称渐变：可以创建从中心向两侧的渐变效果。
- 菱形渐变：可以创建菱形渐变效果。

4. 其他选项

在“模式”下拉列表框中可选择渐变色和底图的混合模式。“不透明度”后面的数值用于改变整个渐变的透明度。选择“反向”复选框，使渐变沿着相反的方向进行。选择“仿色”复选框，可使用减色法来填充中间色调，从而使渐变效果更平缓。“透明区域”选项对渐变填充使用透明蒙版。

2.3.3 模糊工具组

微课 2-17
模糊工具组

模糊工具组包括模糊工具、锐化工具和涂抹工具，分别将画面局部变成模糊效果、锐利清晰效果及涂抹效果。

1. 模糊工具

“模糊工具”：使颜色值相近的颜色融为一体，使颜色看起来平滑柔和，将较硬的边缘软化，如图 2-50 所示。

(a) 原始图像

(b) 局部模糊效果

图 2-50
模糊工具的使用

模糊工具选项栏如图 2-51 所示。

图 2-51
模糊工具选项栏

模糊工具选项栏共包括画笔预设、模式、强度、对所有图层取样等选项。

- 画笔预设：可设置模糊工具的形状、大小等。
- 模式：可设定工具和底图不同的作用模式。
- 强度：通过调节“强度”的大小，使工具产生不同的效果，强度越大效果就越明显。
- 对所有图层取样：使用模糊工具时，不会受不同图层的影响，不管当前是哪个活动层，模糊工具将对所有图层上取样。

2. 锐化工具

锐化工具：可增加相邻像素的对比度，使较模糊的边缘更加清晰，使图像聚焦。这个工具并不适合过度使用，因为将会导致图像严重失真，如图 2-52 所示。

3. 涂抹工具

涂抹工具：模拟用手指涂抹油墨的效果，用涂抹工具在颜色的交界处涂抹，会有一种相邻颜色互相挤入而产生的模糊感。涂抹工具不能在“位图”和“索引颜色”模式的图像上使用。其工具选项栏如图 2-53 所示。

(a) 原始图像

(b) 多次使用锐化工具后效果图

图 2-52
锐化工具的使用

图 2-53
涂抹工具选项栏

85　模式：正常　强度：50%　对所有图层取样　手指绘画

涂抹工具选项栏和模糊工具选项栏的选项类似，多了一个“手指绘画”复选框。

- 强度：控制手指作用在画面上的力度。默认的“强度”为 50%，数值越大，手指拖出的线条就越长，反之则越短。如果“强度”设置为 100%时，则可拖出不限长度的线条来，直到松开鼠标。
- 手指绘画：选中此选项后，每次拖曳鼠标绘制时将使用前景色。如果将“强度”设置为 100%，其作用相当于画笔。

其他选项的含义与模糊工具相类似，针对图 2-54（a）中的红色花朵，使用涂抹工具涂抹红色花朵后的效果如图 2-54（b）所示。

(a) 原始图像

(b) 多次使用涂抹工具后效果图

图 2-54
涂抹工具的使用

2.3.4　减淡工具组

微课 2-18
减淡工具组

减淡工具组包括减淡工具、加深工具和海绵工具，分别用于将画面局部变亮、变暗及调整色彩饱和度。

1. 减淡工具

减淡工具：主要是改变图像部分区域的曝光度，使图像变亮，效果如图 2-55 所示。

(a) 原始图像

(b) 多次使用减淡工具后效果图

图 2-55
减淡工具的使用

2. 加深工具

加深工具：主要是改变图像部分区域的曝光度，使图像变暗，效果如图 2-56 所示。

(a) 原始图像

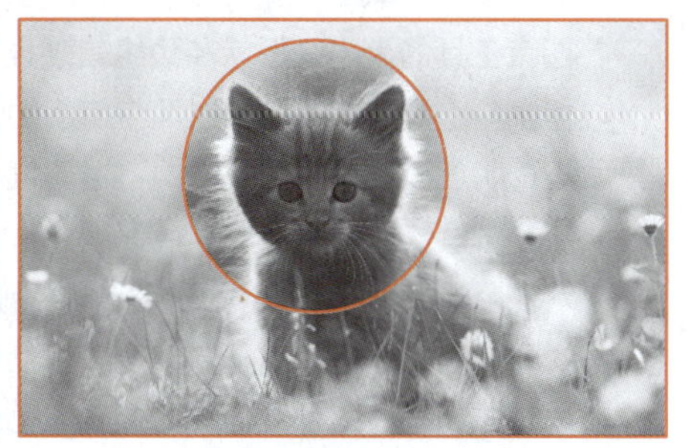

(b) 多次使用加深工具后效果图

图 2-56
加深工具的使用

3. 海绵工具

海绵工具：可以精确地改变图像局部的色彩饱和度。工具选项栏如图 2-57 所示。

图 2-57
海绵工具选项栏

- 模式：可以减少或增加图像的饱和度。如果“模式”设置为“去色”，可以减少图像的饱和度，甚至使图像变成灰色。如果“模式”设置为“加色”，可以增加颜色的饱和度。

海绵工具去色的效果如图 2-58 所示。

(a) 原始图像

(b) 多次使用海绵工具后效果图

图 2-58
海绵工具的使用

微课 2-19
仿制图章工具

2.4　修复图像工具

2.4.1　仿制图章工具

“仿制图章工具” 可准确复制图像的一部分或全部从而产生某部分或全部的拷贝，它是修补图像时常用的工具。例如，若原有图像有折痕，可用此工具选择折痕附近颜色相近的像素点来进行修复。仿制图章工具选项栏（如图 2-59 所示），具体包括画笔预设选取器、模式、不透明度、流量等选项。

图 2-59
仿制图章工具选项栏

- 画笔预设选取器：在画笔预览图的弹出调板中，选择不同类型的画笔来定义仿制图章工具的大小、形状和边缘软硬程度。
- 模式：选择复制的图像以及与底图的混合模式。
- 不透明度：设置复制图像的不透明度。
- 流量：设置复制图像的颜色深度。
- 对齐：选中此项后，松开鼠标再绘制时，会继续上一次的复制，而非重新开始。这种功能对于用多种画笔复制一张图像是很有用的。如果取消选择此选项，则每次停笔再画时，都从原先的起画点画起，此时适用于多次复制同一图像。

仿制图章工具的使用方法：把鼠标指针移到想要复制的图像上，如图 2-60（a）所示，按住<Alt>键，选中复制起点，起点处会出现十字图标，然后松开<Alt>键。这时就可以拖动鼠标，在图像的任意位置开始复制，十字指针表示复制时的取样点。仿制图章工具的使用效果如图 2-60（b）所示。

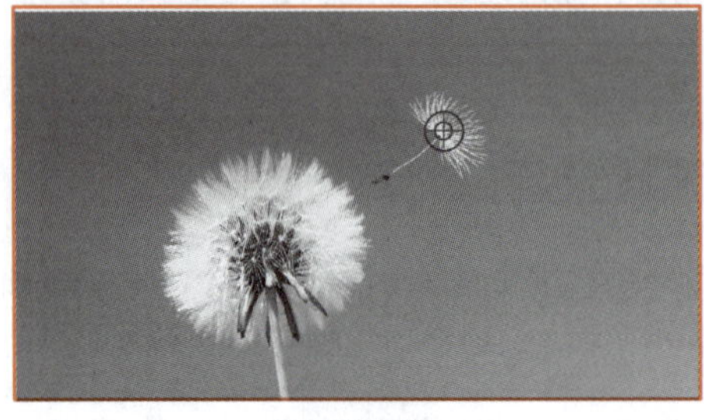

(a) 原始图像

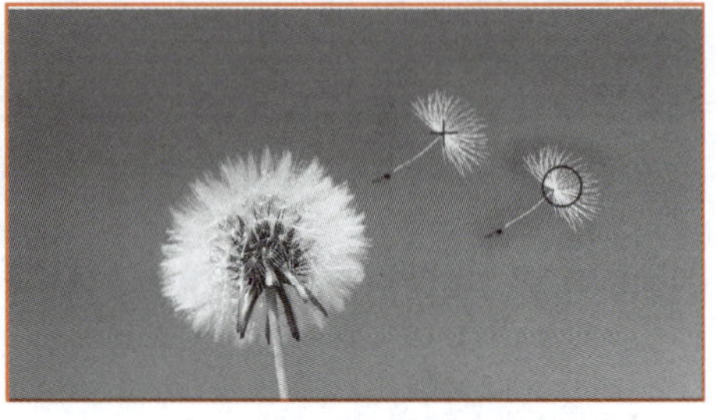

(b) 仿制效果

图 2-60
仿制图章工具的使用

2.4.2　修复画笔工具

“修复画笔工具” 主要用于对具有污点、划痕、皱纹等的图像进行修复，该工具能够根据要修改点周围的像素及色彩进行完美的修复，而且不留痕迹。修复画笔工具选项栏，如图 2-61 所示。

图 2-61
修复画笔工具选项栏

- 取样：表示用取样区域的图像修复需要改变的区域。

- 图案：表示用图案修复需要改变的区域。

修复画笔工具的使用方法：把鼠标指针移到想要复制的图像上，按住<Alt>键，如图 2-62（a）所示，然后释放<Alt>键，并将光标放置在复制图像的目标区域。按住鼠标左键拖动此工具，即可修改此区域，如图 2-62（b）所示。

(a) 原始图像上取样

(b) 修复图像

图 2-62 修复画笔工具的使用

2.4.3 污点修复画笔工具

“污点修复画笔工具”主要用于除去图像中的杂色或者斑点。功能与修复画笔工具相似，使用方法比修复画笔工具更为简单。使用此工具时，不需要取样，只需要用此工具在图像中有需要的位置单击即可除掉此处的杂色或者污斑。污点修复画笔工具选项栏如图 2-63 所示。

155 模式：正常 类型：近似匹配 创建纹理 内容识别 对所有图层取样

图 2-63 污点修复画笔工具选项栏

“污点修复画笔工具”的使用方法：如图 2-64 所示，光标所在位置有两个金属物体，选中“污点修复画笔工具”，调节画笔大小，单击这两个金属物体即可将其清除，效果如图 2-65 所示。

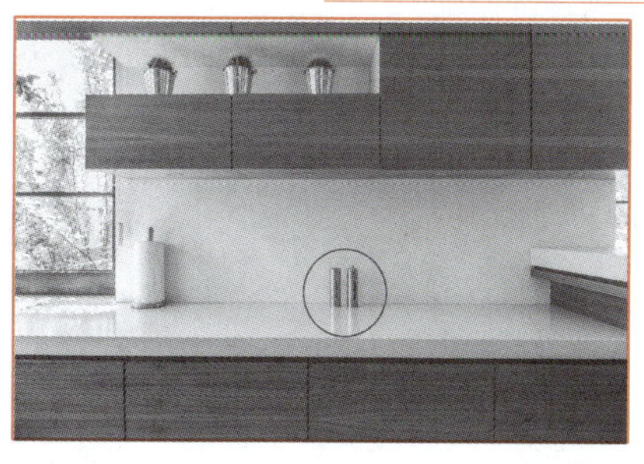

图 2-64 光标选择位置

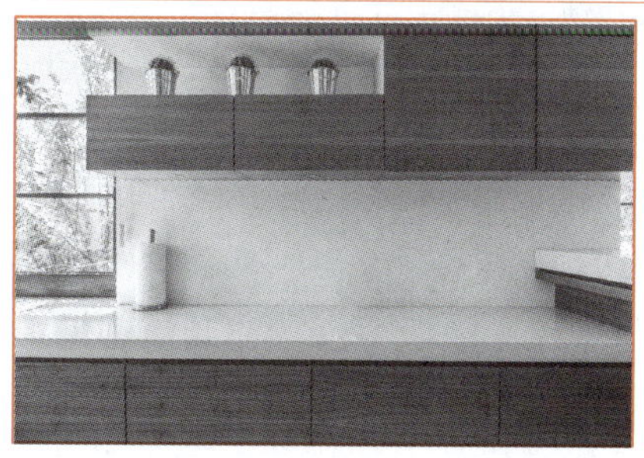

图 2-65 清除物体后的效果

2.4.4 修补工具

“修补工具”也主要用于恢复图像中不满意的区域，与“修复画笔工具”相似，不

同之处在于，“修复画笔工具”着眼于具体点的处理，而“修补工具”则着眼于面的处理，能够修补较大面积的区域。修补工具选项栏如图 2-66 所示。

图 2-66
修补工具选项栏

- 源：默认选中“源”单选按钮，表示拖动选区并释放鼠标后，选区内的图像将被选区释放时所在的区域所代替。
- 目标：选中“目标”单选按钮后，表示拖动选区并释放鼠标后，选区内的图像将替换目标区域的图像。
- 透明：选择“透明”复选框后，被修饰的图像区域内的图像将呈现为半透明效果。

修补工具的具体使用方法：在图 2-67 中，对光标所在位置中的“热气球”，使用修补工具，鼠标右键调节画笔大小，鼠标左键单击“热气球”即可将其清除，效果如图 2-68 所示。

图 2-67
选择需要修补的区域

图 2-68
拖动选区后的效果

2.5　填充与描边图像

2.5.1　填充图像

通常的填充图像包括颜色填充与图案填充。

填充颜色时经常使用快捷键来完成，填充前景色的快捷键为<Alt+Delete>，填充背景色的快捷键为<Ctrl+Delete>。

如果要进行复杂的图案填充，则需要执行“编辑”→“填充”菜单命令（或按快捷键<Shift+F5>），调出“填充”对话框，如图 2-69 所示。

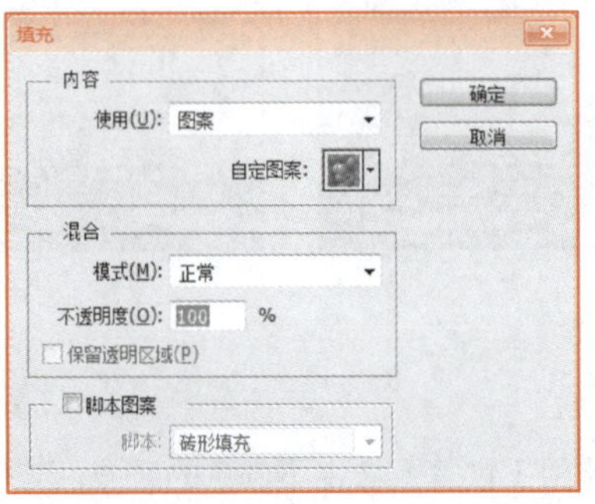

图 2-69
“填充”对话框

- 使用：下拉列表框中可以选择不同的填充内容，如前景色、背景色、颜色、图案、黑色、白色等。图 2-69 中选择了“图案”选项，所以“自定图案”选项被激活，单击“自定图案”缩览图，在弹出的列表中可以选择要填充的图案。
- 模式：下拉列表框下可以选择所填充的图像与下层图像之间的混合方法。

在 Photoshop 中除了软件自带的图案外，还可以根据需要自定义图案。

下面举例说明自定义图案的方法。

① 使用 Photoshop 软件打开素材文件“图案.jpg”，如图 2-70 所示。然后执行“编辑”→“定义图案”菜单命令，弹出“图案名称”对话框，设置“名称”为“图案 1”，如图 2-71 所示。

图 2-70
素材图案

图 2-71
“图案名称”对话框

注意

定义图案时也可以在图 2-70 中框选单个图案进行定义。

② 执行“文件”→“新建”菜单命令，创建一个宽为 800 像素、高为 400 像素、分辨率为 72 像素/英寸的文档，将文件保存为“填充自定义图案.psd”。

③ 执行“编辑”→“填充”菜单命令（或按快捷键<Shift+F5>），弹出“填充”对话框，单击“自定图案”缩览图，在弹出的列表中选择刚刚定义的“图案 1”，如图 2-72 所示。

④ 单击“确定”按钮，即可完成自定义图案的填充，效果如图 2-73 所示。

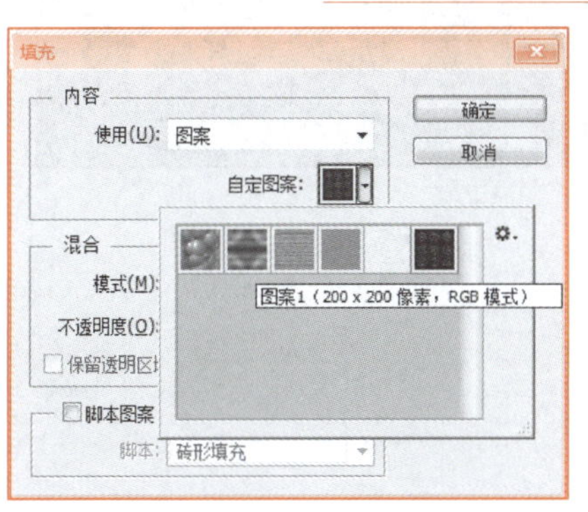

图 2-72
选择自定义图案

图 2-73
自定义图案后的效果

还有一种“内容识别”的填充方式，这种识别方式的功能类似于智能的修补工具，在填充选定的选区时，可以根据所选区域周围的像素进行修补。

2.5.2　描边图像

在选区状态下，执行“编辑”→“描边”菜单命令，可调出“描边”对话框，如图 2-74 所示。

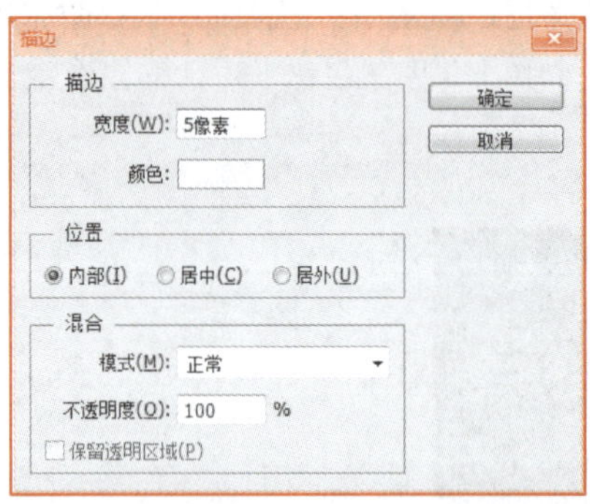

图 2-74
“描边”对话框

- 宽度：表示描边的宽度，数值越大线条越宽。
- 颜色：单击该色块，可以弹出“拾色器”对话框，选择合适的颜色。
- 位置：设置描边的线条在选区的内部、居中或居外。
- 模式：在此下拉列表框中可以选择所填充的图像与下层图像之间的混合方法。
- 不透明度：描边边框的透明程度。
- 保留透明区域：如果当前描边区域内存在透明区域，那么选中该复选框后，将不对透明区域进行描边。

使用 Photoshop 软件打开素材文件“书法家庄辉.jpg”，使用“多边形套索工具”选择人物，如图 2-75 所示，执行“编辑”→“描边”菜单命令，调出“描边”对话框，设置宽度为 5 像素、颜色为白色、位置为“内部”，单击“确定”按钮后的效果如图 2-76 所示。

图 2-75
绘制选区状态

图 2-76
描边后的效果

微课 2-20
文字工具组

2.6　文字工具组

2.6.1　认识文字工具

文字工具组包括“横排文字工具 …… 工具” ，它们 别可以输入

横排的文字和竖排的文字。这里选择“横排文字工具”介绍其使用方法，两种工具选项栏中的选项都是相同的，如图 2-77 所示。

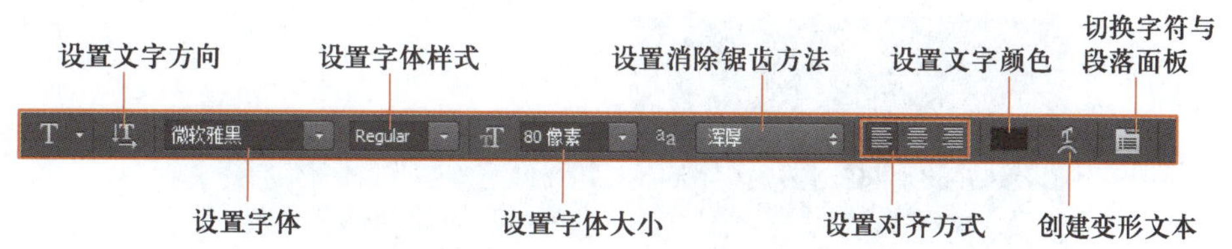

图 2-77
文字工具选项栏

文字工具选项栏中的各选项功能和 Word 中的功能类似。第二个选项用于切换文字方向，如果原来是横排文字，若单击此选项将变成竖排文字，反之亦然。接下来依次可以设置字体样式，字体大小。

在“字体大小”后面为设置消除字体锯齿的方法，共有犀利、锐利、平滑、浑厚等几种方式，主要设置所输入字体边缘的形状，并消除锯齿。

接下来的选项为设置输入文字的排列方式和字体颜色，横排文字对齐方式分为左对齐、居中和右对齐。

单击“创建变形文本”选项可以创建变形文本。

最后一个为“切换字符与段落面板”选项，以便调整字体和段落的基本属性。

通过文字工具可以输入直排文字和段落文字。直排文字的输入：选择文字工具，单击画面中的合适位置，直接输入文字即可。段落文本是一类以段落文字边框来确定文字的位置与换行情况的文字，边框里的文字会自动换行。单击文字工具，在页面中拖动鼠标，可以创建一个文本框。文本框四周有 8 个控制点，可以缩放文本框，但不影响文本框内的各项设定，创建完文本框后，可在文本框内输入段落文字，效果如图 2-78 所示。

(a) 输入段落文字

(b) 调整后效果

图 2-78
段落文字输入

2.6.2 文字格式设置

文字的字体是否得当，字号是否合适，段落排列是否整齐、美观，将直接影响整个作品的效果。如果对输入的文字字体、段落等方式不满意，可单击选项栏中的最后一个选项进行细微调整。当单击最后一个选项时，会弹出“字符”与“段落”面板，如图 2-79 所示，单击面板中的“段落”标签将会切换到“段落”面板。

在“字符”面板中除了设置文字的字体、大小、颜色、消除锯齿等基本选项外，还可设置行距、水平比例、垂直比例等选项。

- 行距 (自动)：行距指两行文字基线之间的距离。在数值框中输入数值或在下拉列表框中选择一个数值，可以设置行距，数值越大行距越大。

- 垂直比例 和水平比例 ：在数值框中输入百分比，可分别调整文字在垂直方向和水平方向的放大比例。

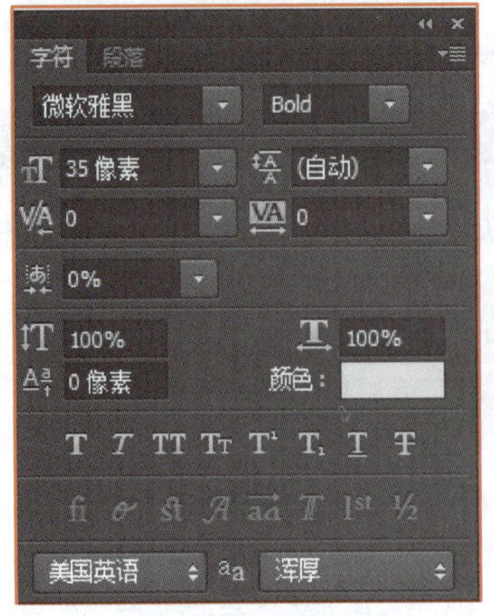

(a) 字符面板

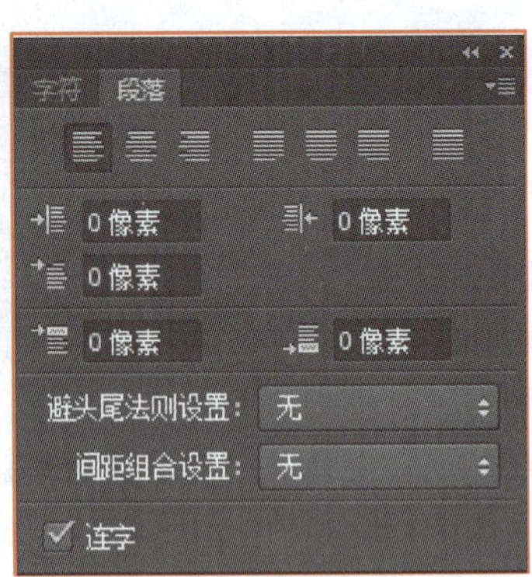

(b) 段落面板

图 2-79
文字调整面板

- 字符比例间距 ：按指定的百分比值减少字符周围的空间。当设置字符比例间距时，字符两侧的间距按相同的百分比增加或减少，字符本身不会被拉伸或挤压。
- 字符间距 ：用于控制所选文字的间距，数值越大，间距越大。
- 基线偏移 ：控制文字与文字基线之间的距离，正数向上移，负数往下移。

在基线偏移的下方为文字的加粗、倾斜、全部大写、全部小写、上标、下标等基本设置。

在“段落”面板中可设置段落中文本对齐方式，左缩进、右缩进及首行缩进的大小等。另外，还有段前添加空格、段后添加空格等方面的设置。

- 段前添加空格 和段后添加空格 ：用于设置当前段落与上一段落或下一段落之间的垂直间距。
- 避头尾法则设置：确定日语文字中的换行。不能出现在一行的开头或结尾的字符称为避头尾字符。
- 间距组合设置：确定日语文字中标点、符号、数字以及其他字符类别之间的间距。
- 连字：设置手动和自动断字，仅适用于 Roman 字符。

2.7　调整变换图像

2.7.1　图像的基本变换

图像处理时，可以对图像、选区、选区中的图像，还包括路径进行变换操作。变换操作具体包括：缩放、旋转、斜切、扭曲、透视、变形、精准变换、再次变换、翻转操作、操控变形等。

下面以图像变换为例，讲解变换对象的操作方法。

使用 Photoshop 软件打开“沙发.psd”素材，选择“沙发”图层，执行“编辑”→“变换”→“自由变换”菜单命令（或按快捷键<Ctrl+T>），即可调出变换控制框。把鼠标指

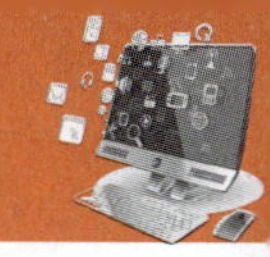

针放置在变换控制框内部，单击鼠标右键可以调出其他变换命令，如图 2-80 所示。变换控制框周围的 8 个点为控制手柄，按住鼠标左键拖动这些控制手柄，可以得到多种变换和扭曲的效果。变换控制框中的中心点为变换中心点，按住鼠标左键拖动变换中心点的位置，可以根据需要进行调整。

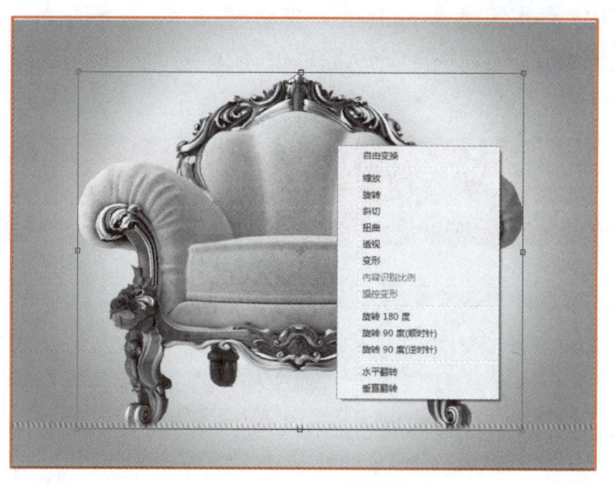

图 2-80
调出变换控制框及变换命令

- 缩放：用于变换图像大小，按住<Shift>键，拖动 4 个角上的控制手柄可以等比例放大或缩小图像，直接拖动 4 个中间的控制手柄可以改变图像的宽度或者高度。按住<Alt>键，拖动 8 个控制手柄可以变换中心点为中心放大或缩小图像。按住<Shift+ Alt>组合键，可以实现以变换中心点为中心等比例放大或缩小图像。
- 旋转：用于旋转图像，鼠标拖动 4 个角上的控制手柄可以实现图像的旋转，缩放与旋转都相当于自由变换。
- 斜切：基于变换控制中心点，在水平方向和垂直方向进行变形。快捷键为<Ctrl+Shift+鼠标拖动>，主要拖动 4 个中间的控制手柄。
- 扭曲：可以对图像进行任何角度的变形，快捷键为<Ctrl+鼠标拖动>，拖动 8 个控制手柄可以实现不同需求的扭曲。
- 透视：可以对图像进行“梯形”或“顶端对齐三角形”的变化。
- 变形：把图像边缘变为路径，对图像进行调整。矩形空白点为锚点，实心圆点为控制手柄。

2.7.2 图像的精确变换

实现图像的精确变换主要借助于变换工具选项栏，如图 2-81 所示，主要通过其中的各个参数实现精确变换。

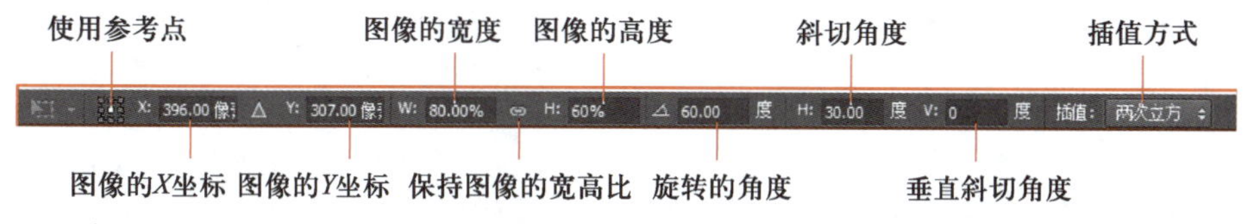

图 2-81
变换工具选项栏

2.7.3 再次变换

如果需要对元素进行两次同样的变换，则可以使用再次变换。通常，主要使用快捷键来复制和自由变换图像。

- 自由变换：使用快捷键<Ctrl+T>用于对图像进行缩放和旋转。
- 复制并变换：使用快捷键<Ctrl+Alt+T>实现。
- 复制并再次变换：使用快捷键<Ctrl+Alt+Shift+T>实现。
- 等比例缩放：使用快捷键<Shift+鼠标拖动>实现。
- 中心等比例缩放：使用快捷键< Alt+Shift+鼠标拖动>实现。

注意

以上命令适用于在同一幅图像中，重复使用率较高的图像元素，且此图像元素使用的图像调整及变形命令一致。

下面举例演示复制并再次变换的方法。

① 打开 Photoshop 软件，执行“文件”→“新建”菜单命令，创建一个宽为 800 像素、高为 800 像素、分辨率为 72 像素/英寸的文档，将文件保存为“图像变换图案.psd”。

② 使用“渐变工具”，设置前景色为浅黄色（#fee77c）、背景色为橙色（#fee77c），运用“径向渐变”方式，将背景绘制为如图 2-82 所示的效果。

③ 新建一个图层，按住<Shift>键，使用“矩形选框工具”画一个正方形选区，如图 2-83 所示。

图 2-82

设置渐变背景色

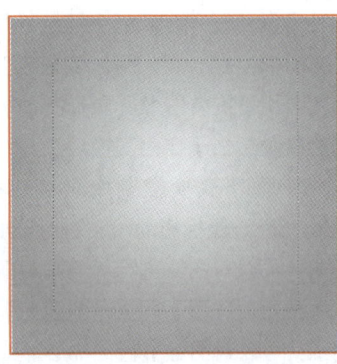

图 2-83

选择矩形选区

④ 执行“编辑”→“描边”菜单命令，弹出“描边”对话框，设置描边宽度为“5 像素”、颜色为白色、位置为“内部”，如图 2-84 所示，单击“确定”按钮后的效果如图 2-85 所示。

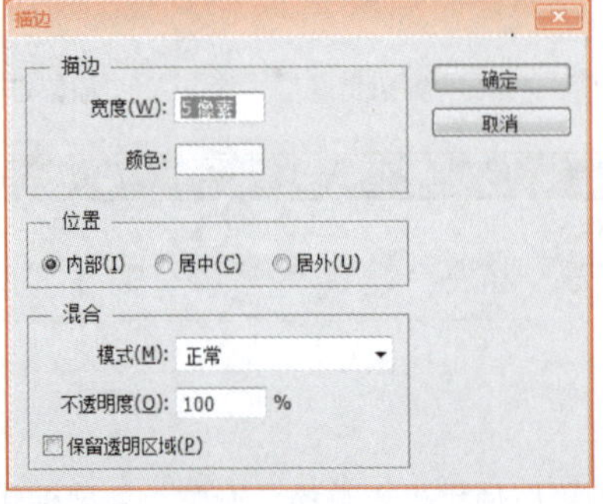

图 2-84

“描边”对话框

图 2-85

描边效果

⑤ 执行“图层”→“复制”菜单命令，复制新的图层。

⑥ 执行“编辑”→“变换”→“自由变换”菜单命令（或按快捷键<Ctrl+T>），调出变换控制框，如图 2-86 所示。按<Shift +Alt>快捷键缩小图形，然后旋转图形，效果如图 2-87 所示。

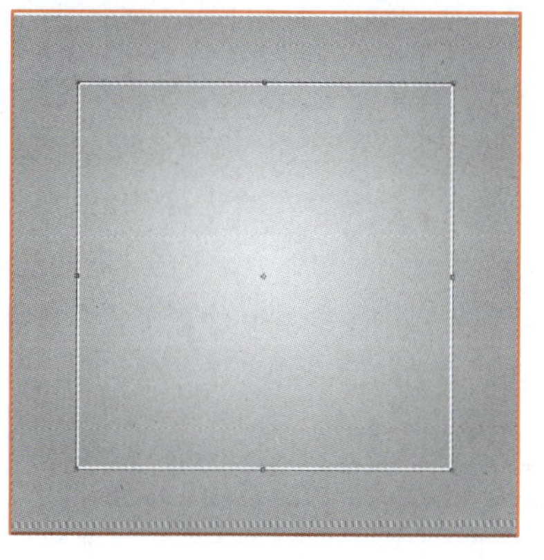

图 2-86 调出变换控制框

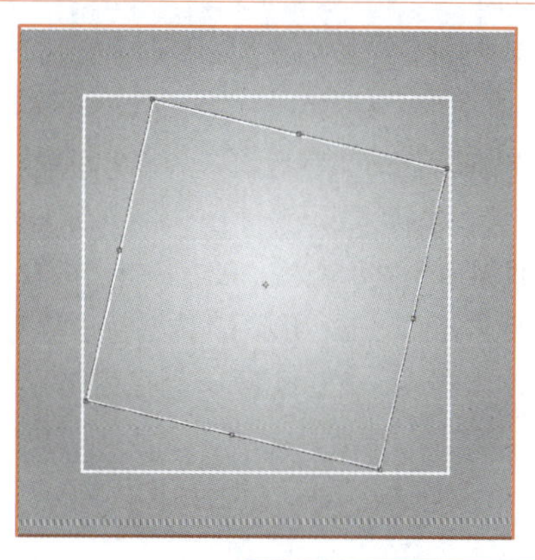

图 2-87 旋转图形

⑦ 使用复制并再次变换，按快捷键<Ctrl+Alt+Shift+T>实现图案的连续复制，最终效果如图 2-88 所示。

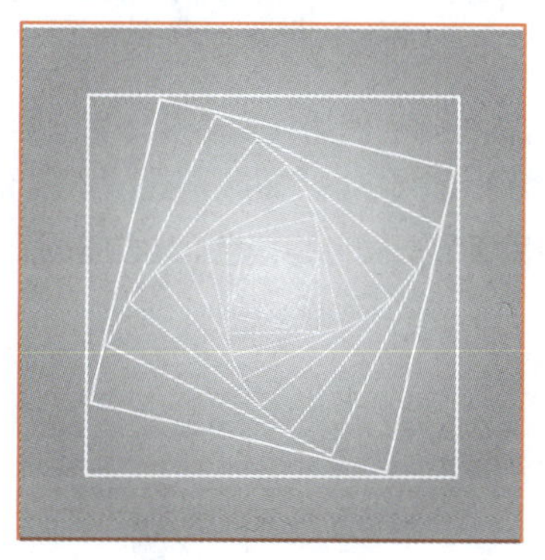

图 2-88 绘制图案效果

2.8 综合案例：企业 Logo 的制作

2.8.1 效果展示

本案例主要使用 Photoshop 中的基本工具来完成“淮信科技”的企业 Logo 制作，主要使用辅助线、选区、填充、描边等功能，最终效果如图 2-89 所示。

图 2-89 效果展示

微课 2-21
企业 Logo 的制作

2.8.2　实现过程

具体的实施步骤如下。

① 启动 Photoshop 软件，然后执行“文件”→“新建”菜单命令，创建“淮信科技 Logo.psd”文件，设置宽度为 230 像素、高度为 100 像素、分辨率为 72 像素/英寸、颜色模式为 RGB、背景内容为白色。

② 执行“编辑”→“首选项”→“单位与标尺”菜单命令，修改标尺的单位为像素。执行“编辑”→“首选项”→“参考线、网格、切片”菜单命令，将网格线间距修改为 20 像素。执行“视图”→“标尺”菜单命令显示标尺，执行“视图”→“显示”→“网格”菜单命令显示网格，最后执行“视图”→“新参考线”菜单命令，弹出“新建参考线”对话框（如图 2-90 所示），依次新建两条水平参考线（20 像素、80 像素）与两条垂直参考线（10 像素、220 像素），新建完成后效果如图 2-91 所示。

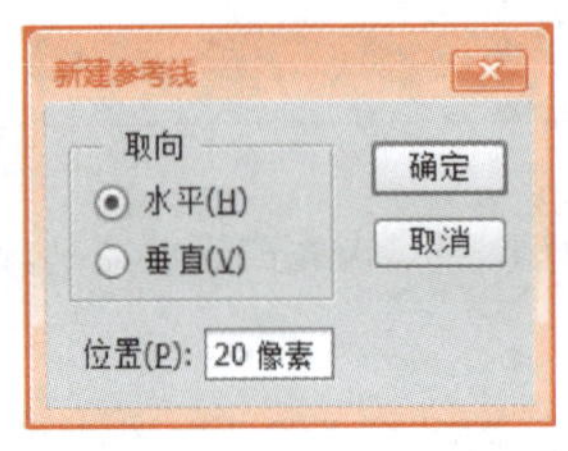

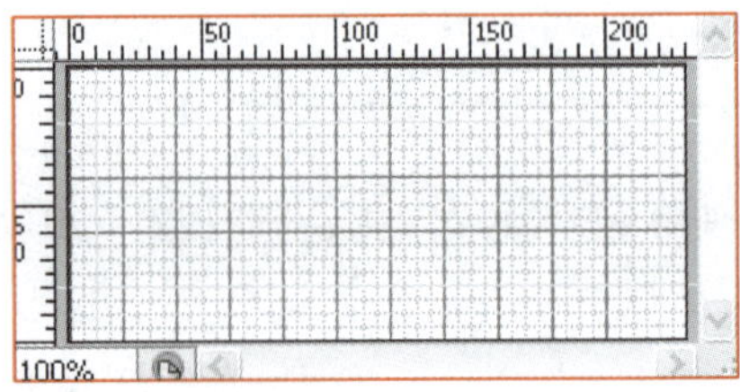

图 2-90
新建参考线对话框

图 2-91
网格标尺定位显示

③ 新建一个图层，放大图像然后使用“多边形套索工具”，依次选取点 1（10，20）、点 2（25，30）、点 3（30，50）、点 4（25，80）、点 5（10，80）、点 6（15，50）形成闭合选区，如图 2-92 所示，最后设置前景色为蓝色（#0f288c），并填充到选区中，如图 2-93 所示。

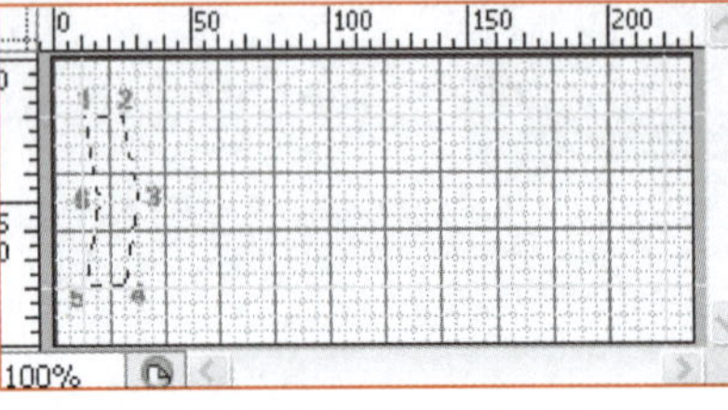

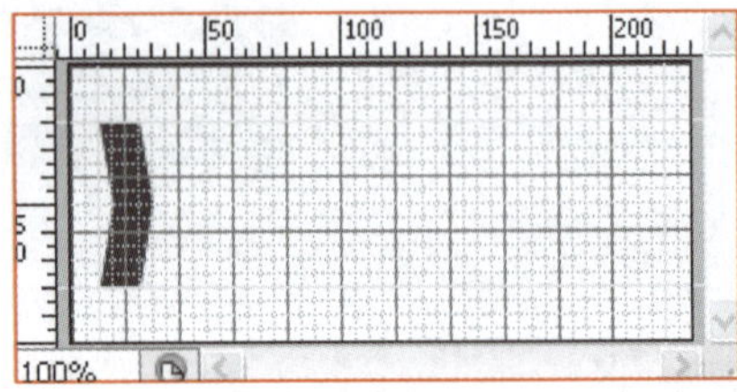

图 2-92
绘制不规则选区

图 2-93
填充选区

④ 复制“图层 1”并命名为“图层 2”，然后执行“编辑”→“自由变换”菜单命令，在变换区域内单击鼠标右键，执行“水平翻转”命令，然后将图层 2 向右移动 25 像素，效果如图 2-94 所示。

⑤ 新建“图层 3”，选择“椭圆选框工具”，设置属性中的样式为固定大小、宽为 20 像素、高为 20 像素，绘制选区后填充为红色（#FF0000），用方向键调整其位置于图层 1 与图层 2 中间，效果如图 2-95 所示。

⑥ 使用文本工具输入“淮信科技”，设置字体为“方正大黑简体”、大小为“36 像素”、字体颜色为蓝色（#0f288c），单击“字符与段落面板”按钮，设置字符间距为 100，如图 2-96 所示，文字效果如图 2-97 所示。

⑦ 采用同样的方法输入文本“Huaixin Science and Technology”，设置字体为“Arial Black”、大小为“8 像素”、字体颜色为蓝色（#0f288c），如图 2-98 所示。

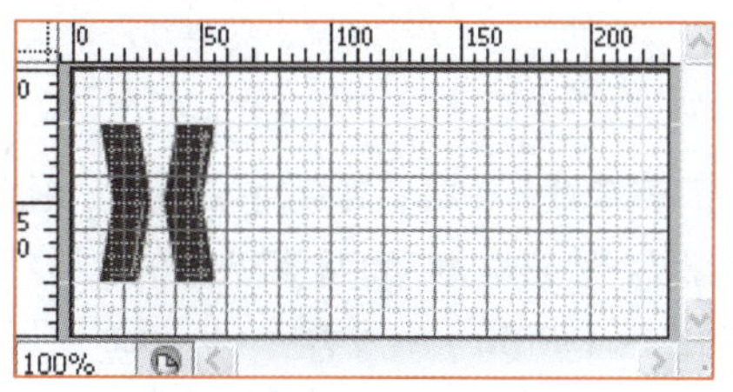

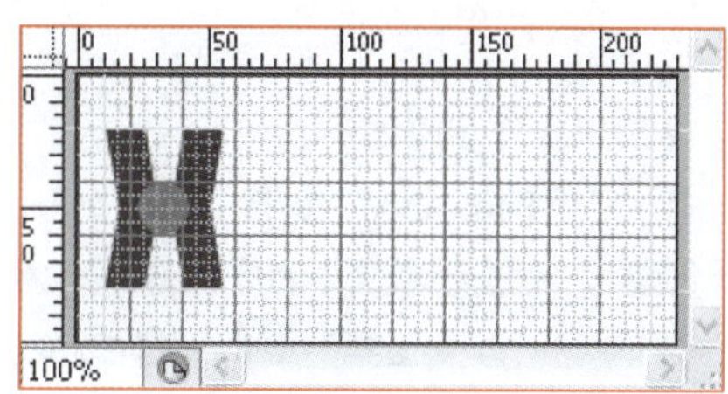

图 2-94
绘制不规则选区

图 2-95
填充选区

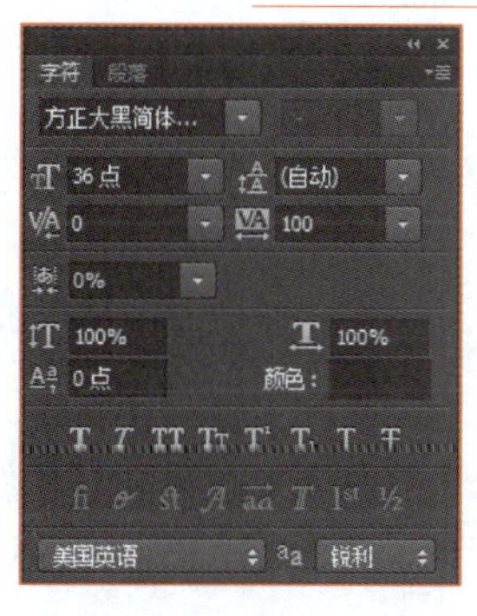

图 2-96
设置字符间距

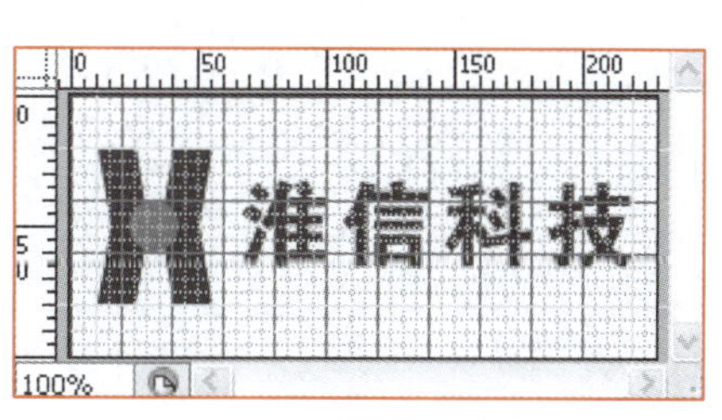

图 2-97
添加文字后的效果

⑧ 新建图层 4，使用“铅笔工具”绘制一条水平线，调整位置放在中文与英文之间，如图 2-99 所示（隐藏网格与辅助线后的效果）。

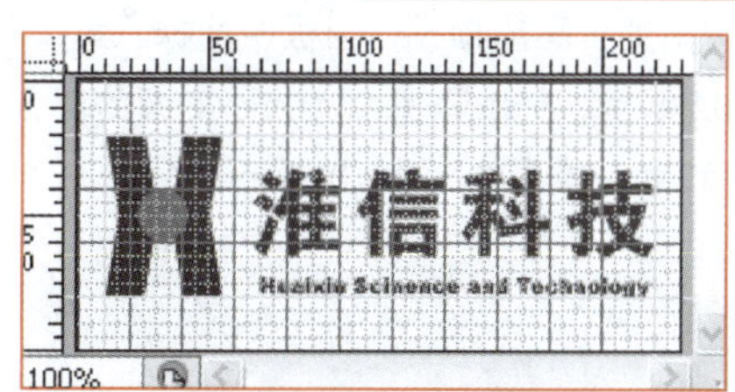

图 2-98
添加英文文字

图 2-99
添加横线的效果

⑨ 选择红色圆圈所在图层，执行“编辑”→“描边”菜单命令，弹出“描边”对话框，设置描边宽度为 2 像素、颜色为白色、位置为“内部”，单击“确定”按钮，最终效果如图 2-89 所示。

任务实施：公益海报的制作

1. 任务分析

本任务设计制作关于“诚信”的公益海报，从而达到传播社会文明、弘扬道德风尚的作用，可以设计为浅咖啡色调，借助中国的传统元素“鼎”“山”来展示处事真诚、讲信誉的道德风尚。

2. 技能要点

核心技能要点：参考线、渐变工具、矩形工具、横排文字工具、直线工具、椭圆工具等。

微课 2-22
公益海报的制作

3. 实现过程

本案例操作步骤如下。

① 打开 Photoshop，执行“文件”→“新建”菜单命令（或者直接用<Ctrl+N>快捷键进行创建），创建一个宽为 800 像素、高为 600 像素、分辨率为 300 像素/英寸的文档。

② 单击“渐变工具”，设置渐变颜色为白色（#ffffff）到浅黄色（#fff0c8），并选择渐变方式为径向渐变，对背景图层进行径向填充，效果如图 2-100 所示。

③ 执行“文件”→“打开”菜单命令，打开“山景.jpg”素材图片，使用移动工具将其拖动到画布中，然后将其放大并放置到画布中合适的位置，效果如图 2-101 所示。

图 2-100
背景图层填充效果图

图 2-101
山景素材拖入画布中

④ 为了使山景图片和背景图片更好地融合，选择工具箱中的“橡皮擦工具”，选择“画笔”模式，单击“画笔预设选取器”，从弹出的“画笔预设”面板中选择“柔边圆”预设画笔，设置“大小”为 166 像素，如图 2-102 所示，将山景图片上方不需要的部分擦除，同时使用“海绵工具”修改图像的色彩饱和度，效果如图 2-103 所示。

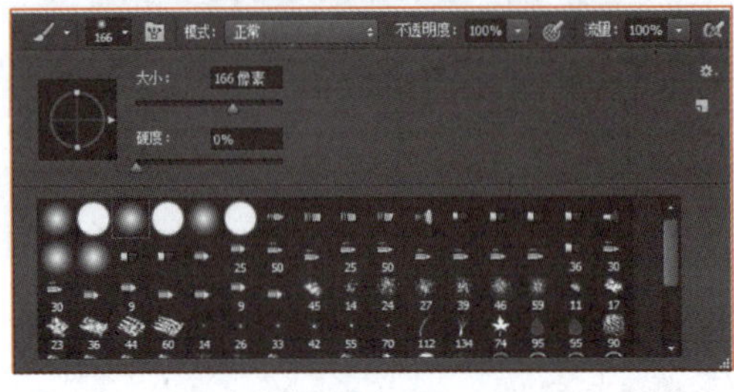

图 2-102
“画笔预设”面板

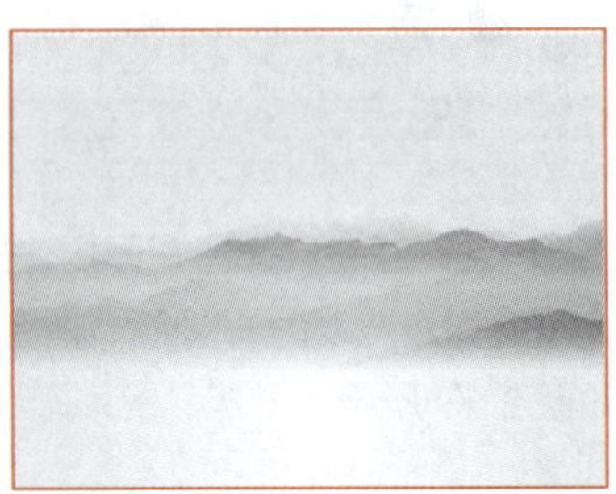

图 2-103
擦除山景边缘的效果

⑤ 将“书法.psd”素材图片置入画布中，并移动其位置，将其置于画布中合适的位置，如图 2-104 所示。再次使用“橡皮擦工具”，选择“画笔”模式，单击“画笔预设选取器”，选择“柔边圆”预设画笔，设置“大小”为 500 像素、不透明度为 50%，擦除部分书法作品，效果如图 2-105 所示。

⑥ 执行“文件”→“打开”菜单命令，在弹出的对话框中找到“房檐”“青铜器”图片。使用“移动工具”将房檐、青铜器图像都拖动到画布中，然后将其缩小并放置到画布中合适的位置，如图 2-106 所示。

⑦ 在 Photoshop 中打开“红丝带.jpg”素材。由于红丝带整体效果比较暗，选择工具箱中的“减淡工具”，设置画笔大小为 190 像素、曝光度为 50%，涂抹红丝带，增加其亮度，效果如图 2-107 所示。

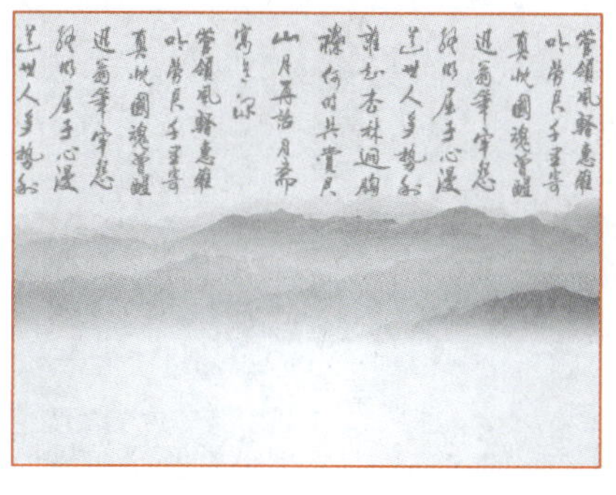

图 2-104
添加书法文字

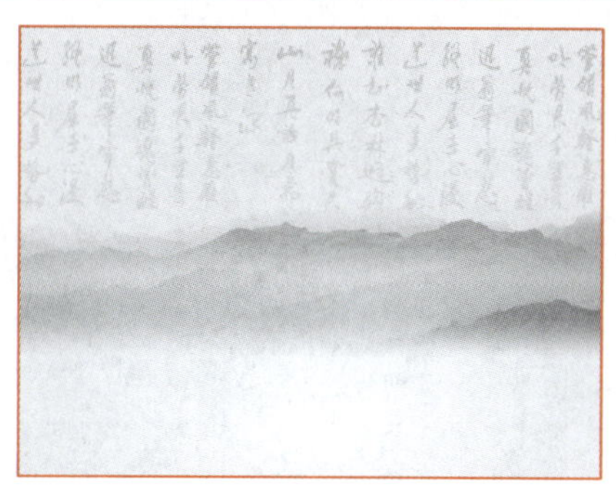

图 2-105
擦除后的透明效果

图 2-106
添加图像

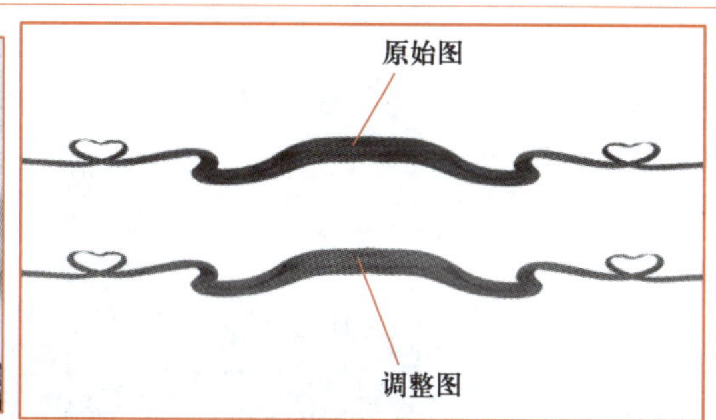

图 2-107
调整红丝带后的效果

⑧ 单击“魔棒工具”，将其选项栏中的“容差”值设置为 20，单击白色背景区域，接下来执行“选择”→“反选”菜单命令（或按快捷键<Ctrl+Shift+I>）来选中红丝带。使用“移动工具”将红丝带拖动到画布中，然后将其缩小并放置到画布中合适的位置，如图 2-108 所示。

⑨ 按住 Ctrl 键的同时，在青铜器图层上单击，将青铜器载入选区，切换到红丝带图层，删除多余的红丝带，选择工具箱中的“橡皮擦工具”，选择“硬边圆”预设画笔，删除部分红丝带，效果如图 2-109 所示。

图 2-108
移动红丝带后的效果

图 2-109
调整后的红丝带

⑩ 打开“龙纹.jpg”素材，使用“移动工具”将龙纹素材拖动到画布中，然后将其缩小并放置到合适的位置，再将其不透明度设置为 20%，如图 2-110 所示。

⑪ 新建一个图层，使用“矩形选框工具”在画布顶部绘制矩形选区，设置前景色为褐色（#693b20），使用<Alt+Delete>快捷键填充前景色；采用同样的方法在褐色矩形两侧添加两条矩形线条，效果如图 2-111 所示。

图 2-110
添加龙纹效果

图 2-111
添加褐色矩形

⑫ 新建一个图层，选择“画笔工具”，单击鼠标右键调出“画笔预设”面板，如图 2-112 所示，单击右侧快捷设置图标，选择“混合画笔”选项，弹出“是否用混合画笔中的画笔替换当前的画笔？”提示框，如图 2-113 所示，单击“追加”按钮。

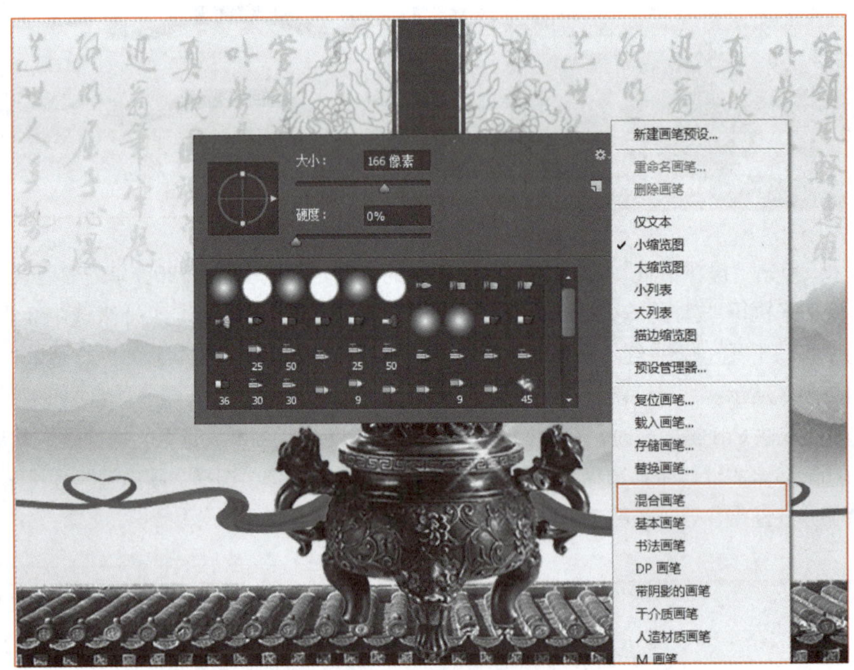

图 2-112
添加“混合画笔”

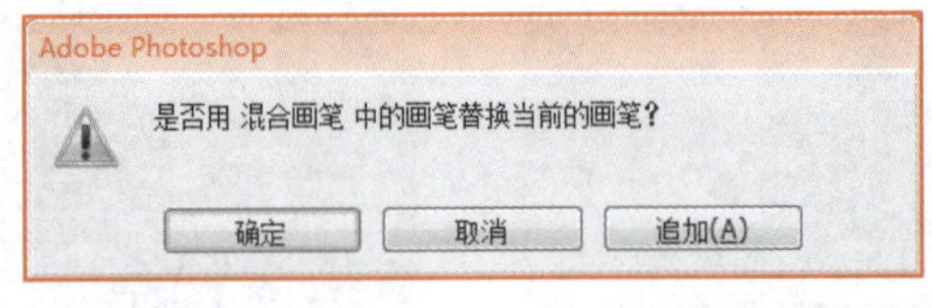

图 2-113
提醒框

⑬ 新建一个图层，选择“画笔工具”，单击鼠标右键调出“画笔预设”面板，选择“交叉排线 4”画笔，设置大小为 98 像素，如图 2-114 所示，然后在青铜器图像上进行绘制，即可出现“星光”的效果，如图 2-115 所示。

⑭ 选择“画笔工具”，单击鼠标右键调出“画笔预设”面板，选择“散布枫叶”画笔，如图 2-116 所示，然后在图像“青铜器”上方进行绘制，即可出现“枫叶”点缀的效果，如图 2-117 所示。

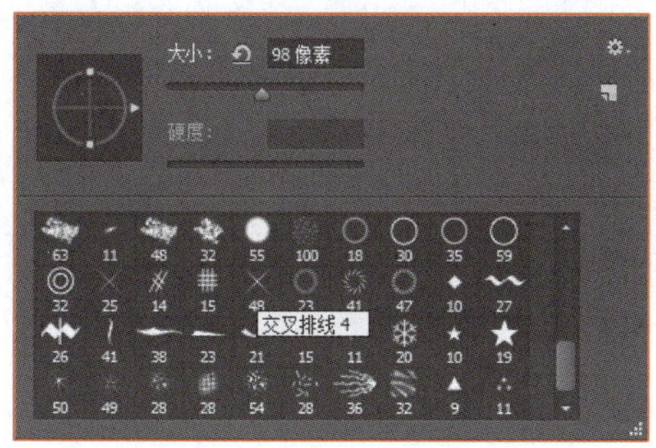

图 2-114
使用“交叉排线 4”画笔

图 2-115
添加星光效果

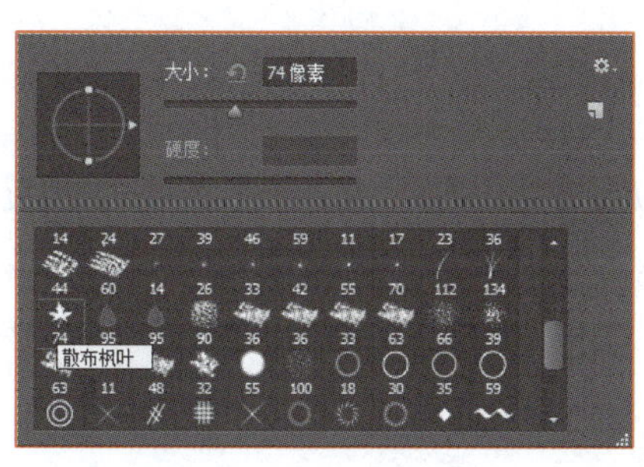

图 2-116
使用“散布枫叶”画笔

图 2-117
添加枫叶效果

⑮ 单击“直排文字工具”，设置字体为“华文中宋”、字号为 10 点、颜色为浅黄色（fde8b1），其他默认。在画布中图形上面的位置，输入文字“一言九鼎”，完成后单击选项栏右上角的图标✓确认文字的输入，效果如图 2-118 所示。

⑯ 接下来设置字体为“叶根友毛笔行书”、字号为 200 点、颜色为红色（#e50012），输入文字“诚”，效果如图 2-119 所示。

图 2-118
添加文字“一言九鼎”

图 2-119
添加文字“诚”

⑰ 最后，用“横排文字工具”输入文字“2018”和“chengxin”，最终效果如图 2-1 所示。

任务拓展

微课 2-23
图像抠图综合提高

1. 应用技巧

在使用 Photoshop 的各类选区工具进行抠像时，有很多技巧，如果能熟练掌握，则能

大大提高工作效率。

技巧 1:

在选框工具与“魔棒工具”中，使用<Shift>和<Alt>键可以实现选区的逻辑运算。

- “添加到选区”：按快捷键<Shift>。
- “从选区中减去”：按快捷键<Alt>。
- “与选区交叉”：按快捷键<Shift+Alt>。

技巧 2:

使用裁切工具调整裁切框，而裁切框又比较接近图像轮廓的时候，裁减框会自动地贴到图像的轮廓上，无法精确裁切图像。然而，只要在调整裁切边框的时候按下<Ctrl>键，那么裁切框就能方便控制，进行精确裁切。

技巧 3:

如果图像比较复杂，无法使用“魔棒工具”精确选择某一部分图像，这时可以使用放大镜工具将其放大，再使用“魔棒工具”选择。缩放工具的快捷键为<Z>，此外<Ctrl+空格键>为放大工具，<Alt+空格键>为缩小工具，但是要配合鼠标单击才可以缩放；按<Ctrl++>键以及<Ctrl+–>键也可分别放大和缩小图像；<Ctrl+Alt++>和<Ctrl+Alt+–> 可以自动调整窗口以满屏缩放显示，使用此工具就可以实现无论图片以多少百分比显示的情况下，都能全屏浏览。如果想要在使用缩放工具时按图片的大小自动调整窗口，可以在缩放工具选项栏中选择“满画布显示”选项。

技巧 4:

移动图层和选区时，按住<Shift>键可沿水平、垂直或 45 度角的方向移动；按键盘上的方向键每次可移动 1 个像素；按住<Shift>键后，再按键盘上的方向键每次可移动 10 个像素的距离。

技巧 5:

要快速改变在对话框中显示的数值，首先用鼠标单击那个数字，让光标处在对话框中，然后就可以用上、下方向键来改变该数值了。如果在用方向键改变数值前先按下<Shift>键，那么数值的改变速度会加快。

技巧 6:

如果需要取消选区，可以按快捷键<Ctrl+D>，也可以执行“选择”→“取消选择”菜单命令取消选区。如果使用的是“矩形选框工具”“椭圆选框工具”或“套索工具”，只需在图像中单击选定区域外的任何位置便可取消选区，但前提是选区创建模式为“新选区”。

技巧 7:

在使用“颜色范围”命令时，要临时启动加色吸管工具，请按住<Shift>键。按住<Alt>键，可启动减色吸管工具。

技巧 8:

拖动选区内任何区域，可以移动选区，或将选区边框局部移动到画布边界之外。当将选区边框拖动回来时，原来的选区以原样再现。还可以将选区边框拖动到另一个图像窗口。

技巧 9:

隐藏或显示选区。执行“视图”→“显示”→“选区边缘”菜单命令，将切换选区边缘的视图，并且只影响当前选区。在建立另一个选区时，选区边框将重现。

2. 调整边缘的应用案例

在选框工具组、套索工具组及魔棒工具等选区工具选项栏中，最后一项都是“调整边缘”选项。该选项可以提高选区边缘的品质，从而以不同的背景查看选区以便于编

辑。还可以使用“调整边缘”选项来调整图层蒙版，此选项在做精细选区时，应用非常广泛。如果在案例中用到的素材边缘非常粗糙，如头发、毛发之类的边缘，即可应用此选项。

① 在 Photoshop 中打开“黄金犬.jpg”素材图片，其中可以看见小狗图像的边缘由于毛发的原因显得非常乱，接下来就利用“调整边缘”选项将其清晰的选取出来。

利用“套索工具”将图像做一粗糙选区，如图 2-120 所示，这时选择选项栏中的“调整边缘”选项，会弹出“调整边缘”对话框，如图 2-121 所示。该对话框主要分为视图模式、边缘检测、调整边缘和输出 4 个部分。

图 2-120
套索工具勾画选区

图 2-121
“调整边缘”对话框

- 视图模式：单击“视图”选项，从弹出式列表中，选择一种模式以更改选区的显示方式。有关每种模式的信息，请将鼠标指针悬停在该模式上，直至出现工具提示。“显示原稿”表示显示原始选区以进行比较，“显示半径”表示在发生边缘调整的位置显示选区边框。
- 调整半径工具和抹除调整工具：使用这两种工具可以精确调整发生边缘调整的边界区域。通过使用调整半径工具刷过柔化区域（如头发或毛皮）以向选区中加入精妙的细节。抹除调整工具可以还原通过调整半径工具调整的部分。
- 边缘检测：用于检测选择图像的边缘，使之变得精细或粗糙。“智能半径”可以自动调整边界区域中发现的硬边缘和柔化边缘的半径，如果边框一律是硬边缘或柔化边缘，或者要控制半径设置并且更精确地调整画笔，则取消选择此选项。“半径”可以确定发生边缘调整的选区边界的大小，对锐边使用较小的半径，对较柔和的边缘使用较大的半径。

- 调整边缘：可以对图像选区的边缘做一些细节的调整。“平滑”指减少选区边界中的不规则区域以创建较平滑的轮廓；“羽化”指模糊选区与周围像素之间的过渡效果；“对比度”增大时，沿选区边框的柔和边缘的过渡会变得不连贯。通常情况下，使用“智能半径”选项时调整效果会更好。“移动边缘”负值表示向内移动柔化边缘，正值则表示向外移动这些边缘。向内移动这些边缘有助于从选区边缘移去不想要的背景颜色。
- 输出：“净化颜色”将彩色边替换为附近完全选中的像素的颜色。颜色替换的强度与选区边缘的柔化程度是成比例的。由于此选项更改了像素颜色，因此它需要输出到新图层或文档中。保留原始图层，这样就可以在需要时恢复到原始状态。“数量”用来更改净化和彩色边替换的程度。“输出到”决定着调整后的选区是变为当前图层上的选区或蒙版，还是生成一个新图层或文档。

② 在“调整边缘”对话框中选择“边缘检测”选项区域中的“智能半径”复选框，并设置“半径”为 30 像素，设置“视图模式”中的“视图”为“叠加”模式，这时可以看到画布中的图像被选择了出来。继续使用调整半径工具，将图像中边缘部分尚不清晰的地方涂抹掉，形成如图 2-122 所示的效果。

③ 再经过“色彩范围”等工具略作调整后即可看见其边缘清晰的效果，添加新背景图后的效果如图 2-123 所示。

图 2-122
“调整边缘”后效果

图 2-123
添加新背景后的效果

 项目实训：图标设计与图像合成

1. 根据图 2-124 所示的 Logo 效果图，运用 Photoshop 软件模拟制作。

图 2-124
Logo 效果图

2. 根据所提供的素材合成图像。

依据图 2-125 所示的艺术照模板，结合图 2-126 所示的几张儿童照素材，利用选区

工具、橡皮擦工具、魔术棒等工具将图像合成为一幅图像，效果如图 2-127 所示。

图 2-125
艺术照模板图片

图 2-126
素材图片

图 2-127
艺术照效果

第3章 图层的应用

图层是 Photoshop 的核心功能，正是图层确定了 Photoshop 软件在业界的地位，图层就像是含有文字或图形等元素的透明胶片，一张张按顺序叠放在一起，组合起来形成图像的最终效果。

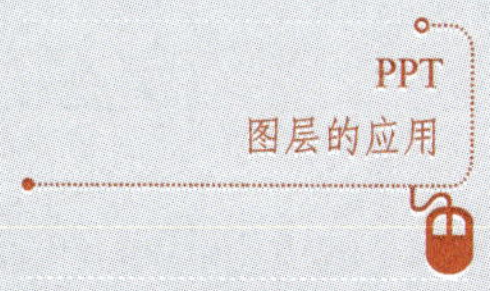

教学导航

教学目标	（1）认识图层与图层的分类 （2）掌握图层的基本应用 （3）掌握图层样式的使用方法与技巧 （4）掌握图层混合模式的使用方法 （5）掌握 3D 功能的使用方法
本单元重点	（1）图层样式的使用方法与技巧 （2）图层混合模式的使用方法 （3）3D 功能的使用方法
本单元难点	（1）图层样式的使用方法与技巧 （2）图层混合模式的使用方法
教学方法	任务驱动法、讲授法、演示操作法
建议课时	8 课时

任务展示：“只争朝夕 不负韶华”手表表面制作

本任务主要以“只争朝夕 不负韶华”为主题设计制作具有金属质感的手表表面，整体设计效果如图 3-1 所示。

图 3-1
“只争朝夕 不负韶华”手表表面制作

知识准备

3.1 图层概述

可以将图层看作一张透明的玻璃纸，透过这张纸，可以看到纸下面的东西，而且无论在一个图层上如何涂画，都不会影响其他图层上的内容。

3.1.1 图层的分类及作用

1. 图层的分类

图层主要分为背景图层、普通图层、文字图层、调整图层、形状图层、填充图层、

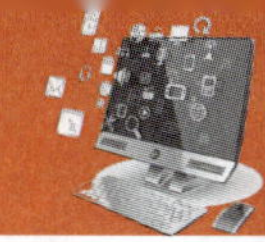

智能对象图层和图层组。

- 背景图层：背景图层不可以调节图层顺序，永远在最下边，不可以调节不透明度，不可以加图层样式以及蒙版，可以使用画笔、渐变、图章和修饰工具。
- 普通图层：可以进行一切操作。
- 文字图层：通过文字工具创建文字图层。文字层不可以进行滤镜、图层样式等的操作。文字图层可以转换为普通图层，但不可逆转。
- 调整图层：可以在不破坏原图的情况下，对图像进行色相、色阶、曲线等操作。
- 形状图层：可以通过形状工具和路径工具来创建，内容被保存在其蒙版中。
- 填充图层：填充图层也是一种带蒙版的图层。内容为纯色、渐变和图案，可以转换成调整层，可以通过编辑蒙版，制作融合效果。
- 智能对象图层：智能对象实际上是指向其他 Photoshop 文档的一个指针，当用户更新源文件时，这种变化会自动反映到当前文件中。
- 图层组：为了方便图层的组织与管理，将不同的图层进行分组管理。

2. 独立存储元素的作用

在实际项目开发过程中，可以使用不同的图层保存不同的图像元素。例如，在素材文件夹中的图片“2018 开门红海报.psd”中，主题图层组中的“星光”图层与“开门红”图层都是独立的图层，如图 3-2 所示。

图 3-2
素材图像与“图层”面板

如果单击图 3-2 中的“开门红”图层前方的“指示图层可见性”按钮，将“开门红”图层隐藏，可以体会到图层独立存储图像元素的作用，如图 3-3 所示。

3. 图层的排序作用

在 Photoshop 中能够随意排列图层的上下顺序，从而改变叠加次序，构建出不同的视觉效果。例如，在素材图“2018 开门红海报.psd”中，主题图层组中的“星光”图层在“开门红”图层的上方，也可以调整它们之间的顺序，将“开门红”图层放在“星光”图层的上方，不过此时，“星光”图层的内容就无法显示了，因为它被“开门红”图层挡住了。

图 3-3
隐藏图层后的素材图像效果与“图层”面板

4. 图层的屏蔽作用

在图层上可以添加蒙版，通过蒙版可以屏蔽当前图层上的部分内容，从而达到混合图像的目的，这个功能是在项目开发中经常使用的一种功能。

3.1.2 “图层”面板

对图层进行的各种操作都是基于“图层”面板进行的，因此掌握“图层”面板的相关操作是掌握图层操作的前提。

现在打开素材文件“汽车修补漆海报.psd”，如图 3-4 所示，这幅作品中包含了背景图层、普通图层、文字图层、调整图层、形状图层、填充图层、智能对象图层和图层组等各类图层。

图 3-4
汽车修补漆海报

执行“窗口”→“图层”菜单命令（或按<F7>快捷键），可以显示如图 3-5 所示的“图层”面板。

下面介绍“图层”面板的功能。

- 混合模式：用于设置图层的混合模式。
- 锁定：分别表示锁定透明像素、锁定图像像素、锁定位置、锁定全部。
- 图层可见性：表示图层的显示与隐藏。
- 链接图层：表示多个图层的链接。
- 图层样式：用于设置图层的各种效果。
- 图层蒙版：用于创建蒙版图层。

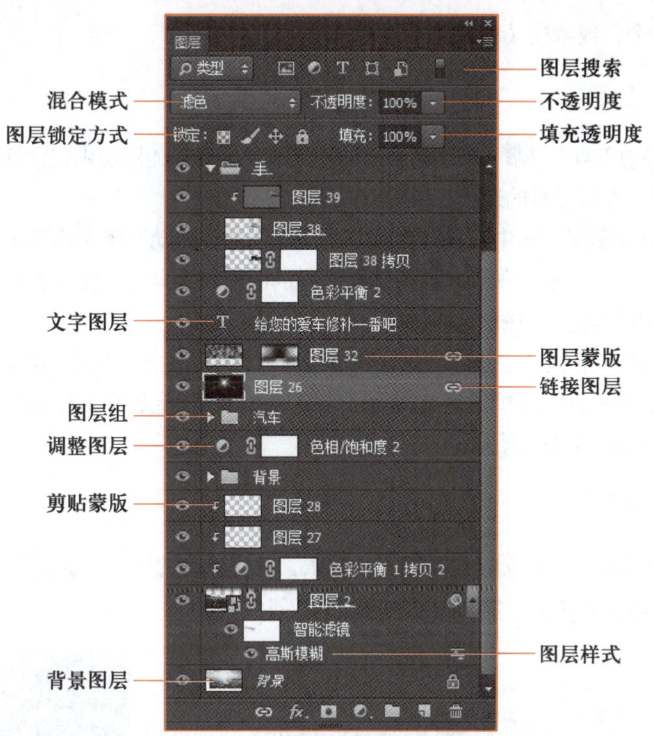

图 3-5
“图层”面板

- 填充或者调整图层：用于创建新填充或者调整图层。
- 创建新组：用于创建图层文件组。
- 创建新图层：能创建新的图层。
- 删除图层：用于删除图层。

通过“图层”菜单命令可以实现选择图层、合并图层、调整顺序、创建智能图层等操作。在菜单栏中的“图层”菜单中聚集了所有关于图层创建、编辑的命令操作，而在“图层”面板菜单中包含了最常用的操作命令。

除了这两个关于图层的菜单外，还可以在选中“选择工具”的前提下，在文档中右击，在弹出的快捷菜单中，可以根据需要选择所要编辑的图层。另外在“图层”面板中右击，也可以打开关于编辑图层、设置图层的快捷菜单，使用这些快捷菜单命令，可以快速、准确地完成图层的操作，以提高工作效率。

3.1.3 图层的基本应用

在 Photoshop 中，许多编辑操作都是基于图层进行的，了解更多的图层编辑方法后，才可以更加自如地编辑图像。

微课 3-1
图层基本操作

1. 选择图层

在平面设计过程中，一个综合性的作品往往是由多个图层组成的，通过“图层”面板选择某个图层，可以移动、复制和删除图层内容，以达到对图像内容编辑的目的。

如果要选择某一图层，只需要在“图层”面板中单击该图层即可。处于选择状态的图层与普通图层具有一定的区别，被选择的图层以蓝底显示。

如果要选择除“背景”图层以外的所有图层，其操作方法是执行“图层”→“所有

图层”菜单命令，或者按<Ctrl+Alt+A>快捷键。

2. 移动图层

使用“移动工具” 可以移动当前的图层，如果当前的图层中包含选区，则可移动选区内的图像。在该工具的选项栏中可以设置以下属性。

- 自动选择图层：选中该复选框后，单击图像即可自动选择光标下所有包含像素的图层。该项功能对于选择具有清晰边界的图形较为灵活，但在选择设置了羽化的半透明图像时，却很难发挥作用。
- 自动选择组：选择了该选项后，单击图像可选择选中图层所在的图层组。
- 显示变换控件：选中该复选框后，选中对象周围的定界框上显示控制手柄，可以直接拖动手柄缩放图像。

3. 复制图层

通过复制图层，可以创建当前图层的副本，它可以用来加强图像效果，如图 3-6 所示，同时也可以保存图像。复制图层的方法有以下几种。

图 3-6
复制图层

- 选择要复制的图层，然后执行“图层”→“复制图层”菜单命令，在弹出的“复制图层”对话框中输入复制后的图层名称。
- 选择要复制的图层，用鼠标将该图层拖动到“创建新图层”按钮上即可。
- 按快捷键<Ctrl+J>，也可以执行复制图层。
- 选择“移动工具” ，按住<Alt>键并拖动，即可复制选择的图层。

4. 删除图层

将没有用的图层删除，可以有效地减少文件的大小。选择要删除的图层，单击“删除图层”按钮即可，或将图层拖动到该按钮上。

5. 调整图层的顺序

在编辑多个图像时，图层的顺序排列也很重要。上面图层的不透明区域可以覆盖下面图层的图像内容。如果要显示覆盖的内容，需要对该图层顺序进行调整。调整图层顺序的方法有以下几种。

- 选择要调整顺序的图层，执行“图层”→“排列”→“前移一层”菜单命令（或

按快捷键<Ctrl+]>)，该图层就可以上移一层。要将图层下移一层，执行“图层”→“排列”→“后移一层”菜单命令(或按快捷键<Ctrl+[>)。

- 选择要调整顺序的图层，用鼠标将其拖动到目标图层上方，然后释放鼠标即可调整该图层顺序。
- 如果需要将某个图层置顶，按快捷键<Ctrl+Shift+]>；如果需要将某个图层置底，按快捷键<Ctrl+Shift+[>即可。

6. 锁定图层内容

在“图层”面板的顶端有 4 个用来锁定图层的按钮，如图 3-7 所示，使用不同的按钮锁定图层后，可以保护图层的透明区域、图像的像素、位置不会因为误操作而改变。用户可以根据实际需要锁定图层的不同属性。下面分别介绍各个按钮的作用。

图 3-7
锁定图层按钮

- 锁定透明像素：单击该按钮后，可将编辑范围限制在图层的不透明部分。
- 锁定图像像素：单击该按钮后，可防止使用绘画修改该图层的像素，只能对图层进行移动和变换操作，而不能进行绘画、擦除或应用滤镜等操作。
- 锁定位置：单击该按钮后，可防止图层被移动，对于设置了精确位置的图像，将其锁定后就不必担心被意外移动了。
- 锁定全部：单击该按钮后，可锁定以上全部选项。当图层被完全锁定时，“图层”面板中锁定图标显示为实心的；当图层被部分锁定时，锁状图标显示为空心的。

7. 链接图层

图层的链接功能可以方便地移动多个图层中的图像，同时对多个图层中的图像进行变换操作，如移动、旋转、缩放，从而轻松地对多个图层进行编辑。

要链接多个图层，可以按住<Ctrl>键单击“图层”面板中的相关图层，然后单击“图层”面板下方的“链接图层”按钮，即可将所有选中的图层链接起来，如图 3-8 所示。

8. 合并图层

微课 3-2
合并图层

在一幅复杂的图像中，可能包含成百上千图层，图像文件所占用的磁盘空间也相当庞大。此时，如果要减少文件所占用的磁盘空间，可以将一些不必要的图层合并。同时，合并图层还可以提高计算机的处理速度。

图 3-8
链接图层

常见的合并方法有以下几种。

- 合并图层：选择两个或多个图层，执行“图层”→“合并图层”菜单命令（或按快捷键<Ctrl+E>），就可以将选中的图层合并。该命令可以将当前活动图层与其下一图层合并，其他图层保持不变。合并图层时，需要将活动图层的下一图层设为显示状态。
- 合并可见图层：执行“图层”→“合并可见图层”菜单命令（或按快捷键<Ctrl+Shift+E>），可以将所有可见的图层、图层组合并为一个图层，而隐藏的图层则保持不变。
- 拼合图层：执行“图层”→“拼合图像”菜单命令，可以将当前文件的所有图层拼合到背景层中，如果文件中有隐藏图层，则系统会弹出对话框要求用户确认合并操作，拼合图层后，隐藏的图层将被删除。

微课 3-3
盖印图层

9. 盖印图层

盖印图层是一种特殊的图层合并方法，它可以将多个图层的内容合并为一个目标图层，同时使其他图层保持完好。当需要得到对某些图层的合并效果，而又要保持原图层信息完整的情况下，通过盖印图层可以达到很好的效果。

盖印图层命令不在 Photoshop 菜单中，只能通过快捷键执行，具体的使用方式如下。

打开素材图片“蔬果.psd”，如图 3-9 所示，在“图层”面板中，可以将某一图层中的图像盖印至下面的图层中，而上面图层的内容保持不变。首先选择“李子”图层，按快捷键<Ctrl+Alt +E >执行盖印图层操作，之后会在“李子”图层发现“葡萄”图层的内容，如图 3-10 所示。

图 3-9
蔬果素材图片

此外，盖印功能还可以应用到多个图层，具体方法是：选择多个图层，按快捷键<Ctrl+Alt +E>即可。如果需要将所有图层的信息合并到一个图层，并且保留原图层的内容，首先选择一个可见层，按快捷键<Ctrl+Shift+Alt+E>盖印可见层。执行完操作后，所有可见

图层被盖印至一个新建的图层中。

图 3-10
图层盖印功能

10. 剪贴蒙版

“剪贴蒙版”是 Photoshop 中的一条命令，也称剪贴组，该命令是通过使用处于下方图层的形状来限制上方图层的显示状态，从而达到一种剪贴画的效果。

“剪贴蒙版”就是“下形状上颜色”的意思。

执行“窗口”→“创建剪贴蒙版”菜单命令，或者使用快捷键<Ctrl+Alt+G>，可以创建剪贴蒙版，也可以按住<Alt>键，在两图层中间出现图标后进行单击。建立剪贴蒙版后，上方图层缩略图缩进，并且带有一个向下的箭头。

图 3-11 中有 3 个图层，分别为“背景”“文字”“竹林”。

图 3-11
素材图面显示顶层的竹林

因为“剪贴蒙版”就是“下形状上颜色”，所以，隐藏“竹林”图层，则显示下面的“文字”图层，页面效果如图 3-12 所示。

图 3-12
文字图层

再次显示 3 个图层，执行“窗口”→“创建剪贴蒙版”菜单命令（或按快捷键<Ctrl+

Alt+G>)，效果如图 3-13 所示，在文字中间显示了图片的内容。

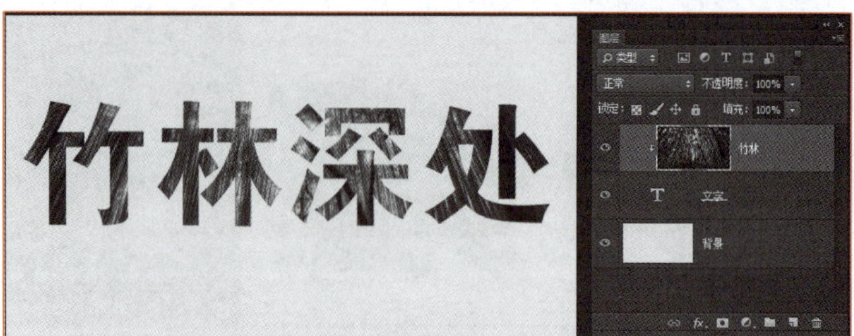

图 3-13
创建剪贴蒙版的效果

微课 3-4
图层对齐与分布

11. 对齐和分布链接图层

在对多个图层进行编辑操作时，有时为了创作出精确的图像效果，需要将多个图层中的图像进行对齐或等间距分布。

使用“对齐”命令之前，需要先建立 2 个或 2 个以上的图层链接；使用“分布”命令之前，需要建立 3 个或 3 个以上的图层链接，否则这两个命令都不可以使用。

要执行“对齐”或“分布”命令，可以选择“图层”→“对齐”或“图层”→“分布”子菜单中的各个命令，也可以在工具选项栏中单击各个按钮来完成操作，各选项的功能如表 3-1 所示。

表 3-1　对齐、分布命令一览表

分类	图标	名称	功能与作用
对齐		顶边	将所有链接图层最顶端的像素与活动图层最上边的像素对齐
		垂直居中	将所有链接图层垂直方向的中心像素与活动图层垂直方向的中心像素对齐
		底边	将所有链接图层最底端像素与活动图层的最底端像素对齐
		左边	将所有链接图层最左端的像素与活动图层最左端的像素对齐
		水平居中	将所有链接图层水平方向的中心像素与活动图层水平方向的中心像素对齐
		右边	将所有链接图层最右端的像素与活动图层最右端的像素对齐
分布		顶边	从每个图层最顶端的像素开始，均匀分布各链接图层的位置，使它们最顶边的像素间隔相同的距离
		垂直居中	从每个图层垂直居中像素开始，均匀分布各链接图层的位置，使它们垂直方向的中心像素间隔相同的距离
		底边	从每个图层最底端像素开始，均匀分布各链接图层的位置，使它们最底端的像素间隔相同的距离
		左边	从每个图层最左端像素开始，均匀分布各链接图层的位置，使它们最左端的像素间隔相同的距离

续表

分类	图标	名称	功能与作用
分布		水平居中	从每个图层水平居中像素开始，均匀分布各链接图层的位置，使它们水平方向的中心像素间隔相同的距离
		右边	从每个图层最右端像素开始，均匀分布各链接图层的位置，使它们最右端的像素间隔相同的距离

3.1.4 图层组的基本操作

微课 3-5
图层组的操作

在创建复杂的图像作品时，就会存在大量不同类型、不同内容的图层，为了方便组织和管理图层，Photoshop 提供了图层组的功能。使用图层组可以很容易地将图层作为一组来进行操作，比链接图层更方便、快捷。

1. 创建图层组

单击“图层”面板中的“创建新组”按钮，即可新建一个图层组。然后再创建图层时，就会在图层组里面创建，如图 3-14 所示。

图 3-14
图层组的使用

选择多个图层后，执行“图层”面板菜单中的“从图层新建组”命令（或按快捷键 <Ctrl+G>），可以将选择的图层放入同一个图层组内。

2. 嵌套图层组

还可以将当前的图层组嵌套在其他图层组内，这种嵌套结构最多可以为 10 级，如图 3-15 所示。选中图层组中的图层，单击“创建新组”按钮，即可在图层组中创建新的图层组。

图 3-15
嵌套图层功能

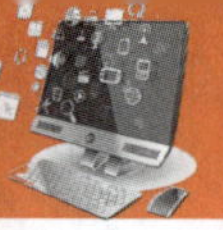

3. 编辑图层组

当从“图层”面板中选择了图层组后，对图层组执行的移动、旋转、缩放等变换操作将作用于其中所有图层，图 3-16 所示为对图层组执行“斜切”功能。

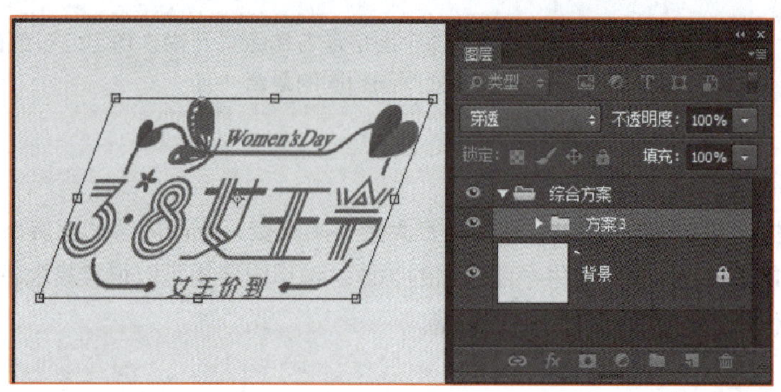

图 3-16
对图形组执行“斜切”功能

单击图层组前的图标，可以展开图层组，再次单击可以折叠图层组。如果按住<Alt>键单击该图标可以展开图层组及该组中所有图层的样式列表。

如果要将图层组解散，可以执行“图层”→“取消图层编组”菜单命令（或按快捷键<Ctrl+Shift+G>）即可。

要删除图层组，只需把要删除的图层组拖动至“删除图层”按钮上，即可删除该图层组及其中的所有图层。如果要保留图层，而删除图层组，可在选择图层组后，单击“删除图层”按钮，在弹出的对话框中单击“仅组”按钮即可。

3.2 图层样式

3.2.1 认识图层样式

图层样式是创建图像特效的重要手段，Photoshop 提供了多种图层样式，可以快速更改图层的外貌，为图像添加阴影、发光、斜面、叠加和描边等效果，从而创建具有真实质感的效果。应用于图层的样式将变为图层的一部分，在“图层”面板中，图层的名称右侧将出现图标，单击图标旁边的三角形按钮，可以展开图层样式列表，以查看并编辑样式。

当为图层添加图层样式后，既可以通过双击图标打开对话框并修改样式，也可以通过菜单命令将样式复制到其他图层中，并根据图像的大小缩放样式。还可以将设置好的样式保存在“样式”面板中，方便重复使用。图 3-17 所示为原图像和图像添加图层样式后的效果。

3.2.2 自定义与修改图层样式

1. 自定义图层样式

图层样式主要用于设置图层的各种效果。例如，单击“图层样式”按钮，从列表中选择“混合选项”选项，调出“图层样式”对话框，在该对话框中单击“新建样式”按钮，在弹出的“新建样式”对话框中设置样式的名称，如图 3-18 所示，然后在“图层样

式”对话框中就可以查看到自定义的样式。

(a) 原素材　　(b) 应用样式后的效果

图 3-17
图层样式效果对比

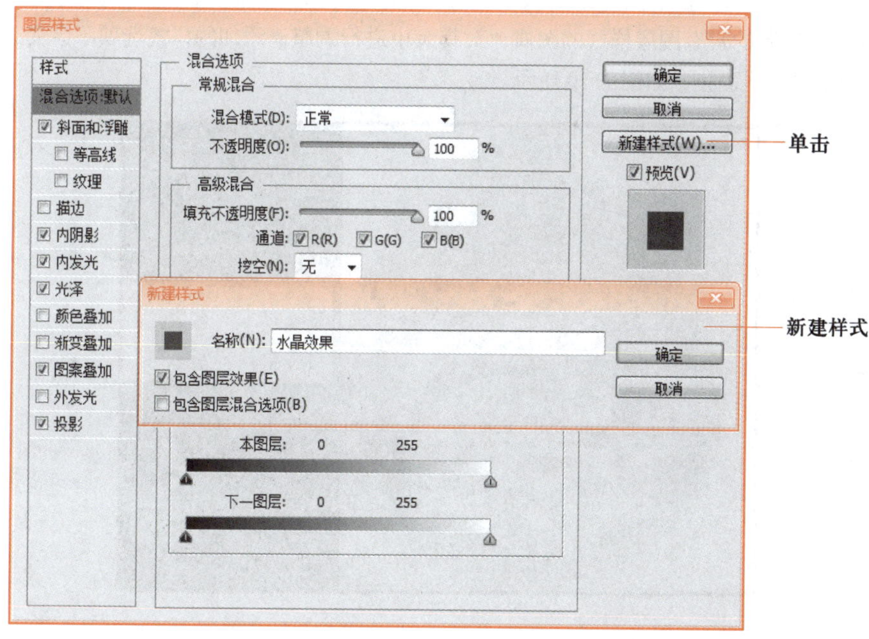

图 3-18
自定义图层样式

在“图层样式”对话框中，还有很多预设样式。选中图层后，从该对话框中选择样式并单击“确定”按钮即可。

2. 修改与复制图层样式

添加完成图层样式后，还可以使用相同的方法再次打开“图层样式”对话框，修改样式选项，改变样式效果。图 3-19 所示为修改了“斜面和浮雕”选项后的效果。

通过复制图层样式，还可以将相同的效果设置添加到多个图层中。在图层名称的右侧右击，在弹出的快捷菜单中选择“拷贝图层样式”命令；在要粘贴图层样式的图层名称右侧右击，在弹出的快捷菜单中选择“粘贴图层样式”命令，就完成了图层样式的复制。

选择已有的图层样式，按下<Alt>键同时拖动鼠标到新图层，也可以复制图层样式。

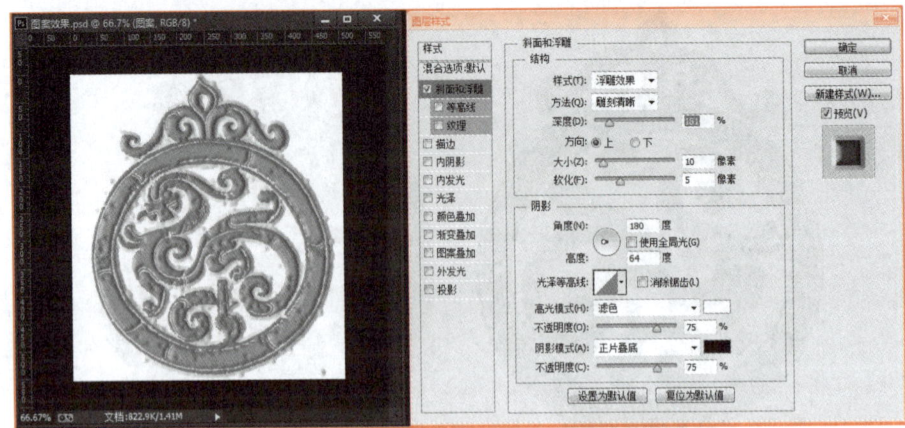

图 3-19
修改“斜面和浮雕”样式

3．缩放样式效果

对于复制的带有图层样式的图像，对其大小进行调整，添加的样式选项不会变，但会与原效果产生差别，如图 3-20 所示。

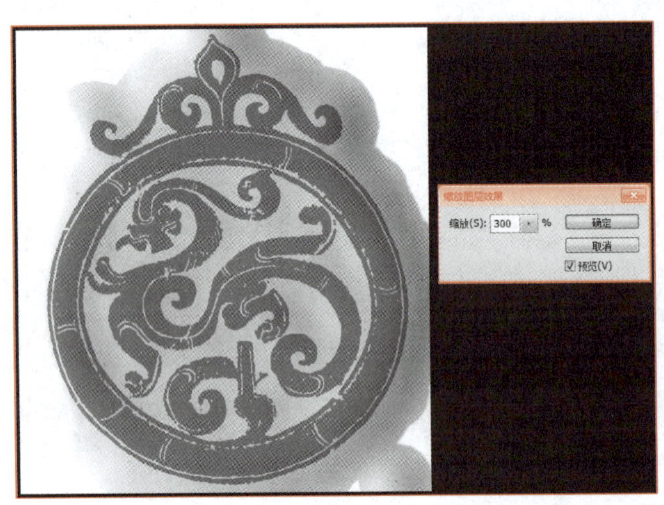

图 3-20
缩小带样式的图层内容

要获得与图像比例一致的效果，需要对单独的效果进行缩放。此时，可以选择复制后的图层，执行“图层”→“图层样式”→“缩放图层效果”菜单命令，在打开的对话框中，设置“缩放”参数，以得到理想的效果。

微课 3-6
混合选项

3.2.3　常用的图层样式效果

1．混合选项

混合选项用来控制图层的不透明度以及当前图层与其他图层的像素混合效果。执行“图层”→“图层样式”→“混合选项”菜单命令，在弹出的对话框中包含两组混合滑块，即“本图层”滑块和“下一图层”滑块。它们用来控制当前图层和下面图层在最终图像中显示的像素，通过调整滑块可根据图像的亮度范围，快速创建透明区域。下面通过一个实

例来介绍混合选项的作用。

① 打开“蓝天白云.jpg”“山川河流.jpg”文件，如图 3-21 所示，将“蓝天白云.jpg”拖至“山川河流.jpg”画面中，得到图层 1。

图 3-21
图像素材

② 双击图层 1 的缩略图，进入“图层样式”对话框的“混合选项”设置界面，图 3-22 所示对话框的下方为原图像以及改变前的混合颜色带。

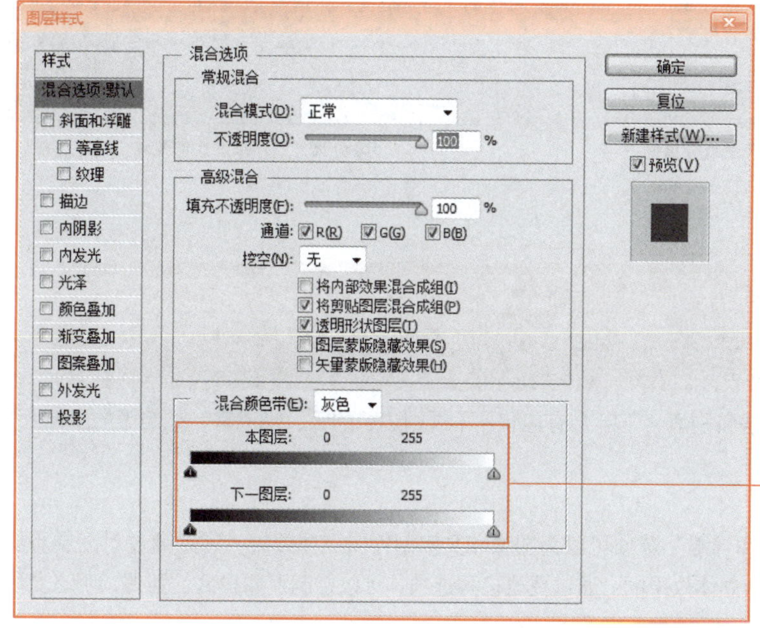

原图像及改变前的混合颜色带

图 3-22
“图层样式”中的“混合选项”

③ 向右侧拖动“混合颜色带”选项区域中的黑色滑块，如图 3-23 所示，可以看出随着向右侧拖动黑色滑块后，白云围绕在雪山的周围，已经基本得到了需要的效果，只是不够细腻。

④ 要取得非常柔和的效果，按住<Alt>键单击黑色或者白色滑块，将滑块拆分为两个小滑块，分别移动拆分后的滑块，可以控制图像混合时的柔和程度。使用此方法后，将图层 1 渐变条中的黑色滑块拆分开后的效果如图 3-24 所示。

所以，“本图层”滑块用来控制当前图层上将要混合并出现在最终图像中的像素范围。将左侧黑色滑块向中间移动时，当前图层中所有比该滑块所在位置暗的像素都将被隐藏，被隐藏的区域会被显示为透明状态。接着通过调整左侧的滑块来合成一幅图像。

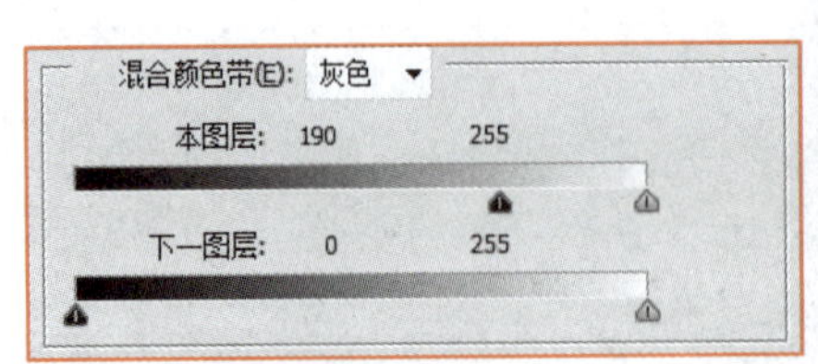

(a) 拖动黑色滑块

(b) 图层发生的变化

图 3-23
拖动滑块后的图像效果

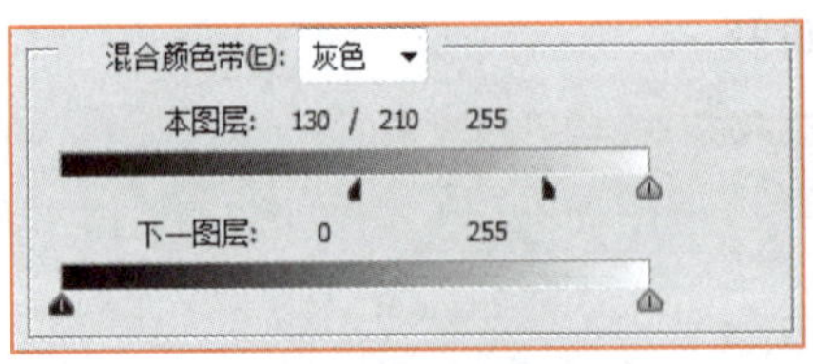

(a) 将黑色滑块分离开

(b) 分离开后图层发生的变化

图 3-24
黑色滑块拆分后的图像效果

> 注意
> 将滑块分成两部分后，右半侧滑块所在位置的像素为不透明像素，而左半侧滑块所在位置的像素为完全透明的像素，两个滑块中间部分的像素会显示为半透明效果。

以上实例方法特别适合于混合有柔和、不规则边缘的云、烟或雾、火焰等的图像。

微课 3-7
斜面和浮雕

2. 斜面和浮雕

启用“斜面和浮雕”选项可以为图像和文字制作出立体效果，它是通过对图层添加高光与阴影来模仿立体效果的。通过更改多种选项，可以控制浮雕样式的强弱、明暗变化等效果。

打开素材图片“茶.jpg”，给左侧的“茶”字设置“斜面和浮雕”效果，具体参数参照图 3-25 中右侧的“图层样式”对话框，效果如图 3-25 中左图。

“样式”选项：通过其下拉列表，可以设置浮雕的类型，改变浮雕立体面的位置，包含如下选项。

- 外斜面：在图层内容的外边缘上创建斜面效果。
- 内斜面：在图层内容的内边缘上创建斜面效果。
- 浮雕效果：创建使图层内容相对于下层图层凸出的效果。
- 枕状浮雕：创建将图层内容的边缘凹陷进入下层图层中的效果。
- 描边浮雕：在图层描边效果的边界上创建浮雕效果。

“方法”选项用来控制浮雕效果的强弱，包括如下 3 个级别。

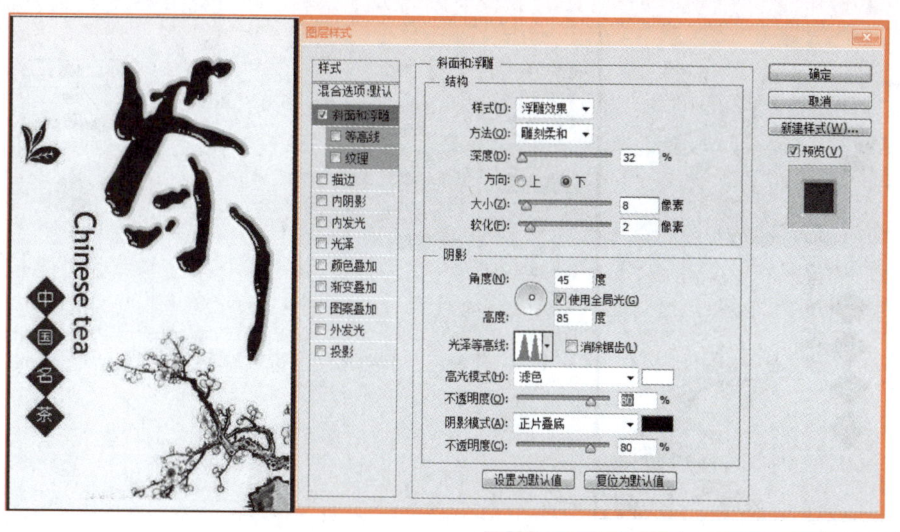

图 3-25
设置斜面和浮雕效果

- 平滑：可稍微模糊杂边的边缘，用于所有类型的杂边，不保留大尺寸的细节特写。
- 雕刻清晰：主要用于消除锯齿形状（如文字）的硬边杂边，保留细节特写的能力优于“平滑”选项。
- 雕刻柔和：没有“雕刻清晰”选项细节特写的能力精确，主要应用于较大范围的杂边。

在设置浮雕效果时，还可以通过设置“深度”“大小”及“高度”等选项来控制浮雕效果的细节变化。

- 深度：设置斜面或图案的深度。
- 大小：设置斜面或图案的大小。
- 软化：模糊投影效果，消除多余的人工痕迹。
- 高度：设置斜面的高度。
- 光泽等高线：创建类似于金属表面的光泽外观。
- 高光模式：用来指定斜面或暗调的混合模式，单击右侧的颜色滑块可以打开“拾色器”对话框，从中设置高光的颜色。
- 阴影模式：在该下拉列表中可选择一种斜面或浮雕暗调的混合模式，单击其右侧的颜色块可以设置暗调部分的颜色。

3. 描边

使用颜色、渐变颜色或图案描绘当前图层上的对象、文本或形状的轮廓，对于边缘清晰的形状（如文本），这种效果尤其有用。

使用素材图片“茶.jpg”，将“茶”字填充为淡绿色，然后给“茶”字设置深绿色的“描边”效果，具体参数参照图 3-26 中右侧的“图层样式”对话框，效果如图 3-26 中左图。

“描边”样式对话框的相关参数解释如下。

- 大小：此参数用于控制“描边”的宽度，数值越大，则生成的描边宽度就越大。
- 位置：主要分为外部、内部、居中。
- 混合模式：选择不同的混合模式将得到不同的效果。

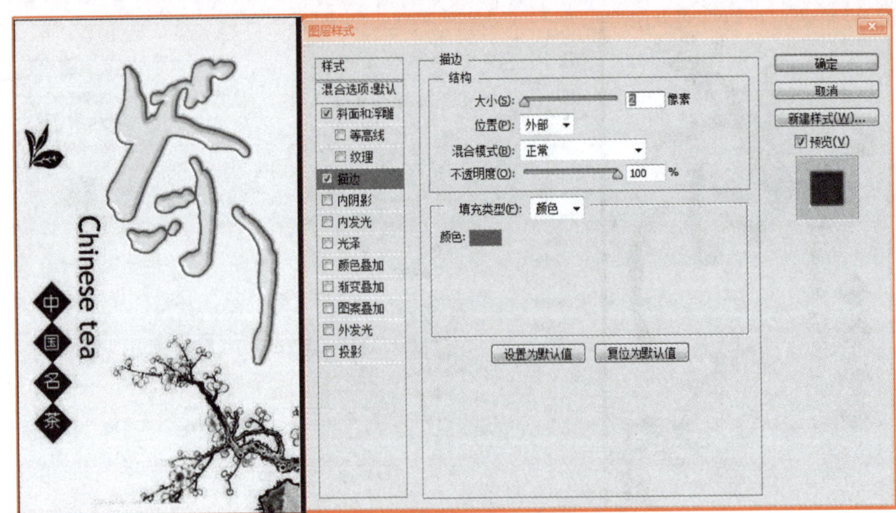

图 3-26
描边效果

- 不透明度：定义描边的不透明度，数值越大，描边颜色越浓，反之颜色越淡。
- 填充类型：主要分为颜色、渐变、图案 3 种。
- 颜色：单击弹出“拾色器”对话框，可以设置不同的描边颜色。

微课 3-8
投影和内阴影

4. 内阴影

内阴影作用于对象、文本或形状的内部，在图像内部创建出阴影效果，使图像出现类似内陷的效果。启用“内阴影”选项，在其右侧的选项组中可设置“内阴影”的各项参数。

使用素材图片“茶.jpg”，将“茶”字中间删除，然后给“茶”字图层设置“内阴影”效果，具体参数参照图 3-27 中右侧的“图层样式”对话框，效果如图 3-27 中左图。

“内阴影”样式对话框的相关参数解释如下。

- 距离：拨动滑块或者输入数值，可以定义“内阴影”的投射距离。数值越大，则内阴影在视觉上距离投射阴影的对象就越远，其三维空间的效果就越好，反之，则内阴影越贴近投射阴影对象。
- 等高线：使用等高线可以定义图层样式效果的外观，单击此下拉按钮将弹出等高线列表，可以在该列表中选择所需要的等高线类型。

微课 3-9
外发光和内发光

5. 内发光

内发光就是将从图层对象、文本或形状的边缘向内添加发光效果。在设置发光效果时，应注意主体物的颜色，主体物颜色为深色时，可直观地查看到内发光的效果。

在“茶”字设置了绿色“描边”效果的基础上添加内发光效果，具体参数参照图 3-28 中右侧的“图层样式”对话框，效果如图 3-28 中左图所示。

6. 光泽效果

光泽效果可以使物体表面产生明暗分离的效果，它在图层内部根据图像的形状来应用阴影效果，通过“距离”设置，可以控制光泽的范围。

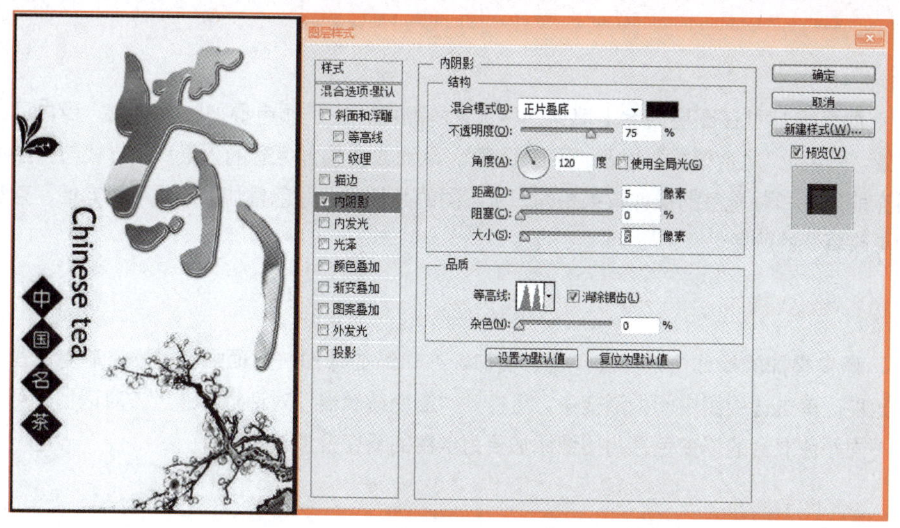

图 3-27
内阴影效果

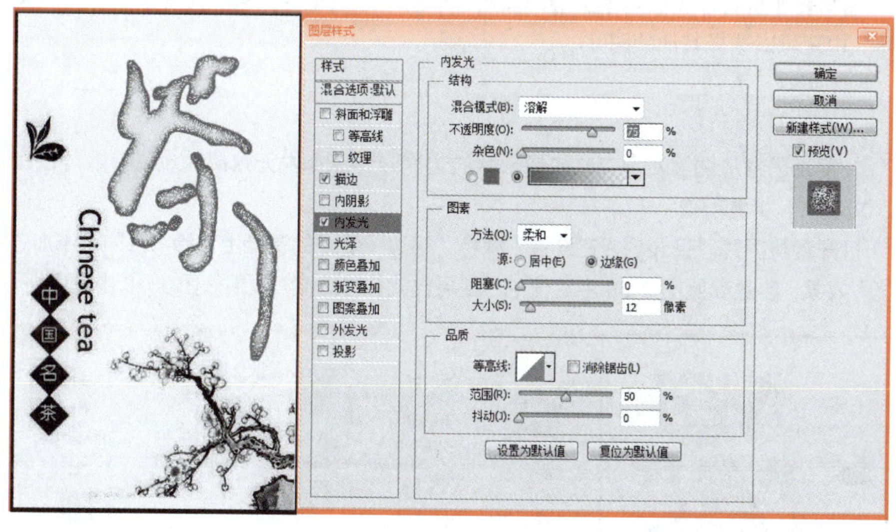

图 3-28
内发光效果

打开素材图片“玉璧.psd”，给玉璧添加“光泽”效果，具体参数参照图 3-29 中右侧的“图层样式”对话框，效果如图 3-29 中左图所示。

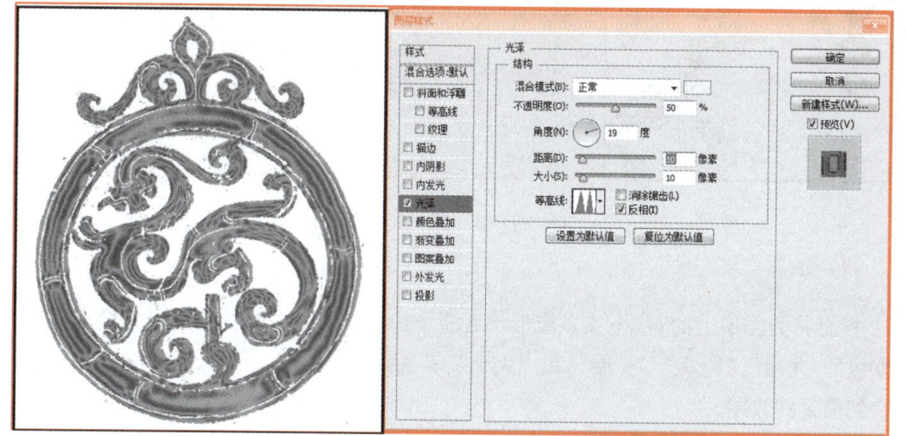

图 3-29
光泽效果

笔 记

7. 颜色叠加

颜色叠加可在图层内容上填充一种选定的颜色，在“颜色叠加”选项中，用户可以设置“颜色”“混合模式”以及“不透明度”，从而改变叠加色彩的效果。该样式与为图像填充前景色和背景色的操作效果相同，所不同的是使用“颜色叠加”效果可以方便、直观地更改填充的颜色。

8. 渐变叠加

渐变叠加的操作方法与颜色叠加类似，在“渐变叠加”选项中可以改变渐变样式以及角度。单击选项组中间的渐变条，可打开“渐变编辑器”对话框，通过该对话框，可设置不同颜色混合的渐变色，为图像添加更为丰富的渐变叠加效果。

9. 图案叠加

图案叠加是将在图层对象上叠加图案，即用一致的重复图案填充对象。从“图案拾色器”中还可以选择其他的图案。

10. 外发光效果

外发光是将从图层对象、文本或形状的边缘向外添加发光效果，设置参数可以让对象、文本或形状更精美。

打开素材图片“茶.jpg”，在设置了绿色“描边”效果的基础上，给“茶”字添加“外发光”效果，参数参照图 3-30 中右侧的“图层样式”对话框，效果如图 3-30 中左图所示。

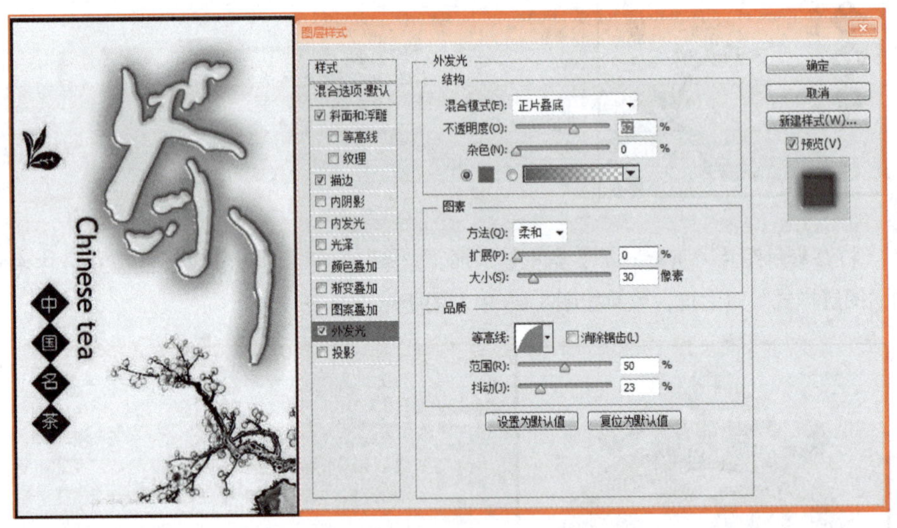

图 3-30
外发光效果

11. 投影

投影将为图层上的对象、文本或形状后面添加阴影效果。投影参数由“混合模式”“不透明度”“角度”“距离”“扩展”和“大小”等各种选项组成，通过对这些选项的设置可以得到需要的效果。

投影制作是设计者最基础的入门功夫。无论是文字、按钮、边框还是物体，如果加

上阴影，则会产生立体感。利用这个图层样式可以逼真地模仿出物体的阴影效果，并且可以对阴影的颜色、大小、清晰度进行控制。

打开素材图片“茶.jpg”，在给“茶”字设置了“斜面和浮雕”与“描边”的基础上，接着给“茶”字设置“投影”效果，具体参数参照图 3-31 中右侧的“图层样式”对话框，效果如图 3-31 中左图所示。

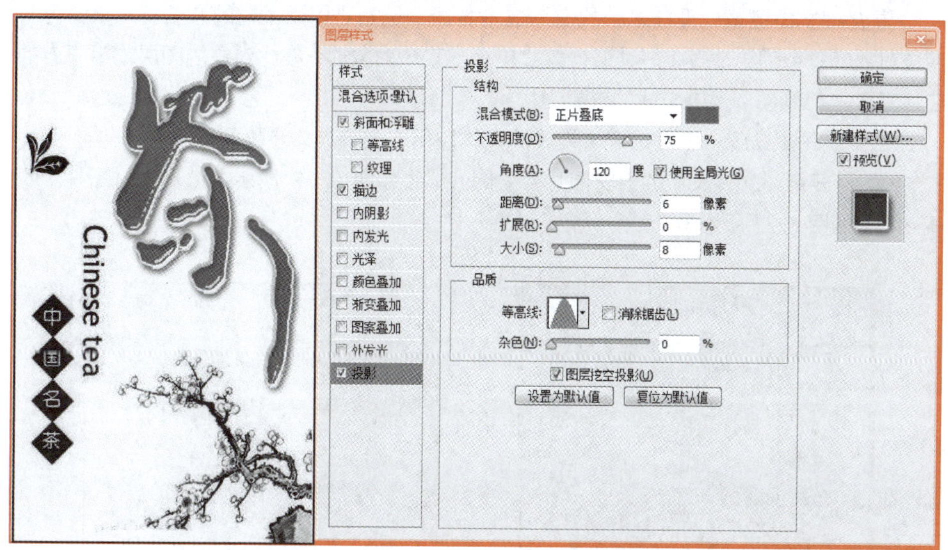

图 3-31
投影效果

(1)“结构”选项组

在设置投影效果时，在“结构”选项组中可以设置投影的方向、不透明度、角度、距离等参数，以控制投影的变化。

- 混合模式：选定投影的混合模式，在其右侧有一个颜色框，单击可以在打开的对话框中选择阴影颜色。
- 不透明度：设置投影的不透明度，参数越大，投影颜色越深。
- 角度：用于设置光线照射角度，阴影的方向会随角度的变化而变化。
- 使用全局光：可以为同一图像中的所有图层样式设置相同的光线照射角度。
- 距离：设置阴影的长短，取值范围为 0 ~ 30 000 像素，距离越大，投影越长。
- 扩展：设置光线的强度，取值范围为 0 ~ 100%，参数越大，投影效果越强烈。
- 大小：设置投影柔滑效果，取值范围为 0 ~ 250 像素，参数越大，柔滑程度越大。

(2)“品质”选项组

在该选项组中，可以控制投影的品质，包含如下选项。

- 等高线：在该选项中可以选择一个已有的等高线效果应用于阴影，也可以单击后面的选框进行编辑。
- 消除锯齿：启用该复选框可以消除投影边缘的锯齿。
- 杂色：设置投影中随机混合元素的数量，取值范围为 0～100%，参数越大，随机元素越多。
- 图层挖空投影：启用该复选框后，可控制半透明图层中投影的可视性。

微课 3-10
图层混合模式

3.3　图层混合模式

3.3.1　认识图层混合模式

混合模式是图像处理技术中的一个技术名词，是指可以用不同的方法将对象颜色与底层对象的颜色混合。当将一种混合模式应用于某一对象时，在此对象的图层或组下方的任何对象上都可看到混合模式的效果。

举个例子来认识一下图层混合模式的具体应用方式，具体步骤如下。

① 打开素材文件夹中的素材图片“爱国.tif”（如图 3-32 所示）以及素材图片“长城.tif”（如图 3-33 所示）。

图 3-32
背景图像

图 3-33
融合图像

② 使用“移动工具”将“长城.tif”图像拖至“爱国.tif”图像中，如图 3-34 所示。设置“长城”图层的混合模式为“正片叠底”，得到的效果如图 3-35 所示。

图 3-34
正常图层

图 3-35
正片叠底的效果

通过了解混合模式，依次试验其他各种混合模式。

3.3.2 图层混合模式详解

Photoshop 将混合模式分为 6 大类、27 种混合形式，即：组合混合模式（正常、溶解），加深混合模式（变暗、正片叠底、颜色加深、线性加深、深色），减淡混合模式（变亮、滤色、颜色减淡、线性减淡、浅色），对比混合模式（叠加、柔光、强光、亮光、线性光、点光、实色混合），比较混合模式（差值、排除、减去、划分），色彩混合模式（色相、饱和度、颜色、亮度）。

1. 组合混合模式

组合混合模式需要降低图层的不透明度时才能产生作用。组合混合模式中包含“正常”和“溶解”模式，它们需要配合使用不透明度才能产生一定的混合效果。

- “正常”模式：在“正常”模式下，调整上面图层的不透明度可以使当前图像与底层图像产生混合效果，在此模式下形成的合成色或者着色作品不会用到颜色的相减属性。
- “溶解”模式：特点是配合调整不透明度可创建点状喷雾式的图像效果，不透明度越低，像素点越分散。

2. 加深混合模式

加深混合模式可将当前图像与底层图像进行比较，使底层图像变暗，主要有以下模式。

- “变暗”模式：自动检测颜色信息，选择基色或混合色中较暗的作为结果色，其中比结果色亮的像素将被替换掉，因此会露出背景图像的颜色，而比结果色暗的像素将保持不变。
- “正片叠底”模式：特点是可以使当前图像中的白色完全消失，另外，除白色以外的其他区域都会使底层图像变暗。无论是图层间的混合还是在图层样式中，正片叠底都是最常用的一种混合模式。
- “颜色加深”模式：特点是可保留当前图像中的白色区域，并加强深色区域。
- “线性加深”模式：“线性加深”模式与“正片叠底”模式的效果相似，但产生的对比效果更强烈，相当于“正片叠底”与“颜色加深”模式的组合。
- “深色”模式：比较混合色和基色的所有通道的总和，并显示值较小的颜色，直接覆盖底层图像中暗调区域的颜色，底层图像中包含的亮度信息不变，以当前图像中的暗调信息所取代，从而得到最终效果。

笔 记

3. 减淡混合模式

在 Photoshop 中，每一种加深模式都有一种完全相反的减淡模式相对应，减淡模式的特点是当前图像中的黑色将会消失，任何比黑色亮的区域都可能加亮底层图像，主要有以下模式。

- “变亮”模式：特点是比较并显示当前图像比下面图像亮的区域，“变亮”模式与“变暗”模式产生的效果相反。
- “滤色”模式：特点是可以使图像产生漂白的效果，“滤色”模式与“正片叠底”

笔 记

模式产生的效果相反。

- “颜色减淡”模式：特点是可加亮底层的图像，同时使颜色变得更加饱和，由于对暗部区域的改变有限，因而可以保持较好的对比度。
- “线性减淡”模式：它与“滤色”模式相似，但是可产生更加强烈的对比效果。
- “浅色”模式：与加深混合模式中的“深色”相对应。根据当前图像的饱和度，直接覆盖底层图像中高光区域的颜色，以高光色调所取代底层图像中包含的暗调区域。浅色模式可反映背景较暗图像中亮部信息，用高光颜色取代暗部信息。

4. 对比混合模式

它综合了加深和减淡模式的特点，在进行混合时 50%的灰色会完全消失，任何亮于 50%灰色的区域都可能加亮下面的图像，而暗于 50%灰色的区域都可能使底层图像变暗，从而增加图像对比度，主要有以下模式。

- “叠加”模式：特点是在为底层图像添加颜色时，可保持底层图像的高光和暗调。
- “柔光”模式：“柔光”模式可产生比叠加模式或强光模式更为精细的效果。
- “强光”模式：“强光”模式特点是可增加图像的对比度，它相当于“正片叠底”和“滤色”模式的组合。
- “亮光”模式：特点是混合后的颜色更为饱和，可使图像产生一种明快感，它相当于“颜色减淡”和“颜色加深”模式的组合。
- “线性光”模式：特点是可使图像产生更高的对比度效果，从而使更多区域变为黑色和白色，它相当于“线性减淡”和“线性加深”模式的组合。
- “点光”模式：特点是可根据混合色替换颜色，主要用于制作特效，它相当于“变亮”与“变暗”模式的组合。
- “实色混合”模式：特点是可增加颜色的饱和度，使图像产生色调分离的效果。

5. 比较混合模式

比较混合模式可比较当前图像与底层图像，然后将相同的区域显示为黑色，不同的区域显示为灰度级或彩色，主要有以下模式。

- “差值”模式：特点是当前图像中的白色区域会使图像产生反相的效果，而黑色区域则会越接近底层图像。
- “排除”模式：“排除”模式可比“差值”模式产生更为柔和的效果。
- “减去”模式：与“差值”模式类似，从图像中下层图像颜色的亮度值减去当前图像颜色的亮度值，并产生反相效果。上层图像越亮，混合后的效果越暗，与白色混合后为黑色；上层为黑色时，混合后无变化。
- “划分”模式：比较当前图像与底层图像，然后将混合后的区域划分为白色、黑色或饱和度较高的色彩；上层图像越亮，混合后的效果变化越不明显，与白色混合没有变化；上层图像为黑色，混合后图像基本变为白色。

6. 色彩混合模式

色彩的三要素是色相、饱和度和亮度，使用色彩混合模式合成图像时，Photoshop 会将三要素中的一种或两种应用在图像中，主要有以下模式。

- “色相”模式：它适合于修改彩色图像的颜色，该模式可将当前图像的基本颜色应

用到底层图像中，并保持底层图像的亮度和饱和度。

- “饱和度”模式：可使图像的某些区域变为黑白色，该模式可将当前图像的饱和度应用到底层图像中，并保持底层图像的亮度和色相。
- “颜色”模式：可将当前图像的色相和饱和度应用到底层图像中，并保持底层图像的亮度。
- “亮度”模式：可将当前图像的亮度应用于底层图像中，并保持底层图像的色相与饱和度。

3.3.3 混合模式综合案例

微课 3-11
混合模式综合案例

具体操作如下。

① 启动 Photoshop 软件，然后执行“文件”→“新建”菜单命令，创建“混合模式应用.psd”文件，设置宽度为 1 000 像素、高度为 600 像素、分辨率为 72 像素/英寸、颜色模式为 RGB 颜色、背景内容为白色。

② 从工具箱中选择“渐变工具”，设置前景色为深褐色（#b27516）、背景色为浅褐色（#c9ac78），接着在工具选项栏中选取渐变填充（对称渐变），在“背景”图层简单拖动鼠标后形成渐变的背景图像，如图 3-36 所示。

③ 打开图片“书法 1.jpg”，如图 3-37 所示，然后对其执行“图像”→“调整”→“反相”菜单命令，最后将其拖入背景图中，设置层名为“书法”，设置混合模式为柔光、不透明度为 24%，效果如图 3-38 所示。

图 3-36
背景图像

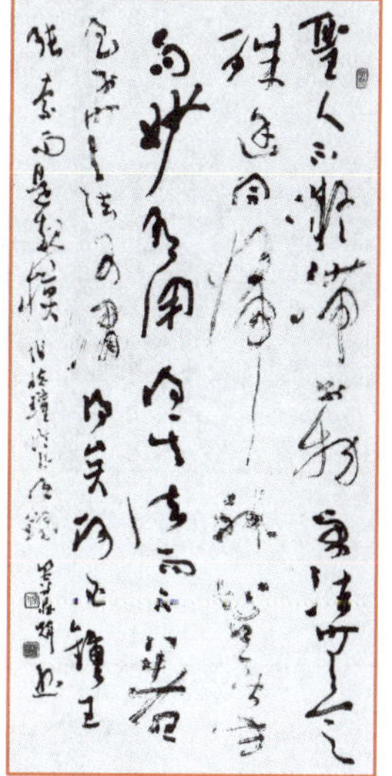

图 3-37
书法作品素材 1

④ 对素材文件“国画.jpg”（如图 3-39 所示）进行类似的操作，调整图层的大小与位置后的效果如图 3-40 所示。

⑤ 打开图片“墨迹.jpg”，如图 3-41 所示，将其拖入背景图像中，设置图层名为“墨迹”、混合模式为“正片叠底”，效果如图 3-42 所示。

⑥ 打开图片“毛笔.jpg”，如图 3-43 所示，使用“魔棒工具”选择白色区域，执行“选择”→“反向”菜单命令（或按快捷键<Ctrl+Shift+I>），选取毛笔将其复制并粘贴到图像中，调整毛笔与墨迹的位置，为毛笔图层设置图层样式，设置投影效果增加立体感，设

置不透明度为“44%”、角度为“90”、距离为“8 像素”、大小为“2 像素”，放入图像中的效果如图 3-44 所示。

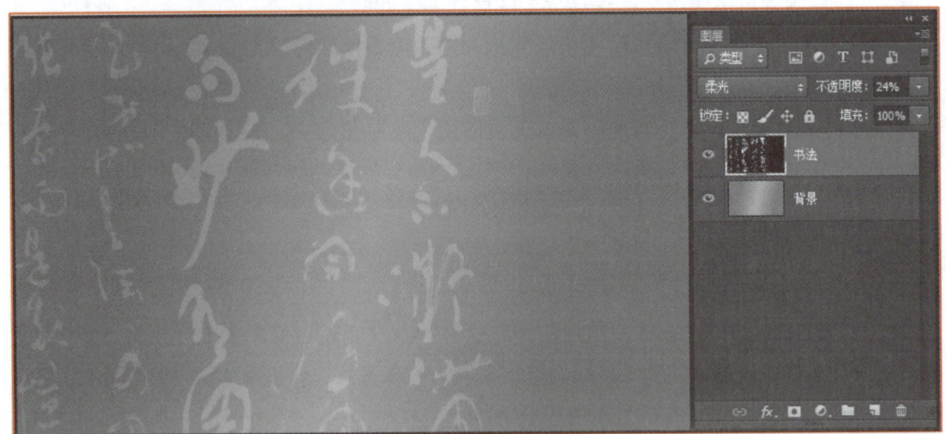

图 3-38
混合后的效果

图 3-39
国画素材

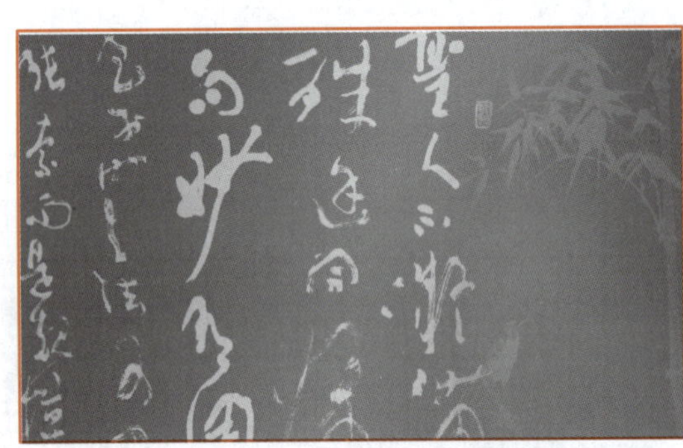

图 3-40
国画混合后的效果图

图 3-41
国画素材

图 3-42
墨迹正片叠底混合后的效果图

⑦ 打开图片“无名山人.jpg”，使用“魔棒工具”选择黑色字体的局部区域，如选中“山”字，然后执行“选择”→“选取相似”菜单命令，选中“无名山人作品集”题字，如图 3-45 所示；复制选区，粘贴到效果图中，最后对“无名山人作品集”文字图层执行

"描边"图层样式（设置颜色为#fef5b6、大小为 3 像素），效果如图 3-46 所示。

图 3-43
毛笔素材

图 3-44
毛笔与墨迹混组合后在效果图中的效果

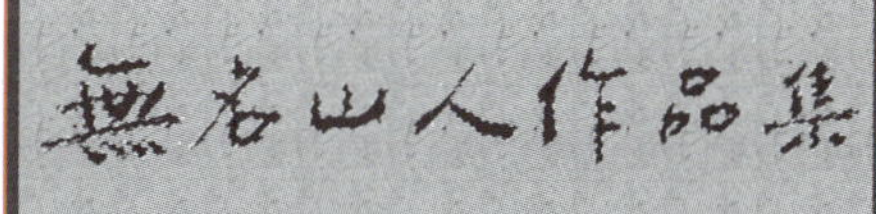

图 3-45
"无名山人作品集"选区

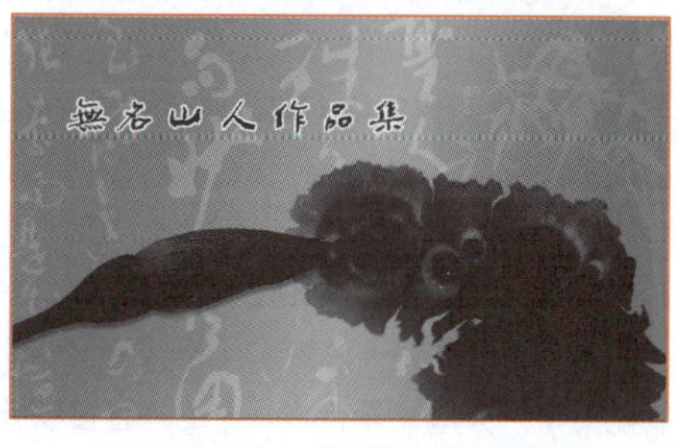

图 3-46
"无名山人作品集"放入效果图中的效果

⑧ 打开图片"庄辉.jpg"，使用"多边形套索工具"将照片中人物选取出来（如图 3-47 所示），复制并粘贴到效果图中，调整人物的大小与位置，最后设置人物的图层样式为外发光效果、不透明度为"50%"、颜色为"白色渐变为透明"、扩展为"14%"、大小为"21 像素"，效果如图 3-48 所示。

图 3-47
人物照片选区

图 3-48
人物照片放入效果图中的效果

3.4 智能对象图层

3.4.1 认识智能对象

Photoshop 的智能对象是保留图像的源内容及其所有原始特性，从而让用户能够对图层执行非破坏性编辑。简而言之，智能对象可以让图片进行无损编辑。

智能对象具有以下特点。

笔 记

- 执行非破坏性变换。可以对图层进行缩放、旋转、斜切、扭曲、透视变换或使图层变形，而不会丢失原始图像数据或降低品质，因为变换不会影响原始数据。
- 非破坏性应用滤镜。可以随时编辑应用于智能对象的滤镜。
- 编辑一个智能对象并自动更新其所有的链接实例。
- 应用于智能对象图层链接或未链接的图层蒙版。
- 智能对象强大的替换功能。在 Photoshop 里可以将某个图层上添加的所有图层样式复制粘贴到另外一个图层上，但它只局限于同一张图片的图层，而无法在对某张图片上智能对象的图层执行一系列的调整、滤镜等编辑后，将这些编辑应用在另外一张图片上，这时只要使用右键快捷菜单中的“替换内容”命令，它就会把 A 图片上的编辑效果“复制粘贴”到 B 图片上。
- 无法对智能对象图层直接执行会改变像素数据的操作（如绘画、减淡、加深或仿制），除非先将该图层转换成常规图层（进行栅格化）。要执行会改变像素数据的操作，可以编辑智能对象的内容，在智能对象图层的上方仿制一个新图层，编辑智能对象的副本或创建新图层。

3.4.2　创建智能对象

一般情况下，可以通过右击图层名称处，在弹出的快捷菜单中选择“转换成智能对象”命令，即可将一个图层转换成智能对象。另外，也可以通过执行“文件”→“打开为智能对象”菜单命令，将一个图片直接以智能对象的形式在 Photoshop 中打开。

在 Photoshop CC 版本中，还可以将一个图片，直接拖曳到其他画布中，这个图片默认是以智能对象的形式置入。当然，执行“文件”→“置入”菜单命令，在弹出的对话框中打开一个矢量或位图文件，也可以自动创建一个智能对象图层，如图 3-49 所示。

图 3-49
创建智能对象

在图 3-49 中双击“骏马”智能对象图层，Photoshop 将打开一个新文件，这个新文件就是智能对象图层“骏马”的子文件，也就是置入的内容图片。

3.4.3　智能对象的常见操作

1. 编辑智能对象图层

智能对象图层是一个特殊的图层，它的特殊性在于无法在这个图层上使用绘图工具、修饰工具进行处理，当然也无法使用滤镜或图像调整命令进行调整。但智能对象可以进行

以下操作。

- 变换：可以像编辑普通图层一样对智能对象中的图像进行缩放、旋转等变化操作。
- 修改图层属性：可以像修改普通图层一样设置智能对象的属性，如设置不透明度、添加图层样式、设置混合模式等。
- 色彩调整：可以通过添加调整图层实现对智能对象的色彩调整。

笔 记

2. 编辑智能对象图层源文件

在使用智能对象图层上双击，即可进入智能对象图层源文件，当打开智能对象图层源文件后，可以像编辑普通图层一样进行编辑文件，编辑完成后保存即可，这样调用这个源文件的智能对象也会随着变化。

3. 导出智能对象图层

导出智能对象图层的方法是：选择需要导出的智能对象图层，然后执行“图层”→“智能对象”→“导出内容”菜单命令即可。

4. 栅格化智能对象图层

栅格化智能对象图层的方法是：选择需要栅格化的智能对象图层，然后执行“图层”→“智能对象”→“栅格化”菜单命令，即可将智能对象转换为普通图层。

3.5　3D 功能的基本使用

3.5.1　认识 3D 功能

3D 图层属于一类非常特殊的图层，为便于与其他图层区别开来，其缩略图上有一个 3D 图层的特殊标记。

下面通过一个例子来认识 Photoshop 的 3D 功能。

① 启动 Photoshop 软件，然后执行“文件”→“新建”菜单命令，创建“3D 功能演示.psd”文件，设置宽度为 3 000 像素、高度为 2 000 像素、分辨率为 300 像素/英寸、颜色模式为“RGB 颜色”、背景内容为“白色”。

② 从工具箱中选择“渐变工具”，设置前景色为深绿色（#046d0c）、背景色为浅绿色（#c9ac78），接着在工具选项栏中选取渐变填充（对称渐变），在“背景”图层拖曳鼠标后形成渐变的背景图像。

③ 新建空白图层，命名为“彩条”，绘制几条彩色线条，依据个人爱好配色，如图 3-50 所示。接下来，复制彩条，将背景图层变成黑色、条纹变成白色，如图 3-51 所示，保存为“纹理.psd”文档，作为彩条纹理备用。

④ 切换到 3D 工作区域，执行“3D”→“从图层新建网格”→“网格预设”→“球面全景”菜单命令，彩条变化为彩色球状的效果如图 3-52 所示。

⑤ 在视图中，找到“3D”面板，单击“滤镜：材质”按钮，如图 3-53 所示。

⑥ 设置 3D 属性，如图 3-54 所示；单击“不透明度”属性右侧的文件夹图标，载入彩条纹理——“纹理.psd”文档，效果如图 3-55 所示。

图 3-50
添加彩条的效果

图 3-51
添加黑白色条纹纹理

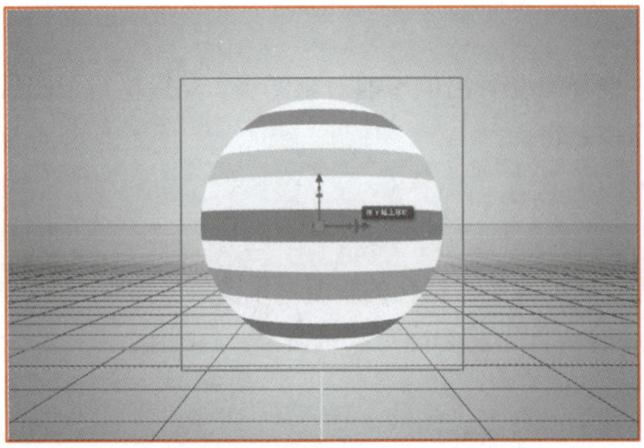

图 3-52
球面彩条

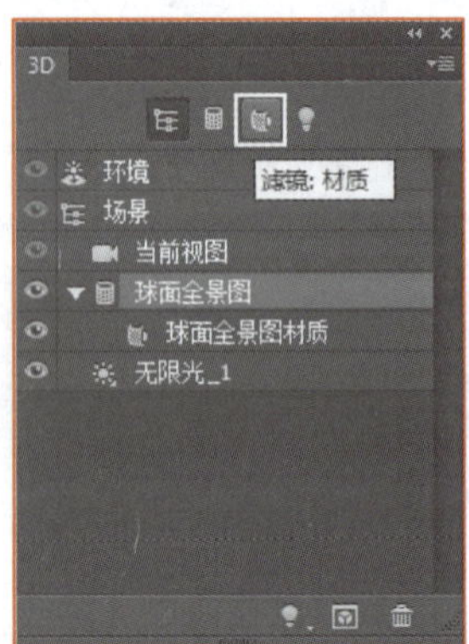

图 3-53
3D 面板中的“滤镜：材质”按钮

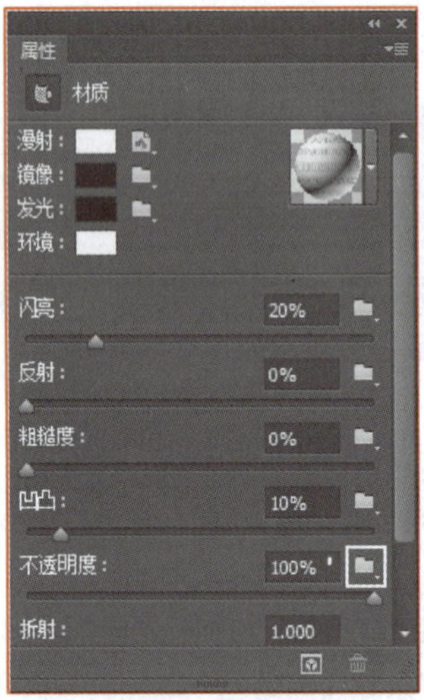

图 3-54
“属性”面板

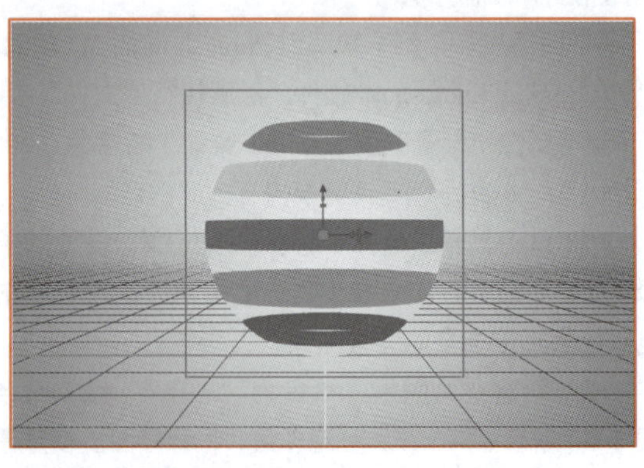

图 3-55
设置“滤镜：材质”后的效果

⑦ 设置 3D 属性，将不透明度设置为 0，得到干净的球体，直接拖动视图，就可以看到各个面的球体状态，稍微翻转下角度，让螺旋体更突出，如图 3-56 所示。

⑧ 复制几个球体出来，分别拖动视图，改变角度，这样完成对球体的所有编辑，调整大小和方向，即可完成 3D 球，效果如图 3-57 所示。

⑨ 选择图像右上角，切换到基本功能工作区，选择所有球体图层，执行“图层”→“栅格化”→“3D 图层”菜单命令，完成 3D 图层的栅格化。

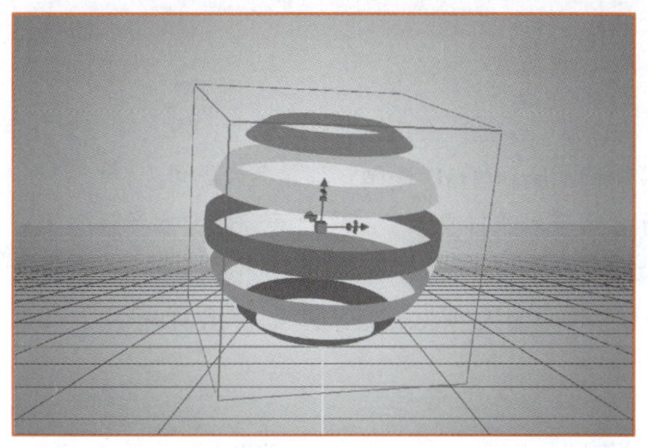

图 3-56
调整 3D 视图

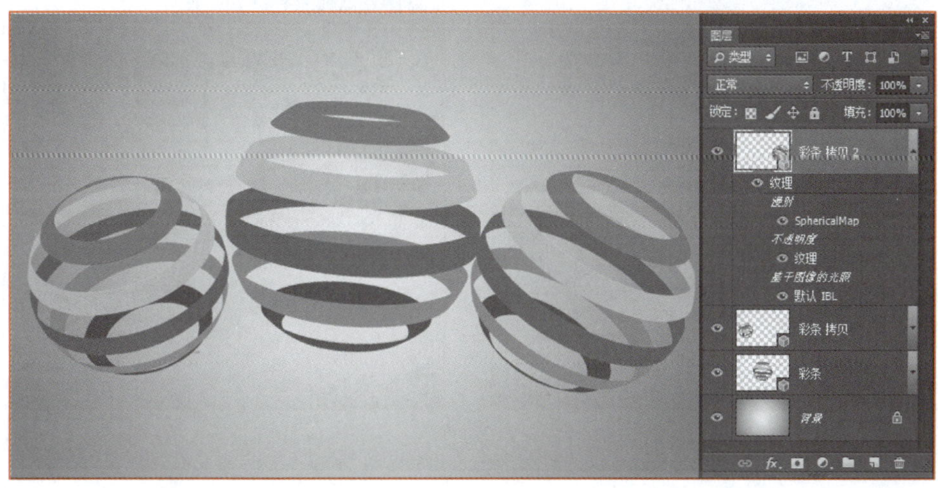

图 3-57
3D 球体后的效果

3.5.2　创建 3D 明信片

打开素材图片“高原河流.jpg”，如图 3-58 所示；执行“3D”→“从图层新建网格”→“明信片”菜单命令，可以将平面图片转换为 3D 明信片两面的贴图材料，该平面图也相应被转换为“3D”图层。执行 3D 明信片相关命令后的效果如图 3-59 所示。

图 3-58
“高原河流.jpg”
素材图片

图 3-59
3D 明信片效果

3.5.3　创建 3D 文字效果

在 Photoshop 中，从“类型”图层创建 3D 模型，输入并设置文字的基本属性，然后执行“3D”→“从所选图层新建 3D 模型”菜单命令即可。

另外，再使用文字工具选择文字，单击“更新此文本关联的 3D”按钮，从而快速将文字转换为 3D 模型。

图 3-60 所示为图像中输入的“端午佳节”，应用 3D 凸出并调整角度与大小后的 3D 文字效果如图 3-61 所示。

图 3-60
端午佳节素材

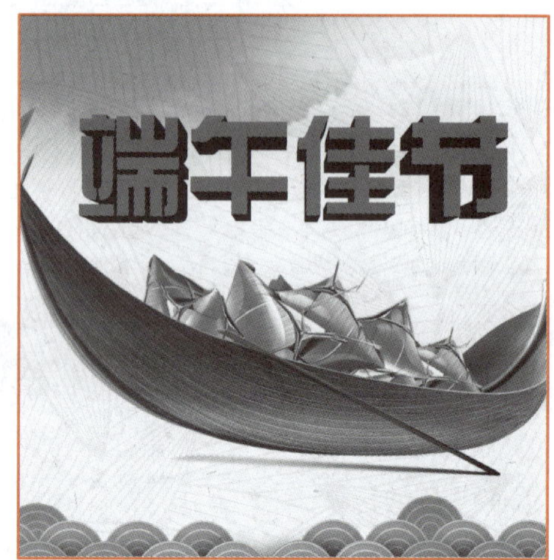

图 3-61
3D 文字效果

3.6　综合案例：翡翠玉镯的制作

微课 3-12
翡翠玉镯的制作

3.6.1　效果展示

本节通过图层与图层的样式来完成翡翠玉镯的制作，效果如图 3-62 所示。

图 3-62
翡翠玉镯的效果展示

3.6.2　实现过程

具体操作如下。

① 打开 Photoshop 软件，执行“文件”→“新建”菜单命令新建一文件，保存为“翡

翠玉镯.psd”，设置宽度和高度都为 8 厘米、分辨率为 300 像素/英寸、背景为白色。

② 执行“视图”→“标尺”菜单命令（或按<Ctrl+R>快捷键），显示图像的标尺，用鼠标从标尺 4 厘米处拉出垂直和水平的两条参考线（注意：拉到近中间二分之一处时，参考线会抖动一下，这时停下鼠标，即是水平或垂直的中心线），拉出相互垂直的两条参考线后，再拉出相互垂直的两条参考线，这时图像的中心点就确定了，如图 3-63 所示。

③ 新建一个图层，命名为“玉镯”，接下来选用“椭圆选框工具”，在中心点按住鼠标左键，再按<Shift+Alt>组合键，然后拖动鼠标绘制一个以中心为圆心的圆形选区；将前景色设置为绿色（#64BE03），按 <Alt+Delete>组合键填充圆形，效果如图 3-64 所示。

图 3-63
显示标尺并设置辅助线

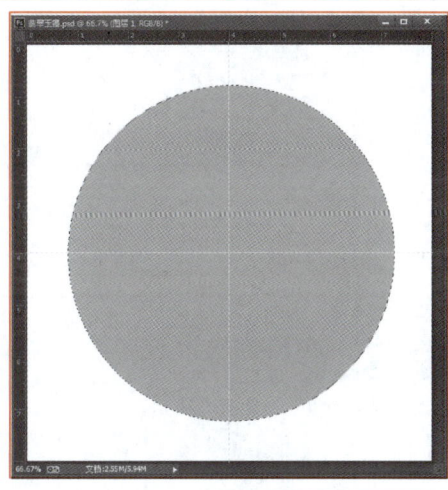

图 3-64
绘制并填充圆形选区

④ 采用同样的方法绘出一个小些的圆形选区，最后得到一个环形选区，如图 3-65 所示，然后删除小圆形选区中的绿色，效果如图 3-66 所示。

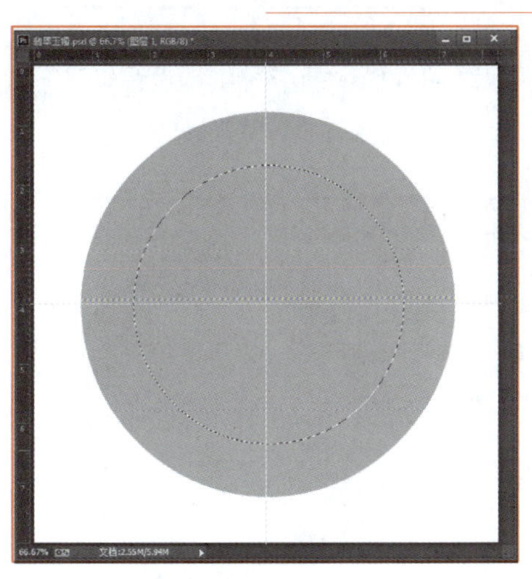

图 3-65
选择新的小圆选区

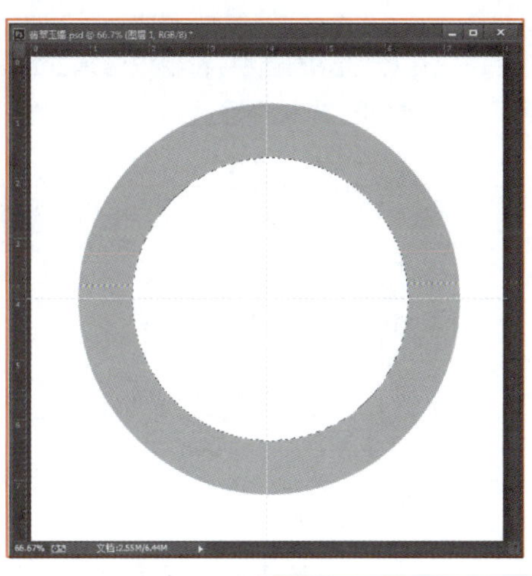

图 3-66
形成环形

⑤ 双击图层 1 缩略图，弹出“图层样式”对话框，选中“斜面与浮雕”选项，设置各个参数，如图 3-67 所示，可依据效果反复调整参数，效果如图 3-68 所示。

⑥ 设置“图案叠加”效果，如图 3-69 所示，选择云彩图案，调整不透明度和缩放比例，效果如图 3-70 所示。

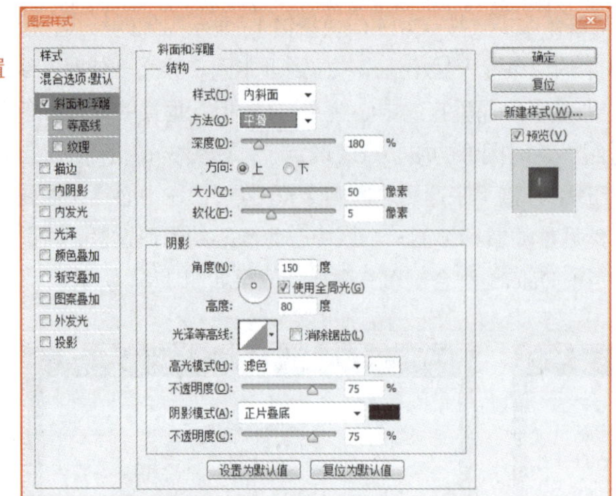

图 3-67
“斜面和浮雕”的设置

图 3-68
斜面和浮雕设置后的效果

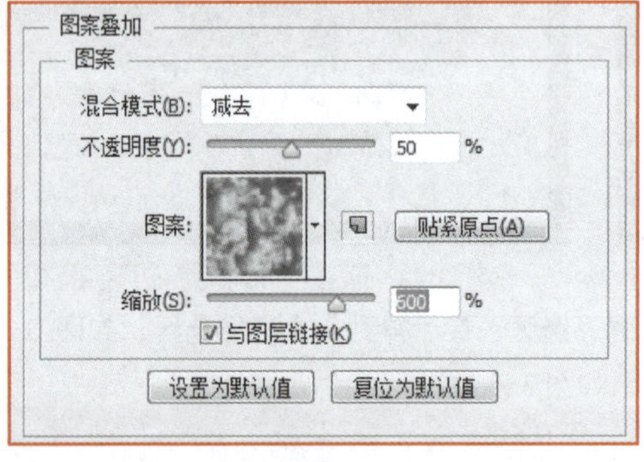

图 3-69
“图案叠加”的设置

图 3-70
图案叠加后的效果

⑦ 选择“光泽”选项，设置混合模式色块为翠绿色(#55c90e)，各个参数设置如图 3-71 所示，效果如图 3-72 所示。

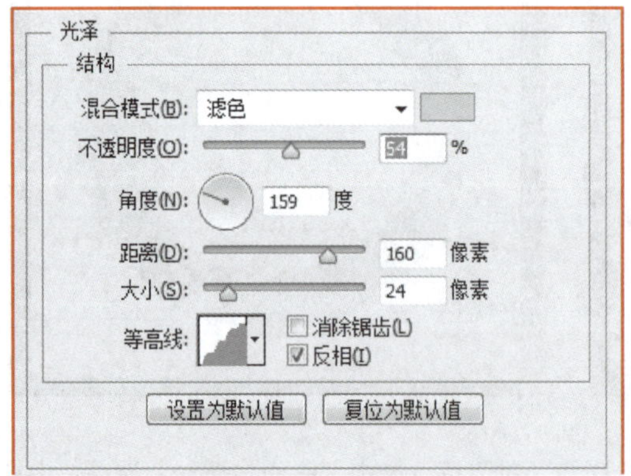

图 3-71
“光泽”的设置

图 3-72
光泽设置后的效果

⑧ 选择“投影”选项，如图 3-73 所示，设置混合模式为“正片叠底”、颜色为深灰色（#5d5d5d）、不透明度为 50%、角度为 120 度、距离 30 像素、大小为 20 像素，效果如

图 3-74 所示。

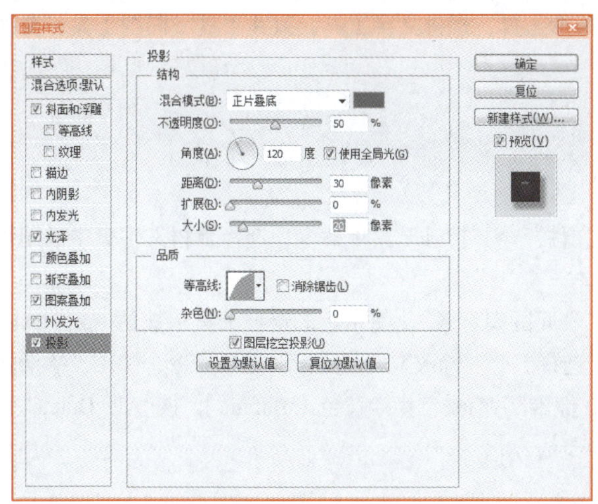

图 3-73
“投影”的设置

图 3-74
设置投影后的效果

⑨ 选择“内阴影”选项，如图 3-75 所示，设置混合模式为“正片叠底”、不透明度为 75%、距离为 28 像素、大小为 60 像素，效果如图 3-76 所示。

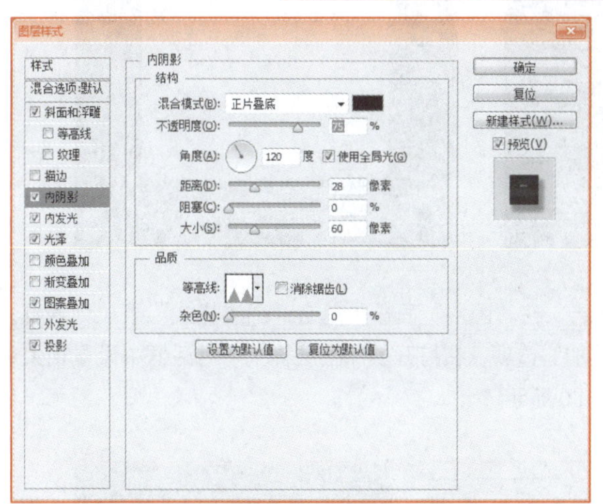

图 3-75
“内阴影”的设置

图 3-76
设置内阴影后的效果

⑩ 如果还想添加细节效果，可以继续添加“内发光”效果，这样一个通灵剔透的翡翠玉镯就完成了，效果如图 3-62 所示。

任务实施：手表表面制作

1. 任务分析

本任务主要是设计一款手表表面的视觉效果，重点是使用图层以及图层样式来完成金属质感的表面。可以通过“渐变叠加”和“投影”来制作表面的背景，之后使用光影表现出表面背景图案的质感，再通过白色金属质感圆盘来衬托整体的立体感，最后绘制精细的刻度与指针，营造出精准的感觉。

2．技能要点

核心技能要点：渐变工具、矩形工具、横排文字工具、直线工具、椭圆工具、变换工具、图层样式设置等。

3．实现过程

本案例操作步骤如下。

① 打开 Photoshop，执行“文件”→“打开”菜单命令，选择素材文件夹中的图片“背景.jpg”，如图 3-77 所示。

② 新建一个图层，命名为“表面图案背景”。使用矩形选框工具，按住<Shift+Alt>快捷键，绘制一个正方形；执行“选择”→“修改”→“平滑”菜单命令，弹出“平滑选区”对话框，设置取样半径为“10 像素”、前景色为淡黄色（#fafadc），按<Alt+Delete>快捷键填充前景色，效果如图 3-78 所示。

图 3-77
背景图片

图 3-78
填充的圆角矩形

③ 选择“表面图案背景”图层，在“图层”面板中单击“图层样式”下拉列表框，在弹出的下拉列表中选择“渐变叠加”选项，在打开的“图层样式”对话框中设置相关参数（如图 3-79 所示），效果如图 3-80 所示。

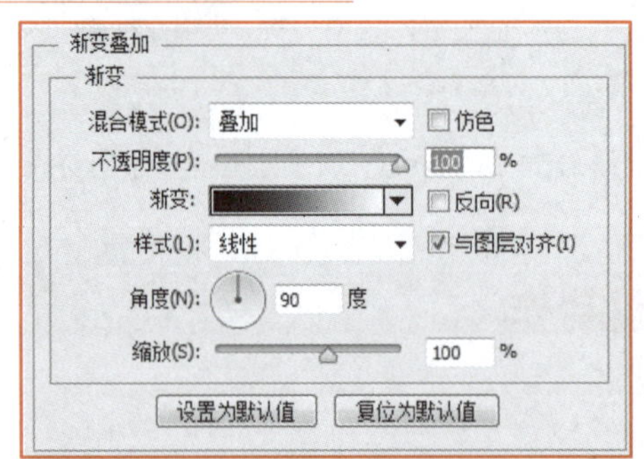

图 3-79
渐变叠加的设置

图 3-80
设置渐变叠加的效果

④ 在“图层”面板中添加“描边”图层样式，设置颜色为深灰色（#3b3b3b）、大小为 2 像素。添加“投影”图层样式，设置混合模式为“正片叠底”、不透明度为 100%、角度为 120 度、距离与大小都为 5 像素，如图 3-81 所示，效果如图 3-82 所示。

⑤ 新建一个图层，命名为“表面圆圈”，使用椭圆选框工具，按住<Shift+Alt>快捷键，

绘制一个圆形，设置前景色为浅灰色（#f0f0f0），按<Alt +Delete>快捷键填充前景色。

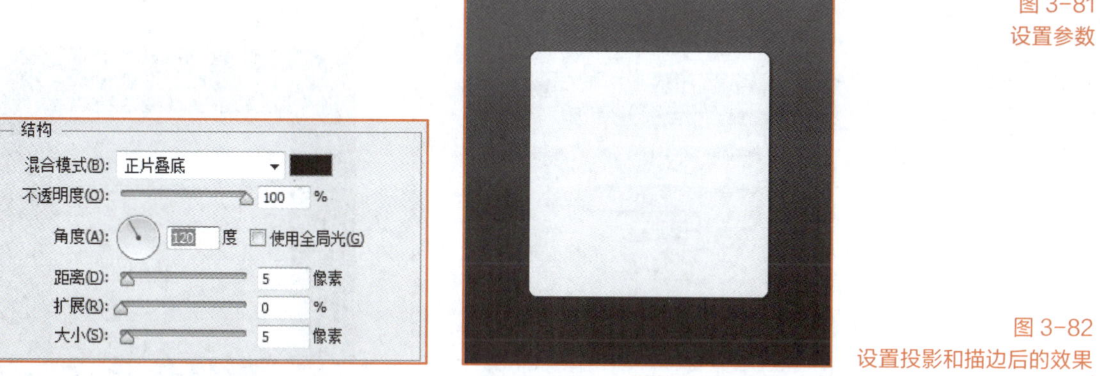

图 3-81
设置参数

图 3-82
设置投影和描边后的效果

⑥ 选择“表面圆圈”图层，在“图层”面板中选择“渐变叠加”图层样式，相关参数设置如图 3-83 所示，效果如图 3-84 所示。

图 3-83
渐变叠加的设置

图 3-84
设置渐变叠加后的效果

⑦ 选择“表面圆圈”图层，在“图层”面板中选择“投影”图层样式，相关参数设置如图 3-85 所示，效果如图 3-86 所示。

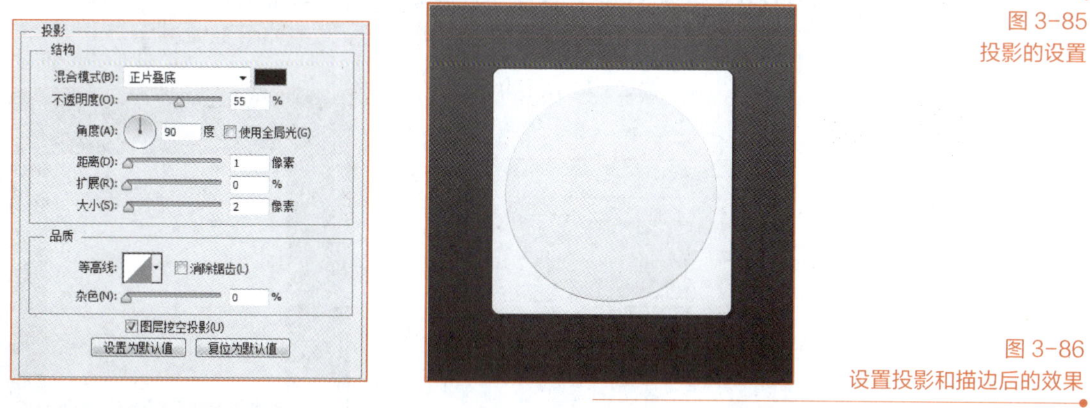

图 3-85
投影的设置

图 3-86
设置投影和描边后的效果

⑧ 单击“表面圆圈”图层，按<Ctrl+J>快捷键复制一个图层，右键单击图层，在弹出的快捷菜单中选择“清除图层样式”命令，按<Ctrl+T>快捷键缩放椭圆，按<Enter>键结

束操作。给新复制的“表面圆圈 拷贝”层添加“内阴影”图层样式，参数设置如图 3-87 所示，效果如图 3-88 所示。

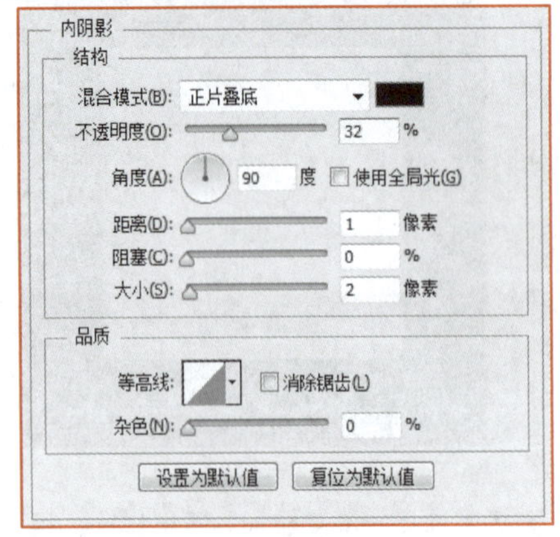

图 3-87
内阴影的设置

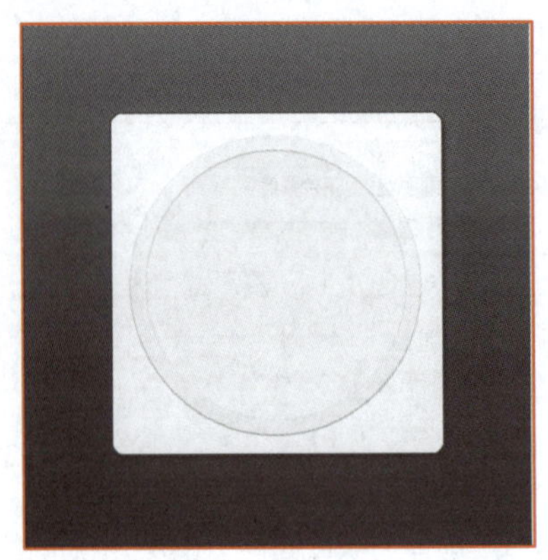

图 3-88
设置内阴影后的效果

⑨ 选择“表面圆圈 拷贝”图层，在“图层”面板中选择“渐变叠加”图层样式，相关参数设置如图 3-89 所示，效果如图 3-90 所示。

图 3-89
渐变叠加的设置

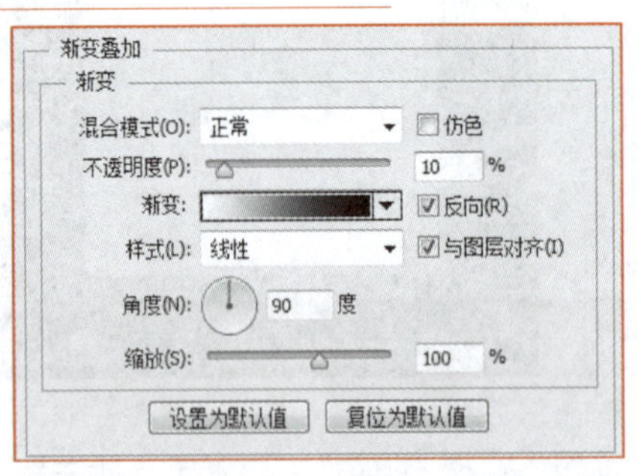

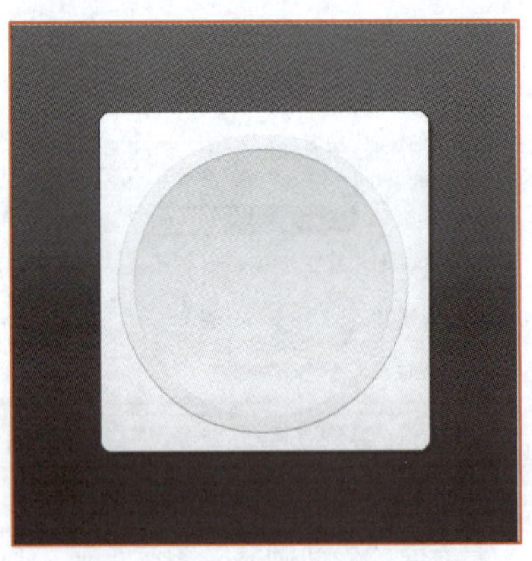

图 3-90
设置渐变叠加的效果

⑩ 单击“表面圆圈 拷贝”图层，按<Ctrl+J>快捷键复制一个图层，清除图层样式，按<Ctrl+T>快捷键缩放椭圆，按<Enter>键结束操作。给新复制的“表面圆圈 拷贝”图层添加“描边”图层样式，参数设置如图 3-91 所示，效果如图 3-92 所示。

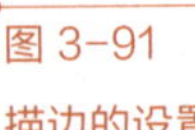

图 3-91
描边的设置

描边
结构
大小(S): 1 像素
位置(P): 内部
混合模式(B): 正常
不透明度(O): 100 %
填充类型(F): 颜色
颜色:
设置为默认值 复位为默认值

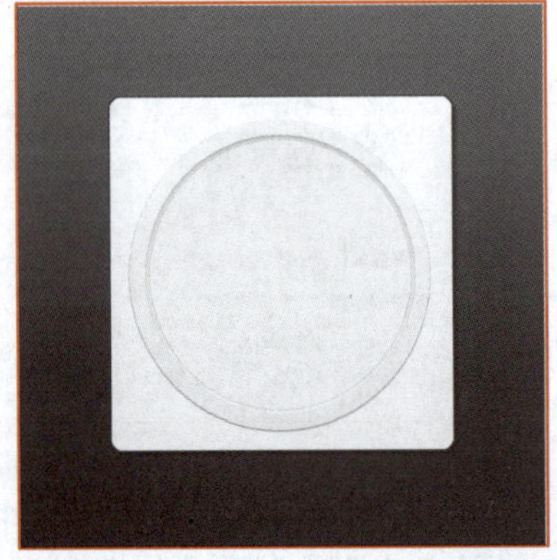

图 3-92
设置描边后的效果

⑪ 新建一个“时钟刻度”图层，使用“矩形选框工具”绘制一个矩形，填充为深灰色（#282828），如图 3-93 所示。使用“矩形选框工具”绘制一个小矩形，将中间灰色部分删除，如图 3-94 所示。

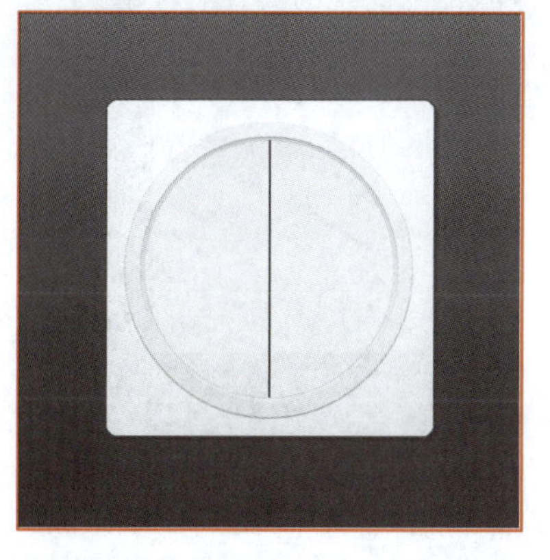

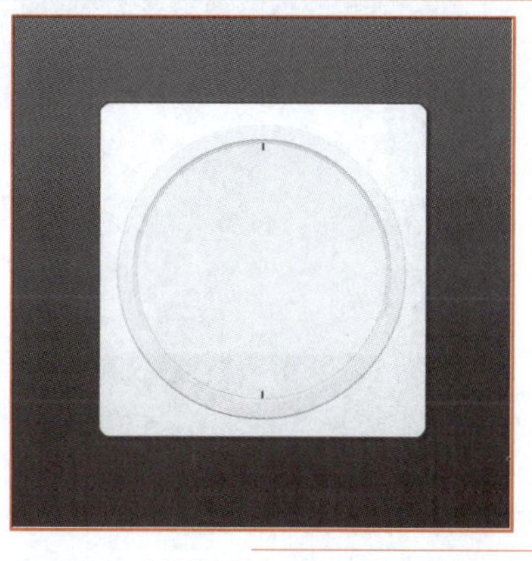

图 3-93
绘制时刻的矩形

图 3-94
删除部分灰色后
形成的时刻表

⑫ 按<Ctrl+J>快捷键复制“时钟刻度”图层，按<Ctrl+T>快捷键旋转时刻图层内容，效果如图 3-95 所示。按<Ctrl+Shift+Alt+T>快捷键旋转并复制矩形，制作其他刻度，效果如图 3-96 所示。

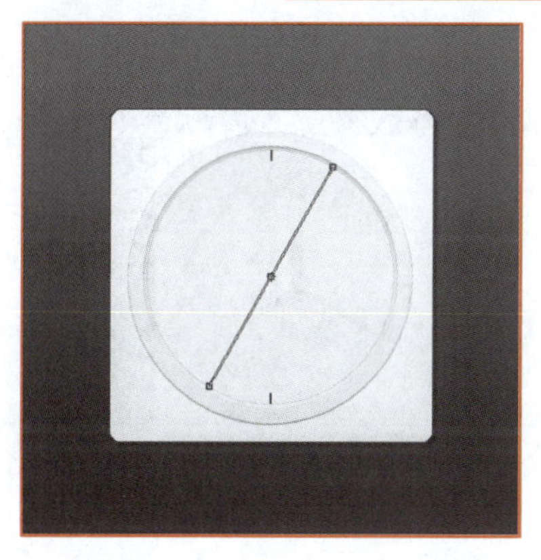

图 3-95
复制效果

图 3-96
时钟的时刻表

⑬ 采用同样的方法制作分钟刻度，效果如图 3-97 所示，整体分钟刻度如图 3-98 所示。

图 3-97
部分分钟刻度

图 3-98
分钟刻度

⑭ 执行“文件”→“置入”菜单命令，选择素材文件夹中的图片“时针.png”和“分针.png”，调整位置，时针效果如图 3-99 所示，分针效果如图 3-100 所示。

图 3-99
添加时针的效果

图 3-100
添加分针的效果

⑮ 执行“文件”→“置入”菜单命令，选择素材文件夹中的图片“秒针.png”，调整位置，如图 3-101 所示。

⑯ 新建一个“时钟刻度”图层，使用“矩形选框工具”绘制一个矩形，设置描边 1 像素浅灰色（#d6d6d6），如图 3-102 所示。使用文本工具输入日期，并输入“只争朝夕 不负韶华”，最终效果如图 3-1 所示。

图 3-101
添加秒针的效果

图 3-102
添加日期框后的效果

任务拓展

1. 图层应用技巧

在使用 Photoshop 图层时，有很多技巧，熟练掌握的话，就能大大提高工作效率。

技巧 1:

如果只想要显示某个图层，只需要按住<Alt>键单击该图层的指示图层可见性图标，即可将其他图层隐藏，再次单击则显示所有图层。

技巧 2:

按住<Alt>键单击当前层前的画笔图标，就可以将所有的图层与其取消链接关系。

技巧 3:

要改变当前活动工具或图层的不透明度，可以使用小键盘上的数字键。按下“1”则代表 10%的不透

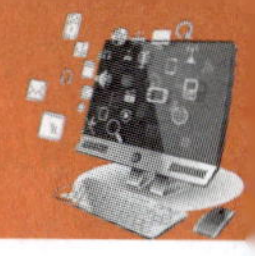

明度，“5”则代表50%的不透明度，而“0”则是代表100%的不透明度。当连续地按下数字，如“45”，则会得到一个不透明度为45%的结果。

注意

上述的方法也会影响到当前活动的画笔工具，因此，如果想要改变活动图层的不透明度，请先切换到移动工具或其他的选择工具。

技巧4:

按住<Ctrl>键后单击“图层”面板底部的“删除图层”图标，就能够将所有相关的图层都同时删除。

技巧5:

当前在使用移动工具（或按<Ctrl>键）时，在画布的任意之处右击都能够在鼠标指针之下得到一个图层的列表，按照从最上面的图层到最下面的图层的顺序排列，在列表中选择一个图层的名称则能够让这个图层处于活动状态。

技巧6:

如果要降低一个图层中某部分的不透明度，需要先创建一个选区，接着按<Shift+Backspace>快捷键来访问“填充”对话框，将混合模式设置为“清除”，接着设置需要不透明度的选区。

技巧7:

要在文档之间拖动多个图层，可以先将它们链接，接着使用移动工具将它们从一个文档窗口拖到另一个文档窗口中。

技巧8:

如果要将几个可见图层进行向下合并，可以先将它们链接之后，选择向下合并命令，如果这时当前的图层是有与其他图层链接的，那么此时这个命令就变成了合并链接图层的命令了。

2. 图层样式的使用技巧

Photoshop软件自身也是带有很多样式的，执行“窗口”→“样式”菜单命令，打开“样式”面板，直接单击“样式”面板中的预设样式可以直接使用，“样式”面板如图3-103所示。单击图3-103中右上角的面板菜单按钮，可以调出其他预设样式，如图3-104所示。

图3-103
“样式”面板

抽象样式
按钮
虚线笔划
DP样式
玻璃按钮
图像效果
KS样式
摄影效果
文字效果2
文字效果
纹理
Web样式

图3-104
列表中的其他样式

项目实训：图标与字体特效的制作

1. 电话簿图标是手机上必不可少的工具图案，它是人们用来记录亲人、朋友电话的工具，根据图 3-105 所示的电话簿图标效果，运用 Photoshop 软件模拟制作。

图 3-105
电话簿图标效果

2. 根据图 3-106 中的钻石字体表现与图 3-107 中的立体岩石材质字体表现，使用文字工具与图层样式模式设计这两种字体效果。

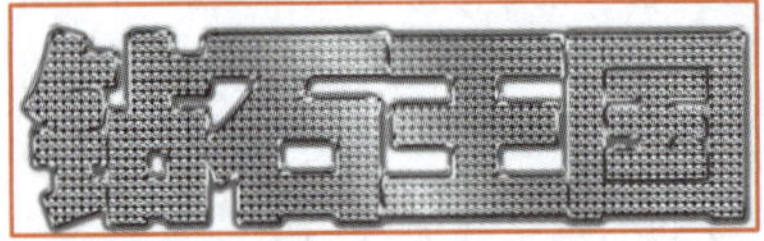

图 3-106
钻石字体表现

图 3-107
立体岩石材质字体

第4章 图像色彩色调的调整

丰富多样的颜色可以分成两个大类：无彩色系和有彩色系。有彩色系的颜色具有3个基本特性：色相、纯度、明度。色调是地物反射、辐射能量强弱在图像上的表现，是指图像的相对明暗程度，在彩色图像上表现为颜色。因此，掌握图像色彩色调的调整方法很有必要。

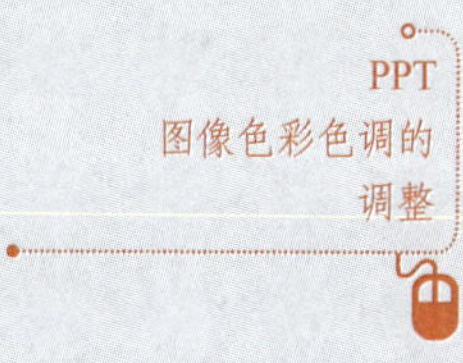

教学导航

教学目标	(1) 认识颜色的基本属性 (2) 掌握图像色调与色彩的基本调整方法 (3) 掌握色彩和色调的特殊调整方法
本单元重点	(1) 亮度/对比度、色彩平衡等命令的使用 (2) 照片滤镜、阴影/高光等命令的使用
本单元难点	(1) 色阶、曲线命令的使用 (2) 色相/饱和度、可选颜色命令的使用
教学方法	任务驱动法、讲授法、演示操作法
建议课时	6 课时

任务展示：悬疑电影海报制作

悬疑电影是充满悬念，利用电影中人物命运的曲折遭遇、未知情节的发展变化或者无法看清的结局真相，吸引观众注意力并能引发后续思考和讨论的一种电影类型。通常结局意想不到，让人大呼过瘾。本例主要为动物灾难惊悚电影《蝙蝠寓所》设计一幅海报，烘托出电影的悬疑、惊悚、神秘的特点。本海报的设计效果如图 4-1 所示。

图 4-1
电影海报效果

知识准备

4.1　图像色彩的基本认知

4.1.1　颜色的基本属性

色彩是人对事物的第一视觉印象，具有先声夺人的艺术魅力，作为一种独立的语言，

本身就具有强烈的表现力。每幅优秀的作品，很大程度在于对色彩的运用，张弛有度的色彩可以产生对比效果，使图像显得更加绚丽，同时激发人的感情和想象。色相、饱和度和亮度这 3 个色彩要素共同构成人类视觉中完整的颜色表相。因此，了解并掌握一定的色彩知识是十分必要的。

1. 色相

色相指的是色的相貌，它可以包括很多色彩，光学中的三原色为红、蓝、绿，而在光谱中最基本的色相可分为红、橙、黄、绿、蓝、紫 6 种颜色。

2. 饱和度

饱和度指的是色彩的鲜艳程度，也称为纯度。从科学角度讲，一种颜色的鲜艳程度取决于这一色相反射光的单一程度。当一种颜色所含的色素越多，饱和度就越高，明度也会随之提高。

3. 明度

明度指的是色彩的明暗程度或深浅程度，它是色彩中的骨骼，具有一种不依赖于其他性质而单独存在的特性，当色相与纯度脱离了明度就无法显现。

不同明度值的图像效果给人的心理感受也有所不同。高明度色彩给人以明亮、纯净、唯美的感受；适中的明度色彩给人以朴素、稳重、亲和的感受；低明度色彩则让人感到压抑、沉重、神秘。黄色是明度最高的颜色，如素材文件夹中的“金黄色的秋天.jpg”（如图 4-2 所示），而紫色是明度最低的颜色，如素材文件夹中的“紫颜色的花卉.jpg”（如图 4-3 所示）。

图 4-2
黄颜色图片

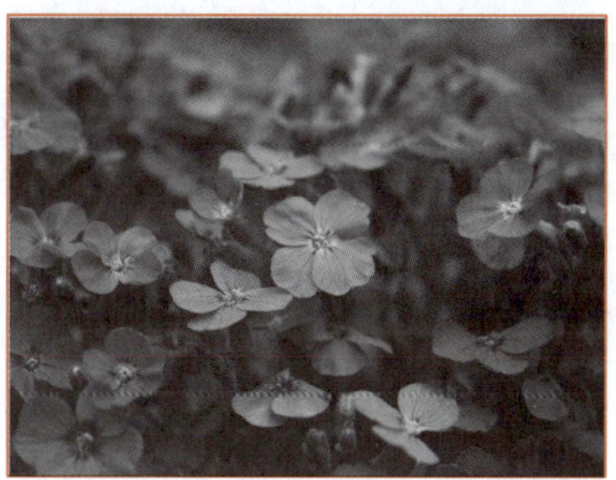

图 4-3
紫颜色图片

4.1.2　颜色的含义

色彩在人们的生活中都是有丰富的感情和含义的。例如，红色让人联想起玫瑰，联想到喜庆，联想到兴奋等。不同的颜色其含义也各不相同。表 4-1 所示即为一些常用颜色所表示的不同含义。

表 4-1　颜色的含义一览表

颜色	含义	具体表现	抽象表现
红色	一种对视觉器官产生强烈刺激的颜色，在视觉上容易引起注意，在心理上容易引起情绪高昂，能使人产生冲动、愤怒、热情、活力的感觉	火、血、心、苹果、夕阳、婚礼、春节等	热烈、喜庆、危险、革命等
橙色	一种对视觉器官产生强烈刺激的颜色，由红色和黄色组成，比红色多些明亮的感觉，容易引起注意	橙子、柿子、橘子、秋叶、砖头、面包等	快乐、温情、积极、活力、欢欣、热烈、温馨、时尚等
黄色	一种对视觉产生明显刺激的颜色，容易引起注意	香蕉、柠檬、黄金、蛋黄、帝王等	光明、快乐、豪华、注意、活力、希望、智慧等
绿色	对视觉器官的刺激较弱，介于冷暖两种色彩的中间，能使人产生和睦、宁静、健康、安全的感觉	草、植物、竹子、森林、公园、地球、安全信号等	新鲜、春天、有生命力、和平、安全、年轻、清爽、环保等
蓝色	对视觉器官的刺激较弱，在光线不足的情况下不易辨认，具有缓和情绪的作用	水、海洋、天空、游泳池等	稳重、理智、高科技、清爽、凉快、自由等
紫色	由蓝色和红色组成，对视觉器官的刺激正好综合强弱，形成中性色彩	葡萄、茄子、紫菜、紫罗兰、紫丁香等	神秘、优雅、女性化、浪漫、忧郁等
褐色	在橙色中加入了一定比例的蓝色或黑色所形成的暗色，对视觉器官刺激较弱	麻布、树干、木材、皮革、咖啡、茶叶等	原始、古老、古典、稳重、男性化等
白色	自然日光是由多种有色光组成的，白色是光明的颜色	光、白天、白云、雪、兔子、棉花、护士、新娘等	纯洁、干净、善良、空白、光明、寒冷等
黑色	为无色相、无纯度之色，对视觉器官的刺激最弱	夜晚、头发、木炭、墨、煤等	罪恶、污点、黑暗、恐怖、神秘、稳重、科技、高贵、不安全、深沉、悲哀、压抑等
灰色	由白色与黑色组成，对视觉器官刺激较弱	金属、水泥、砂石、阴天、乌云、老鼠等	柔和、科技、年老、沉闷、暗淡、空虚、中性、中庸、平凡、温和、谦让、中立、高雅等

4.1.3 查看图像的颜色分布

查看图像的颜色分布，主要是从“信息”面板和“直方图”面板中进行了解。

1. “信息”面板

执行“窗口”→“信息”菜单命令，显示“信息”面板。“信息”面板与颜色取样器工具可用来读取图像中 1 像素的颜色值，从而客观地分析颜色校正前后图像的状态。在使用各种色彩调整对话框时，“信息”面板都会显示像素的两组像素值，即像素原来的颜色值和调整后的颜色值，而且用户可以使用吸管工具查看单独区域的颜色，如图 4-4 所示。

2. “直方图”面板

为了便于了解图像的色调分布情况，Photoshop 提供了“直方图”面板。执行“窗口”→“直方图”菜单命令，显示“直方图”面板。它用图形的形式表示图像每个亮度级别处的像素的数量，为校正色调和颜色提供依据。在“直方图”面板中，主要包含了平均值、标准偏差、中间值、像素、高速缓存级别、色阶、数量、百分位等信息，如图 4-5 所示。

图 4-4
单独区域的图像信息

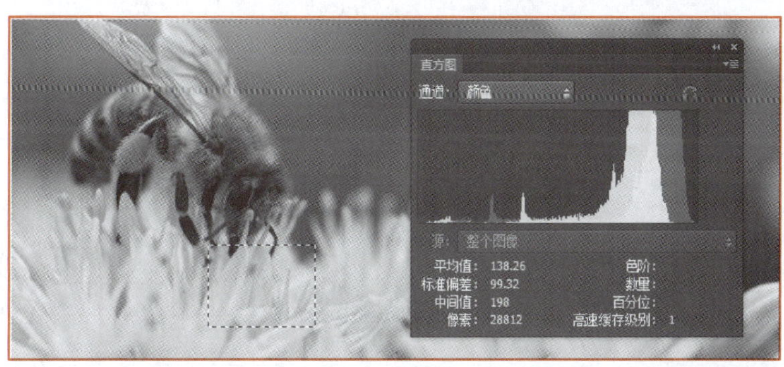

图 4-5
不同饱和度图像的“直方图”面板

4.2 图像色彩的基本调整

微课 4-1
色阶命令

4.2.1 运用“色阶”命令

“色阶”命令通过将每个通道中最亮和最暗的像素定义为白色和黑色，然后按比例重新分配中间像素值来控制调整图像的色调，从而校正图像的色调范围和色彩平衡。

运用“色阶”命令来调整图像的具体方法，具体步骤如下。

① 打开素材文件夹中的图像文件“海岛.jpg”，如图 4-6 所示。

图 4-6
“海岛”素材图像

② 执行“图像”→“调整”→“色阶”菜单命令（或按快捷键<Ctrl+L>），如图 4-7 所示。

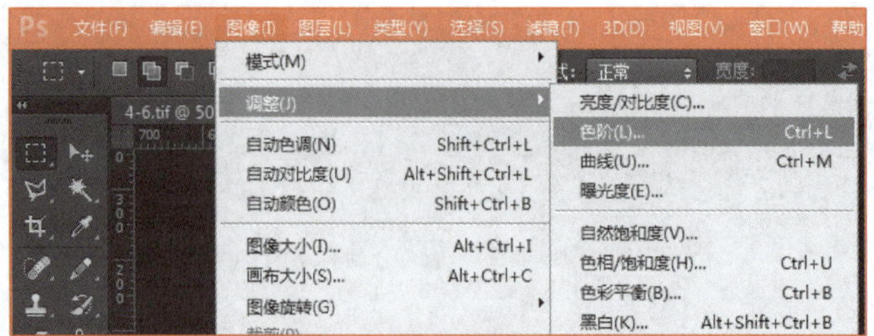

图 4-7
选择“色阶”命令

③ 弹出“色阶”对话框，如图 4-8 所示。

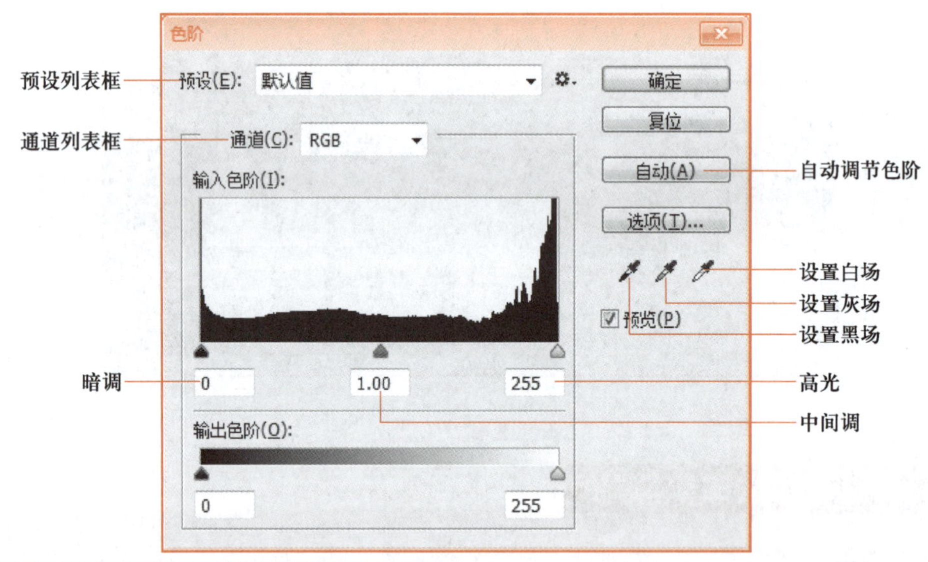

图 4-8
“色阶”对话框

“色阶”对话框中的一些参数介绍如下。

- 预设：Photoshop 中自带的调整方案。
- 通道：可以选择需要调整的通道。
- 自动调节色阶：系统会自动地调整整个图像的色调。
- 暗调、中间调、高光：用来调整整个图像的色调。
- 设置黑场：用该吸管在图像上单击，可以将图像中所有像素的亮度值减去吸管单击处的像素亮度值，从而使图像变暗。
- 设置灰场：用该吸管在图像上单击，将用该吸管单击处的像素中的灰点来调整图像的色调分布。
- 设置白场：用该吸管在图像上单击，可以将图像中所有像素的亮度值加上吸管单击处的像素亮度值，从而使图像变亮。
- 输入色阶：分别拖动“输入色阶”下方的黑、灰、白色滑块或在“输入色阶”数值框中输入数值，可以相应地改变照片的暗调、中间调、高光，从而增加图像的对比度。向左拖动白色滑块或者灰色滑块，可以增加图像亮度；向右拖动黑色滑块或者灰色滑块，可以使图像变暗。

- 输出色阶：拖动“输出色阶”下方的控制条滑块或者在“输出色阶”数值框中输入数值，可以重新定义图像的暗调和高光值，以降低图像的对比度。其中，向右拖动黑色滑块，可以降低图像暗部对比度，从而使图像变亮；向左拖动白色滑块，可以降低图像亮部对比度，从而使图像变暗。

④ 设置“输入色阶”的参数依次为 40、0.75、230，如图 4-9 所示。

⑤ 单击“确定”按钮，即可运用“色阶”命令调整图像，效果如图 4-10 所示。

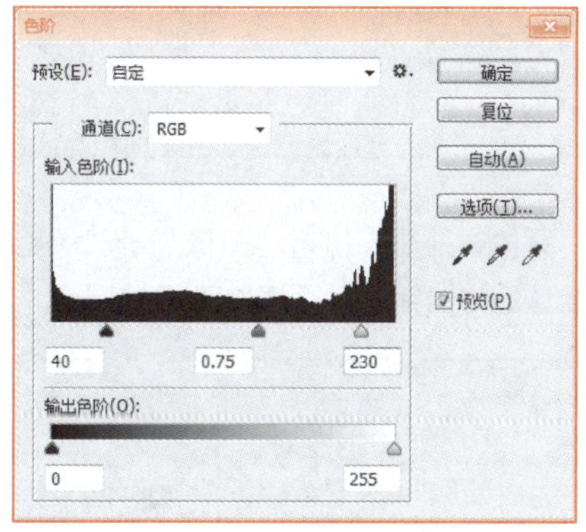

图 4-9 调整后的“色阶”对话框

图 4-10 调整色阶后的图像效果

4.2.2 运用“曲线”命令

微课 4-2 曲线命令

使用“曲线”命令调节曲线的方式，可以对图像的亮调、中间调和暗调进行适当调整，其最大的特点是可以对某一范围内的图像进行色调的调整，而不影响其他图像的色调。

运用“曲线”命令调整照片反差过小的图像，具体操作步骤如下。

打开素材文件夹中的“飞向蓝天.jpg”图像（如图 4-11 所示），此时的“色阶”对话框如图 4-12 所示。

图 4-11 “飞向蓝天.jpg”素材图像

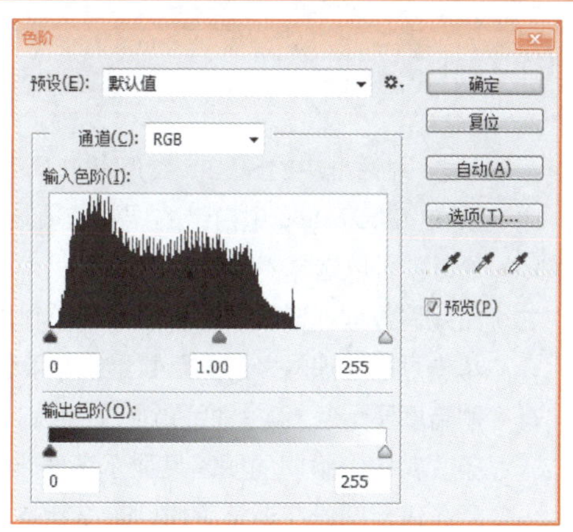

图 4-12 素材“色阶”对话框

在图 4-11 中可以明显地看到亮部缺失，所以解决办法就是将亮部的游标左移来增强图像的反差，调整后的效果如图 4-13 所示，此时的“色阶”对话框如图 4-14 所示。常见的问题还有反差过大、曝光不足等，解决方法与此类似。

图 4-13
调整后的效果

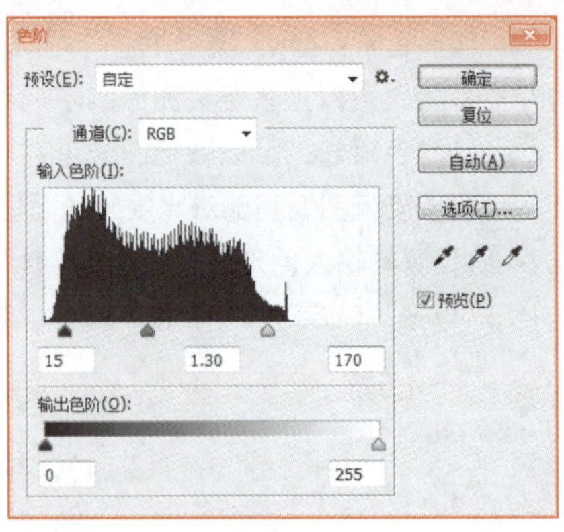

图 4-14
调整后的“色阶”对话框

如果使用曲线调整同样可以实现这个效果，具体方法是：执行“图像”→“调整”→“曲线”菜单命令（或按快捷键<Ctrl+M>），默认的“曲线”对话框如图 4-15 所示。

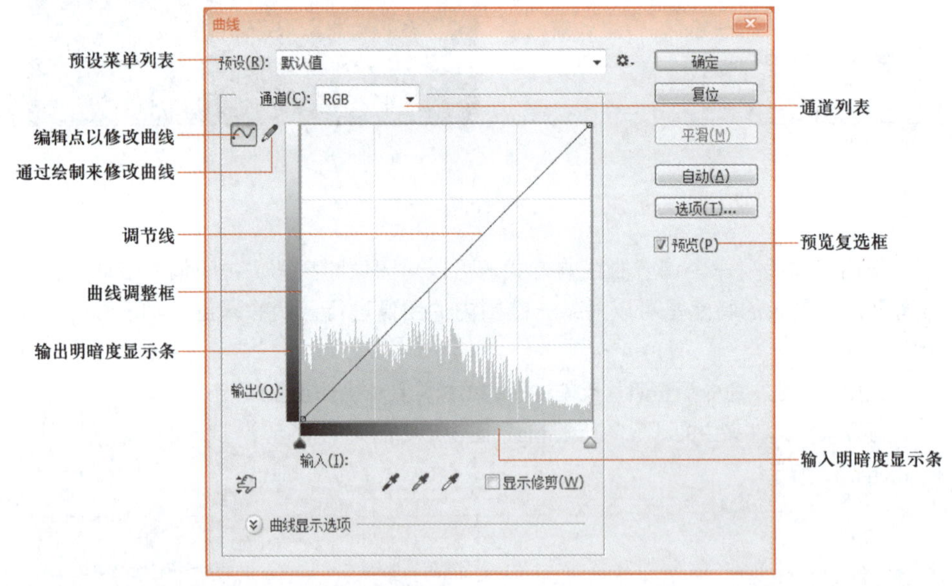

图 4-15
“曲线”对话框

“曲线”对话框中的一些参数介绍如下。

- 预设：Photoshop 中自带的调整选项。
- 通道：可以选择需要调整的通道。
- 曲线调整框：该区域用于显示当前对曲线所进行的修改，按住<Alt>键在该区域中单击可以增加网格的显示数量，从而便于对图像进行精确的调整。
- 明暗度显示条：包括曲线调整左侧纵向的输出明暗度显示条和横向输入明暗度显示条。其中，横向的明暗度显示条表示图像在调整前的明暗度状态，纵向明暗度显示条表示图像在调整后的明暗度状态。拖动调整线时，会动态地看到它们的变化。
- 调节线：在该直线上最多可添加不超过 14 个节点，但鼠标指针置于节点上并变为选中状态时，就可以拖动该节点对图像进行调整。要删除某个节点时，可以选中并将节点拖出对话框外部即可，也可以按<Delete>键来删除。

图像素材文件“飞向蓝天”（如图 4-11 所示）调整后的“曲线”对话框如图 4-16 所示，调整后的效果与色阶类似。

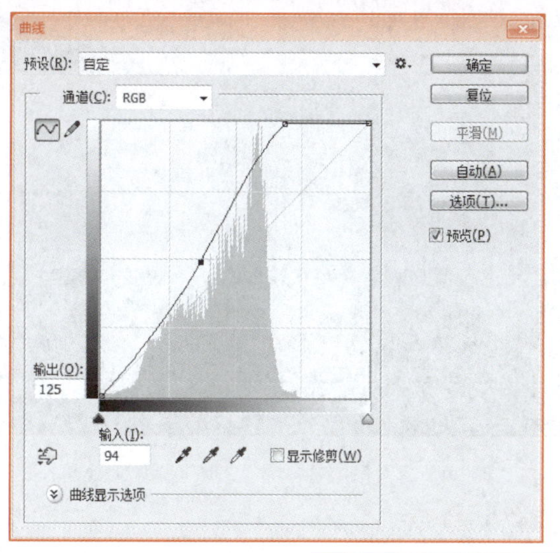

图 4-16
调整后的“曲线”对话框

4.2.3　运用“亮度/对比度”命令

微课 4-3
亮度对比度

使用“亮度/对比度”命令可以方便地调整图像的明暗度。

具体操作方法如下：打开素材文件夹中的“梯田.jpg”图像，执行“图像”→“调整”→“亮度/对比度”菜单命令，弹出如图 4-17 所示的“亮度/对比度”对话框。

图 4-17
原始“梯田”素材图像及“亮度/对比度”对话框

“亮度/对比度”对话框中的部分参数介绍如下。

- 亮度：用于调整图像的亮度。数值为正值时，增加图像亮度；数值为负值时，降低图像亮度。
- 对比度：用于调整图像的对比度。数值为正值时，增加图像的对比度；数值为负值时，降低图像的对比度。
- 使用旧版：可以通过选中此复选框，使用 CS3 以前版本的“亮度/对比度”命令来调整图像，原则上不建议使用。

在文本框中输入数值，可以调整图像的亮度和对比度。向左拖移降低亮度和对比度后的效果（亮度为-30），同时提高对比度（对比度为 60）后的效果，如图 4-18 所示。

图 4-18
调整亮度/对比度后的效果

微课 4-4
"变化" 命令

4.2.4　运用"变化"命令

在使用"变化"命令调整色彩平衡、对比度和饱和度的过程中，用户可以非常直观地观察图像效果。该命令对于不需要进行精确调整的图像非常有用。

"变化"命令通过显示代替物的缩略图，来调整图像的色彩平衡、对比度和饱和度。打开素材图像"海岛.jpg"（如图 4-6 所示），执行"图像"→"调整"→"变化"菜单命令后，弹出的"变化"对话框如图 4-19 所示。

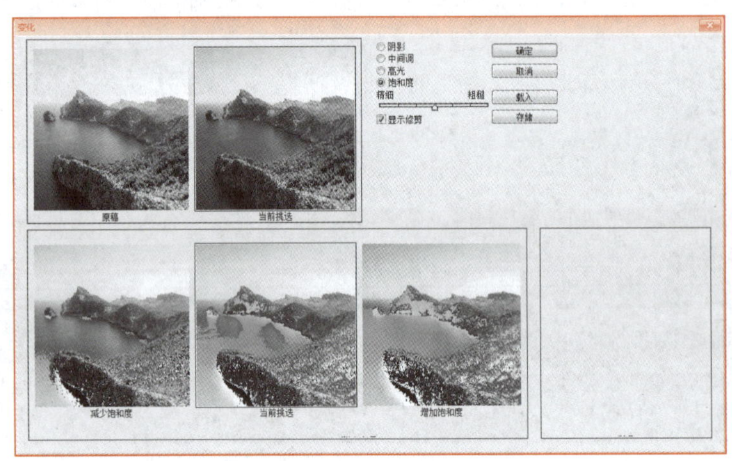

图 4-19
"变化"对话框

4.2.5　运用自动命令

1. 运用"自动色调"命令

"自动色调"命令根据图像整体颜色的明暗程度进行自动调整，使亮部与暗部的颜色按一定的比例分布。

运用"自动色调"命令调整图像，具体操作步骤如下。

① 打开素材文件夹中的图像文件"长城.jpg"，如图 4-20 所示。

② 执行"图像"→"自动色调"菜单命令（或按快捷键<Ctrl+Shift+L>），系统即可自动调整图像明暗，效果如图 4-21 所示。

图 4-20
“长城.jpg”素材图像

图 4-21
自动调整图像明暗

2. 运用“自动对比度”命令

使用“自动对比度”命令，可以让系统自动调整图像中颜色的总体对比度和混合颜色，它将图像中最亮和最暗的像素映射为白色和黑色，使高光显得更亮，而暗调显得更暗。

运用“自动对比度”命令调整图像，打开素材图像“树叶.jpg”（如图 4-22 所示），执行“图像”→“自动对比度”菜单命令进行调整，效果如图 4-23 所示。

图 4-22
“树叶.jpg”素材图像

图 4-23
调整对比度后的效果

3. 运用“自动颜色”命令

运用“自动颜色”命令，可以让系统对图像的颜色进行自动校正，若图像有偏色与饱和度过高的现象，使用该命令则可以进行自动调整。

具体操作步骤如下。

① 打开素材图像“雪山.jpg”，如图 4-24 所示。

② 执行“图像”→“自动颜色”菜单命令（或按快捷键<Ctrl+Shift+B>），系统将自动对图像的颜色进行校正，效果如图 4-25 所示。

图 4-24
“雪山.jpg”素材图像

图 4-25
自动校正颜色后的效果

4.3　图像色调的调整

图像色调的高级调整可以通过“色彩平衡”“色相/饱和度”“匹配颜色”“替换颜色”等命令来进行操作。下面将分别介绍使用各命令调整图像色调的方法。

微课 4-5
色相饱和度

4.3.1　运用“色相/饱和度”命令

使用“色相/饱和度”命令可以精确地调整整幅图像，或单个颜色成分的色相、饱和度和明度。此命令也可以用于 CMYK 颜色模式的图像，有利于颜色值处于输出设备的范围中。

1．认识“色相/饱和度”对话框

执行“图像”→“调整”→“色相/饱和度”菜单命令（或按快捷键<Ctrl+U>），会弹出“色相/饱和度”对话框，如图 4-26 所示。

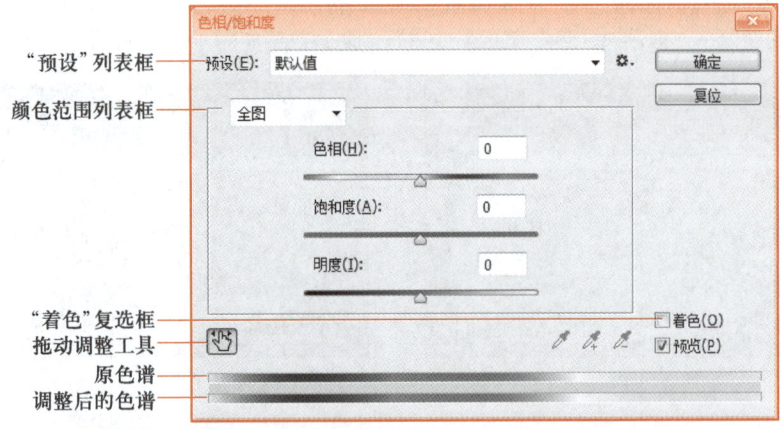

图 4-26
“色相/饱和度”对话框

“色相/饱和度”对话框中的部分参数介绍如下。

- 预设：Photoshop 中自带的调整选项。
- 颜色范围列表框：选择此选项，同时调整图像中的所有颜色。其列表框中还包含了“红色”“黄色”“绿色”“青色”“蓝色”“洋红”，选择其一就可以仅对图像中对应的颜色进行调整。
- 色相：用于调整图像颜色的色彩。
- 饱和度：用于调整图像颜色的饱和度。当数值为正值时，加深颜色的饱和度；当数值为负值时，降低颜色的饱和度。当饱和度为-100 时，图像将变为灰度图像。
- 明度：用于调整图像颜色的亮度。向右滑动增加亮度，向左滑动降低亮度，滑动范围为“-100～100”，当为 100 时图像变为白色，当为-100 时图像变为黑色。
- 拖动调整工具：当在对话框中单击此工具后，在图像中某种颜色上单击，并在图像中向左或者向右拖动，可以减少或增加包含所单击像素的颜色范围的饱和度；如果同时按<Ctrl>键，则左右拖动可以改变相对应区域的色相。
- 着色：可以为图像着色，实现图像的单色效果。

2．调整“色相/饱和度”实例

下面运用“色相/饱和度”命令来调整一下图像的“色相/饱和度”，具体操作如下。

打开素材图像“绿树林.jpg”，执行“图像”→“调整”→“色相/饱和度”菜单命令（或按快捷键<Ctrl+U >），弹出“色相/饱和度”对话框，如图 4-27 所示。

图 4-27 “绿树林.jpg”素材和“色相/饱和度”对话框

在“色相/饱和度”对话框中，设置颜色范围为“绿色”、色相为“-100”、饱和度为“+60”、明度为“-15”，单击“确定”按钮，即可调整图像的色相，如图 4-28 所示。

图 4-28 调整“色相/饱和度”后的效果

如果想实现着色效果，选择“着色”复选框，设置相关参数，即可实现单色着色效果，如图 4-29 所示。

图 4-29 实现“着色”后老照片的效果

4.3.2 运用“色彩平衡”命令

微课 4-6 色彩平衡

“色彩平衡”命令是根据颜色互补的原理，通过添加和减少互补色而达到图像的色彩平衡效果，或改变图像的整体色调。

1．认识“色彩平衡”对话框

执行“图像”→“调整”→“色彩平衡”菜单命令（或按快捷键<Ctrl+B>），会弹出

“色彩平衡”对话框，如图 4-30 所示。

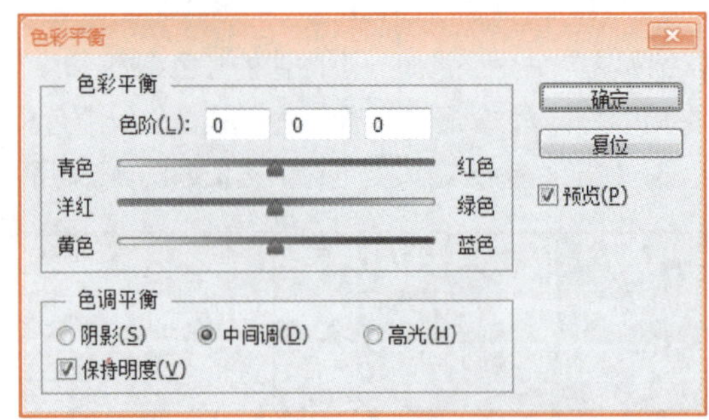

图 4-30
“色彩平衡”对话框

“色彩平衡”对话框中的部分参数介绍如下。

- 阴影：调整图像中阴影部分的颜色。
- 中间调：调整图像中间调部分的颜色。
- 高光：调整图像中高光部分的颜色。
- 保持明度：保持图像原有的亮度。

2. 调整“色彩平衡”实例

下面通过实例来运用“色彩平衡”命令。

打开素材图像“蝴蝶.jpg”，执行“图像”→“调整”→“色彩平衡”菜单命令（或按快捷键<Ctrl+B >)，弹出“色彩平衡”对话框，如图 4-31 所示。

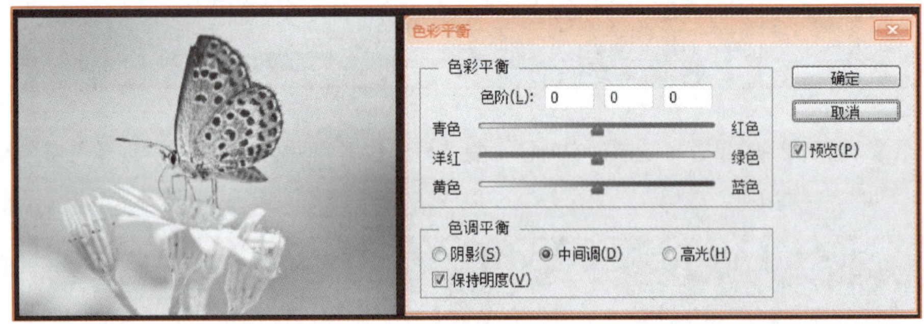

图 4-31
“蝴蝶.jpg”素材和
“色彩平衡”对话框

在“色彩平衡”对话框中，设置“色阶”分别为“-80”“+50”“+100”、“色调平衡”为“阴影”，调整后的效果如图 4-32 所示。

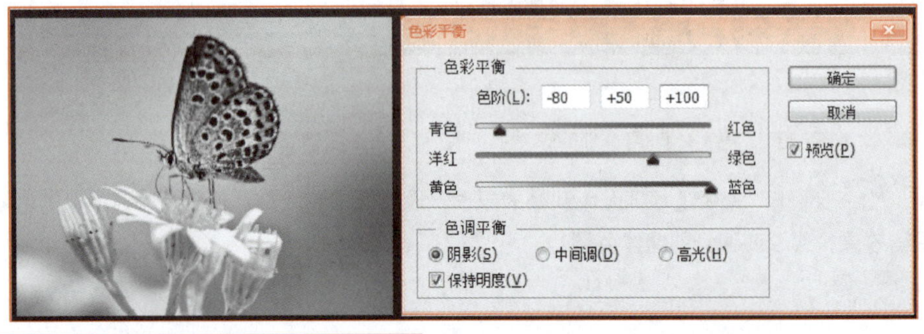

图 4-32
“色彩平衡”调整后
的效果

4.3.3 运用“替换颜色”命令

微课 4-7
替换颜色

“替换颜色”命令可以基于特定的颜色在图像中创建蒙版，再通过设置色相、饱和度和明度值来调整图像的色调。

下面通过实例来运用“替换颜色”命令。

打开素材图像“橘子.jpg”，执行“图像”→“调整”→“替换颜色”菜单命令，弹出“替换颜色”对话框，如图 4-33 所示。

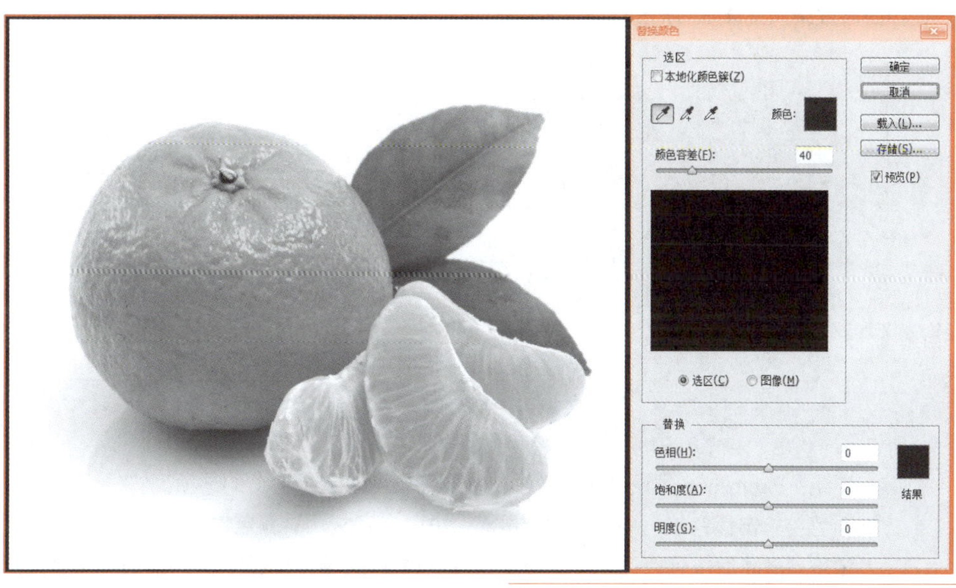

图 4-33 “橘子.jpg”素材和“替换颜色”对话框

在“替换颜色”对话框中，使用吸管选择橘子，并扩大范围，设置“颜色容差”为“200”，设置“替换”颜色为绿色，具体参数与调整后的效果如图 4-34 所示。

图 4-34 “替换颜色”调整后的效果

微课 4-8
照片滤镜

4.3.4 运用“照片滤镜”命令

使用“照片滤镜”命令可以模仿镜头前加彩色滤镜的效果，以便通过调整镜头传输的色彩平衡和色温，从而使图像产生特定的曝光效果。

打开素材图像“橘子.jpg”，执行“图像”→“调整”→“照片滤镜”菜单命令，弹出“照片滤镜”对话框，单击“滤镜”右侧的下拉按钮，在弹出的下拉列表中选择“加温滤镜（85）”选项，设置“浓度”为“80%”，单击“确定”按钮，即可调整图像色调，调整界面与效果如图 4-35 所示。

图 4-35 “橘子.jpg”素材和“照片滤镜”对话框

“照片滤镜”对话框中的部分参数介绍如下。

- 滤镜：Photoshop 预设了多种选项，根据需要可以选择合适的选项。
- 颜色：单击该色块可以弹出拾色器对话框，自定义一种颜色作为图像的色调。
- 浓度：拖动滑块可以调整应用于图像颜色的数量，数值越大，应用的颜色调整范围越大。
- 保留明度：调整颜色的同时保持图像的亮度不变。

4.3.5 运用“阴影/高光”命令

“阴影/高光”命令可针对图像中过暗或者过亮区域的细节进行处理，适用于校正由强逆光而形成阴影的照片，或者校正由于太接近闪光灯而有些发白的焦点。在 CMYK 颜色模式的图像中不能使用该命令。

下面通过实例来运用“阴影/高光”命令。

打开素材图像“客厅.jpg”，执行“图像”→“调整”→“阴影/高光”菜单命令，弹出“阴影/高光”对话框，如图 4-36 所示。

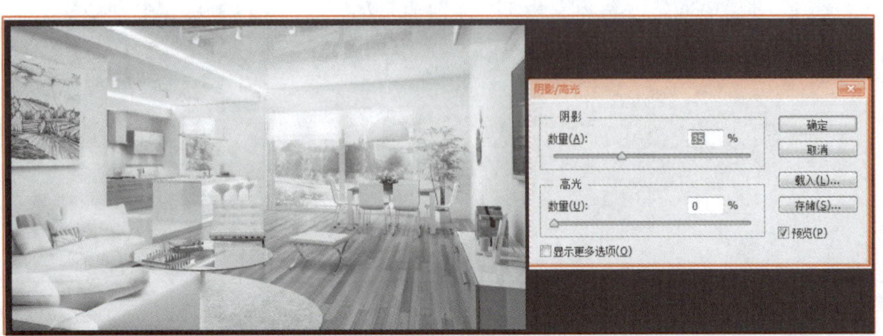

图 4-36 “客厅.jpg”素材和“阴影/高光”对话框

“阴影/高光”对话框中的部分参数介绍如下。

- 数量：在“阴影”和“高光”选项区域中拖动该滑块，可以对图像的暗调和高光区域进行调整，该数值越大，则调整的幅度也越大。
- “显示更多选项”复选框：可以进行高级参数的设置，此时会显示更多的参数设置，读者可以自行练习。

在“阴影/高光”对话框中，设置“阴影”选项区域中的“数量”为“10%”、“高光”选项区域中的“数量”为“50%”，调整后的效果如图 4-37 所示。

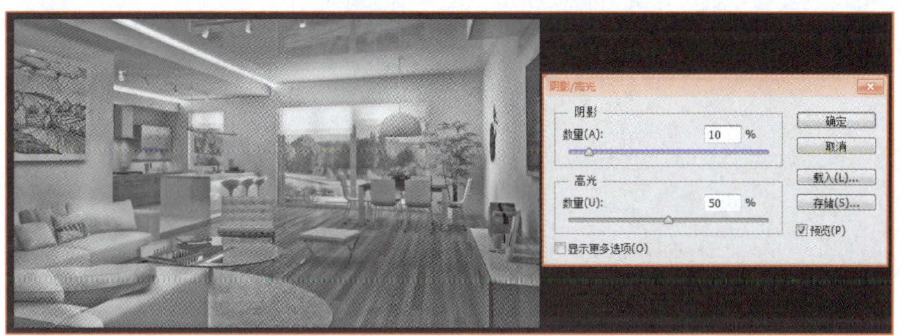

图 4-37 调整后的“客厅”效果和“阴影/高光”对话框

4.4 色彩和色调的特殊调整

“黑白”“反相”“去色”和“色调均化”等命令都可以更改图像中颜色的亮度值。通常，这些命令只适用于增强颜色与产生特殊效果，而不用于校正颜色。

4.4.1 运用“黑白”命令

“黑白”命令可以将彩色图像转换为具有艺术效果的黑白图像，也可以根据需要将图像调整为不同单色的艺术效果。

下面通过实例来运用“黑白”命令。

打开素材图像“金刚鹦鹉.jpg”，执行“图像”→“调整”→“黑白”菜单命令（或按快捷键<Ctrl+Shift+Alt+B>），弹出“黑白”对话框，如图 4-38 所示。

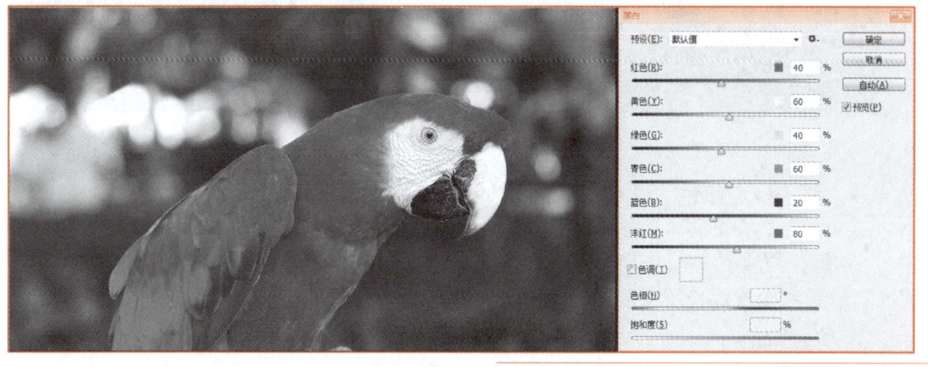

图 4-38 “金刚鹦鹉.jpg”素材和“黑白”对话框

“黑白”对话框中的部分参数介绍如下。

- 预设：Photoshop 自带的多种图像调整为灰度的处理方案。

- 颜色设置：在该对话框中可以对“红色”“黄色”“绿色”“青色”“蓝色”“洋红”这 6 种颜色通过滑块进行不同的灰度设置。
- 色调：选择该选项后，位于对话框底部的“色相”和“饱和度”将被激活，通过“色相”和“饱和度”实现图像色调的变化，从而可以实现单色调图像效果。

在“黑白”对话框中，调整色调为“橙色”，其参数与调整后的效果如图 4-39 所示。

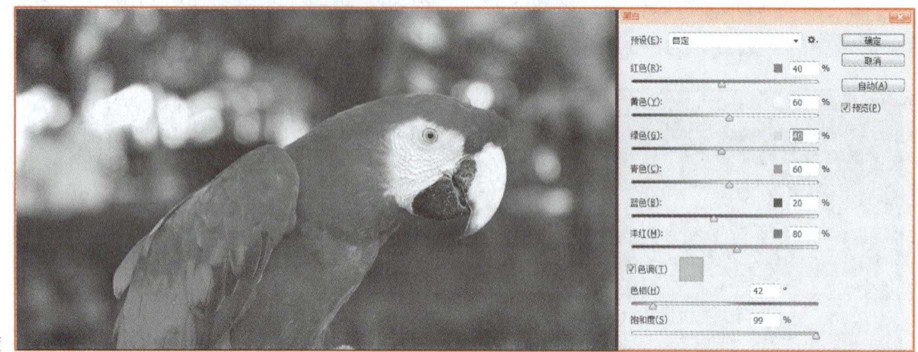

图 4-39
调整后的“金刚鹦鹉”效果和“黑白”对话框

4.4.2　运用“反相”命令

使用“反相”命令可以对图像中的颜色进行反相，与传统相机中的底片效果相似。具体操作如下。

① 打开素材图像“玉米.jpg”素材，如图 4-40 所示。

② 执行“图像”→“调整”→“反相”菜单命令（或按快捷键<Ctrl+I>），即可对图像的颜色进行反相，效果如图 4-41 所示。

图 4-40
“玉米.jpg”素材图像

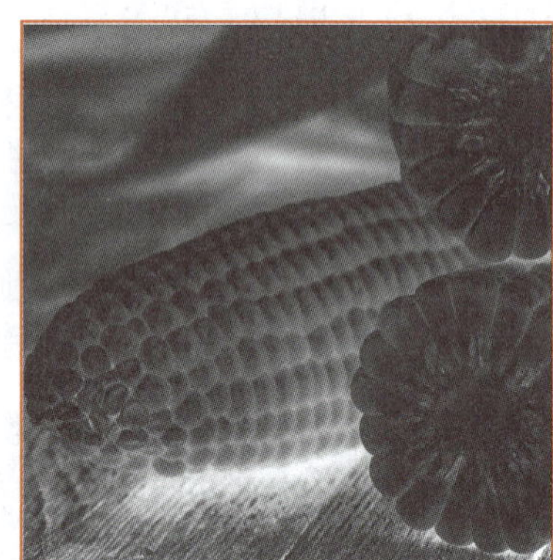

图 4-41
进行反相后的效果

4.4.3　运用“去色”命令

“去色”命令就是将彩色图像转换为灰度图像，或者将局部图像转化为灰度图像，但图像的原颜色模式保持不变。

具体操作如下。

① 打开素材图像“枇杷.jpg”素材，使用套索工具将枇杷果实选中，如图 4-42 所示。

② 执行“选择”→“反向”菜单命令选择绿色，执行“图像”→“调整”→“去色”菜单命令（或按快捷键<Ctrl+Shift+U>），即可对图像的颜色进行反相，效果如图 4-43 所示。

图 4-42
“枇杷.jpg”素材图像

图 4-43
进行反相后的效果

4.4.4 运用“色调均化”命令

使用“色调均化”命令，可以对图像中的整体像素进行均匀的提亮，图像的饱和度也会有所增强。

具体操作如下。

① 打开素材图像“苗寨.jpg”素材，如图 4-44 所示。

② 执行“图像”→“调整”→“色调均化”菜单命令，效果如图 4-45 所示。

图 4-44
“苗寨.jpg”素材图像

图 4-45
调整均化亮度后的图像

4.5 调整图层和填充图层的使用

微课 4-9
调整图层

4.5.1 认识调整图层与填充图层

执行“图层”→“新建填充图层”菜单中的任意命令，可以创建填充图层。

执行“图层”→“新建调整图层”菜单中的任意命令，可以创建调整图层。

也可以单击“图层”面板中的“创建新的填充或调整图层”按钮，创建填充图层或调整图层，如图 4-46 所示。

调整图层可将颜色和色调调整应用于图像，而不会永久更改像素值。例如，可以创建“色阶”或“曲线”调整图层，而不是直接在图像上调整“色阶”或“曲线”。颜色和色调调整存储在调整图层中，并应用于该图层下面的所有图层；也可以通过一次调整来校正多个图层，而不用单独对每个图层进行调整；还可以随时扔掉更改并恢复原始图像。

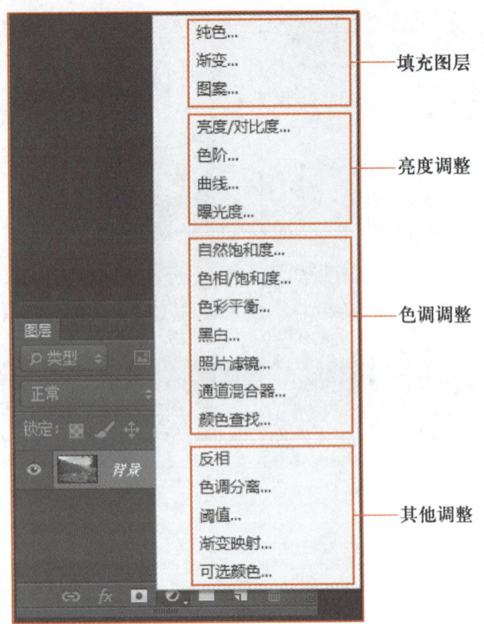

图 4-46
创建新的填充或调整图层菜单

填充图层可以使用纯色、渐变或图案填充图层。与调整图层不同，填充图层不影响它们下面的图层。

调整图层功能具有以下优点。

- 编辑不会造成破坏。可以尝试不同的设置并随时重新编辑调整图层，也可以通过降低该图层的不透明度来减轻调整的效果。
- 编辑具有选择性。在调整图层的图像蒙版上绘画，可将调整应用于图像的一部分。稍后，通过重新编辑图层蒙版，可以控制调整图像的具体部分。通过使用不同的灰度色调在蒙版上绘画，可以改变调整。
- 能够将调整应用于多个图像。在图像之间复制和粘贴调整图层，以便应用相同的颜色和色调调整。

调整图层具有许多与其他图层相同的特性，可以调整它们的不透明度和混合模式，并可以将它们编组以便将调整应用于特定图层。同样，也可以启用和禁用它们的可见性，以便应用或预览效果。

打开素材图片“蓝月湖风光.jpg”，单击“图层”面板中的“创建新的填充或调整图层”按钮，选择“渐变”选项，弹出“渐变填充”对话框，设置由深灰向透明的渐变色，此时对应的图像与图层面板都发生了变化，界面如图 4-47 所示。

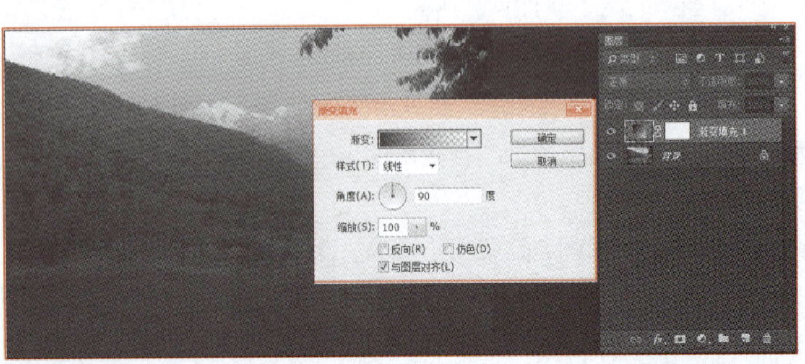

图 4-47
填充图层的添加效果及图层变化

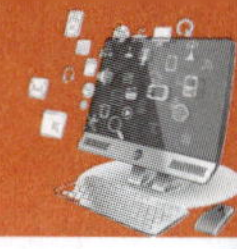

4.5.2 调整图层应用案例：单色调怀旧照片制作

微课 4-10
单色调怀旧照片制作

本节通过对色调的调整来完成单色调怀旧照片的制作，如图 4-48 所示。

(a) "江南水乡.jpg"素材图片

(b) 调整后的单色调怀旧照片效果

图 4-48
单色调怀旧照片效果

制作怀旧照片，就是将普通彩色照片通过整体色调改变，将多彩色调转换为单色调的过程。制作方法有多种，下面主要使用"渐变命令""色阶"命令，以及"亮度/对比度"命令来完成单色调图像的效果。

实现步骤如下。

① 在 Photoshop 中打开素材图片"江南水乡.jpg"，按快捷键<Ctrl+J >复制一层，如图 4-49 所示。

图 4-49
复制图层

② 执行"图像"→"调整"→"渐变映射"菜单命令，在弹出的"渐变编辑器"对话框中选择自己喜欢的色调（如蓝色#0369a3）和白色进行渐变映射，如图 4-50 所示。

③ 设置渐变映射后，单击"确定"按钮，图像色调发生变化，变成单色调的图像，如图 4-51 所示。

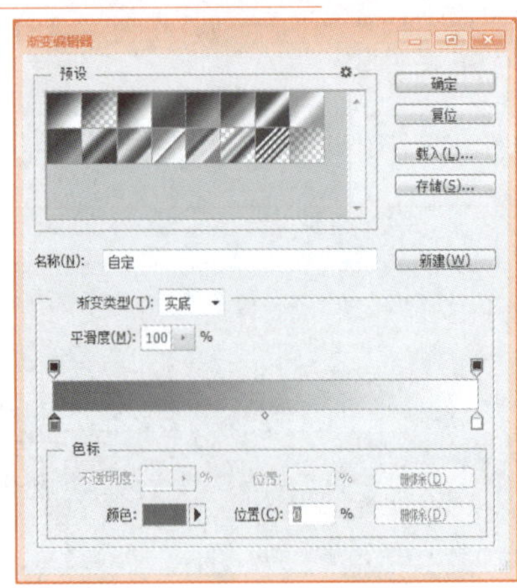

图 4-50
设置渐变颜色

图 4-51
图像色调改变

④ 按快捷键<Ctrl+J>复制一层，并设置新复制图层的“混合模式”为“柔光”模式，图像的对比关系加强，效果如图 4-52 所示。

图 4-52
设置混合模式

⑤ 按快捷键<Ctrl+E>向下合并图层，然后单击“图层”面板中的“创建新的填充或调整图层”按钮，选择“色阶”选项，弹出“属性”面板，在“通道”下拉列表中选择红通道，调整中间的灰场滑块，参数设置如图 4-53 所示。设置蓝通道中的中间调，调整中间的灰场滑块，参数设置如图 4-54 所示。

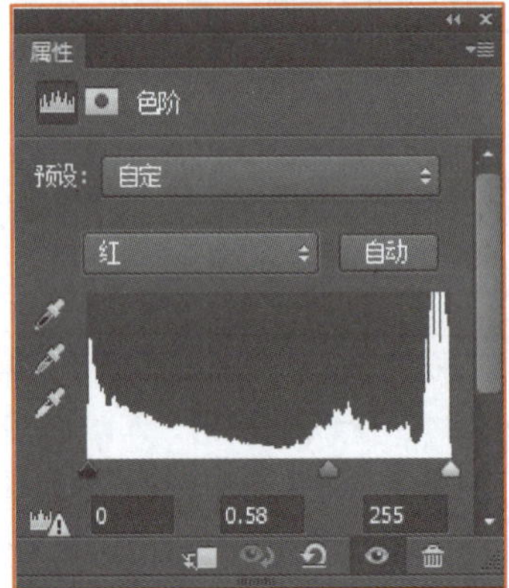

图 4-53
调红蓝通道色阶

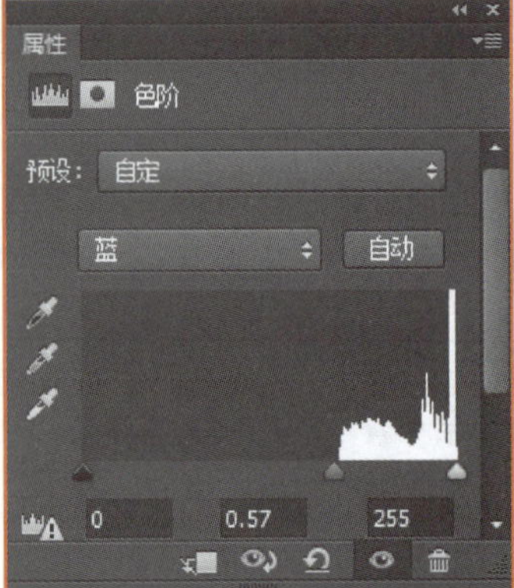

图 4-54
调整蓝通道色阶

⑥ 单击“图层”面板中的“创建新的填充或调整图层”按钮，选择“亮度/对比度”选项，弹出“属性”面板，设置亮度为“-20”、对比度为“30”，具体参数如图 4-55 所示。目的在于降低图像的亮度，提高对比度，使图像明暗关系更加强烈，衬托旧效果，此时的图像效果与“图层”面板如图 4-56 所示。

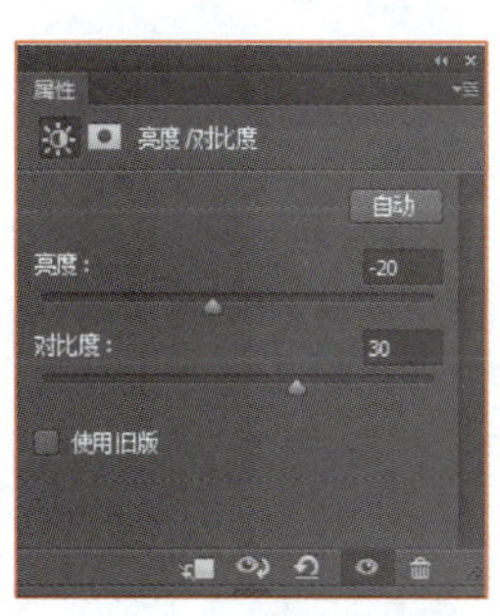

图 4-55 设置亮度对比度调整图层

图 4-56 最终效果与“图层”面板

4.6 综合案例：窗帘后的奇幻世界

微课 4-11 窗帘后的奇幻世界

4.6.1 效果展示

通过本案例综合掌握调色及细节处理，效果如图 4-57 所示。

图 4-57 窗帘后的奇幻世界效果

4.6.2 实现过程

整个项目的实现过程如下。

① 打开 Photoshop，按快捷键<Ctrl+N>新建一个文档，设置宽为 1 024 像素、高为 720 像素，将“墙壁”素材拖入文档，然后按快捷键<Ctrl+T>调整好大小和位置，效果如图 4-58 所示。

② 再将“女孩”素材也拖入文档，然后按快捷键<Ctrl+T>调整好大小和位置，效果如图 4-59 所示。

图 4-58
“墙壁.jpg”图像效果

图 4-59
“女孩.jpg”图像效果

③ 使用套索工具选择出白色的部分，然后执行“选择”→“修改”→“羽化”菜单命令，羽化 1～2 像素后的效果如图 4-60 所示，然后删除选区中的内容，效果如图 4-61 所示。

图 4-60
选区羽化

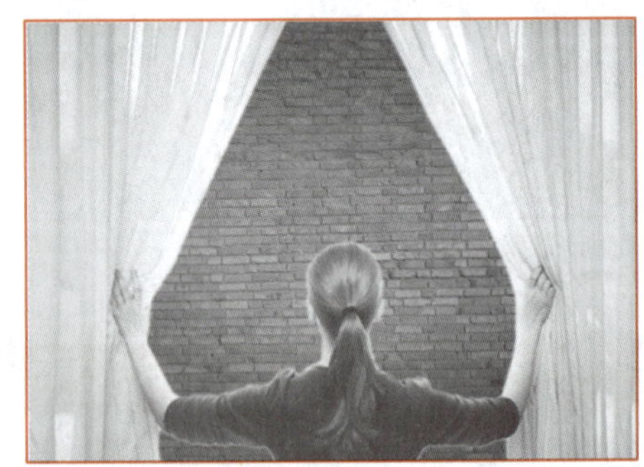

图 4-61
选区删除后的效果

④ 使用套索工具将人物选中，如图 4-62 所示，按快捷键<Ctrl+J>复制选区，然后删除下层的人物，设置如图 4-63 所示，实现将人物与窗帘分离。

图 4-62
人物选区

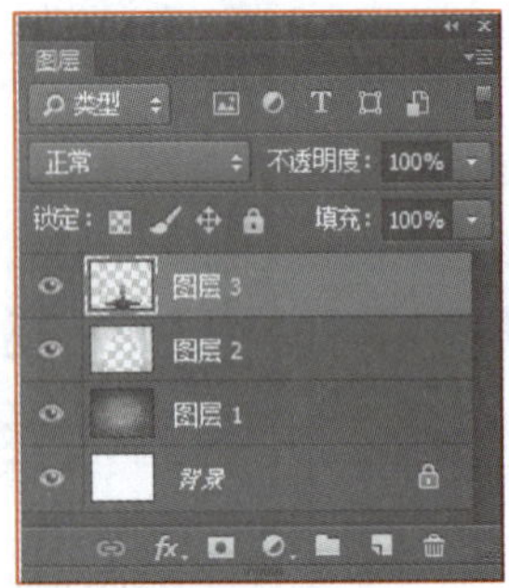

图 4-63
设置将人物与窗帘分离

⑤ 将图层 2 移动到图层 1 的下方，然后把鼠标指针放到图层 1 与图层 2 之间，按<Alt>键后完成图层的剪切效果，如图 4-64 所示。

图 4-64
墙壁与窗帘的裁切效果

⑥ 复制图层 2 放到墙壁层的上面，执行“图像”→“调整”→“去色”菜单命令，效果如图 4-65 所示。然后执行“图像”→“调整”→“色阶”菜单命令，让窗帘对比变得更强烈一些，效果如图 4-66 所示。

图 4-65
去色效果

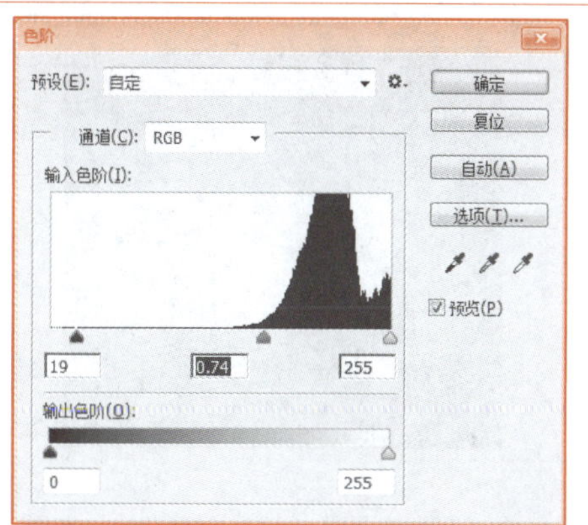

图 4-66
“色阶”对话框

⑦ 设置混合模式为“叠加”，效果如图 4-67 所示，这时效果不是很明显，再复制一层。混合模式同样是叠加，也可再调整色阶，效果如图 4-68 所示。

图 4-67
“叠加”混合模式

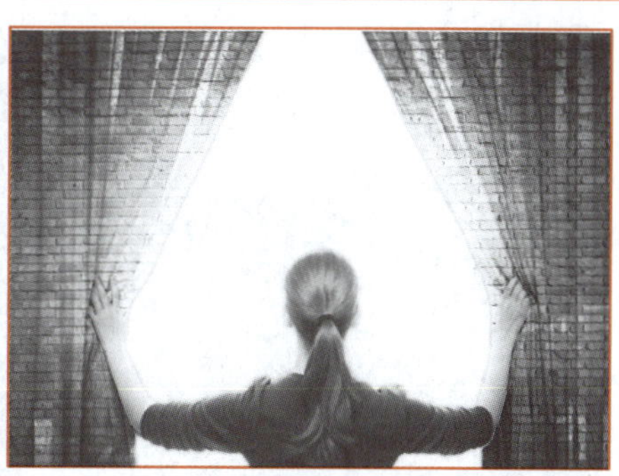

图 4-68
再次运用“叠加”混合模式

⑧ 接下来调整画面的颜色。执行“图层”→“新建调整图层”→“渐变映射 1”菜单命令，弹出如图 4-69 所示的对话框，设置渐变映射 1 图层的模式为“柔光”，如图 4-70 所示。

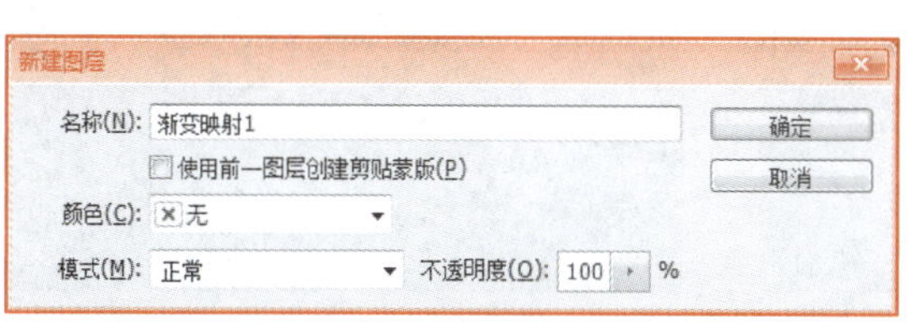

图 4-69
“新建图层”对话框

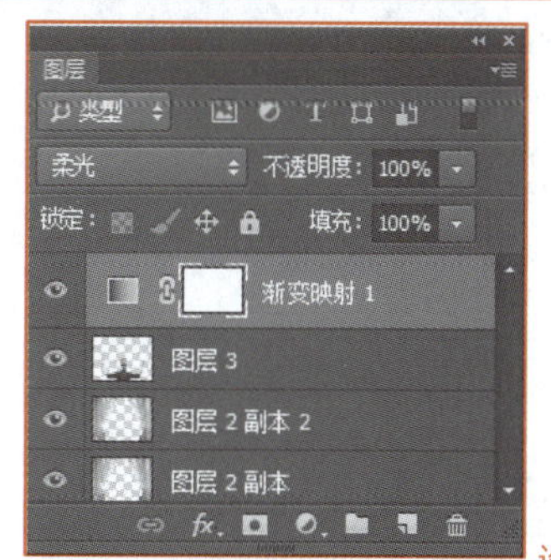

图 4-70
设置图层为“柔光”模式

⑨ 执行“图像”→“新建调整层”→“照片滤镜”菜单命令，设置颜色为橙色、浓度为 60%，如图 4-71 所示。

⑩ 执行“图像”→“新建调整层”→“色相/饱和度”菜单命令，如图 4-72 所示，

降低饱和度为-20。

图 4-71
设置照片滤镜

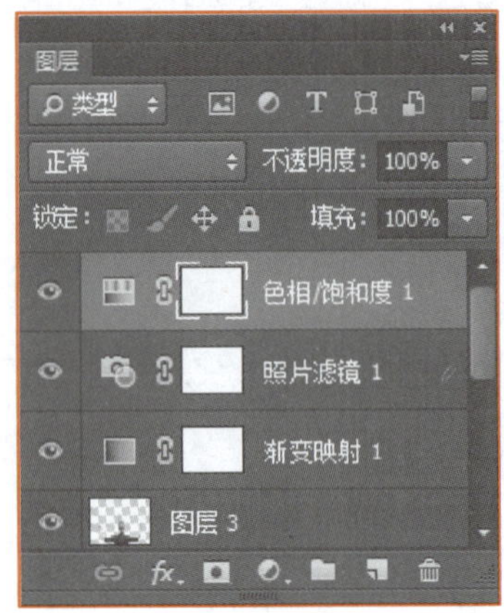

图 4-72
“图层”面板

⑪ 打开“风景.jpg”素材图片，如图 4-73 所示，拖动到背景层上面，效果如图 4-74 所示。

图 4-73
“风景.jpg”素材图片

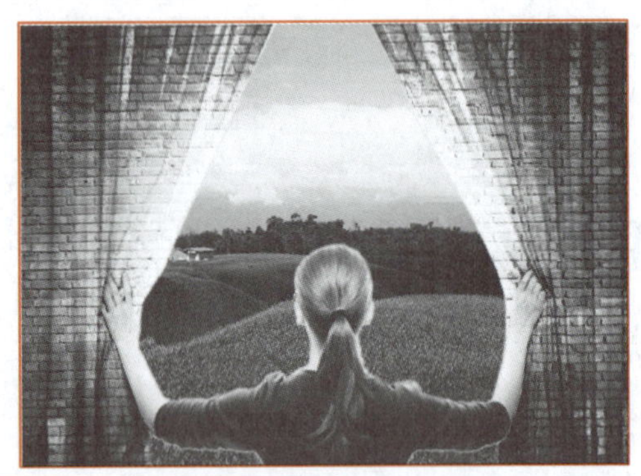

图 4-74
风景作为背景后的效果

⑫ 在最上方新建一个图层，然后使用渐变工具进行绘制，如图 4-75 所示。设置混合模式为正片叠底、不透明度为 80%，效果如图 4-76 所示。

图 4-75
创建的渐变图层

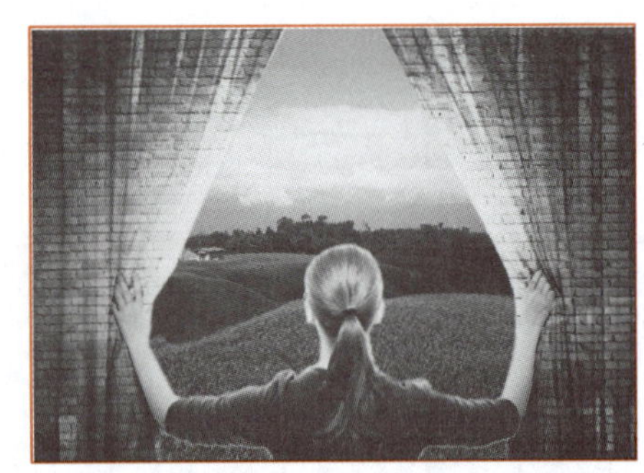

图 4-76
混合模式为“正片叠底”后的效果

⑬ 按快捷键<Ctrl+Shift+Alt+E>盖印一个图层，设置混合模式为滤色、不透明度为 60%，效果如图 4-57 所示。

任务实施：悬疑电影海报制作

笔 记

1. 任务分析

电影宣传海报的设计风格应根据电影的内容来确定，根据电影内容组合画面中的构成要素，以体现电影的内容和特征，在色调上要体现电影营造的氛围，传达出电影的内涵，以使其富有感染力。本任务主要借助图像的色彩色调调整展现一幅富有奇幻色彩的画面，营造出阴郁深沉的色调，从而烘托出浓重的悬疑氛围。

2. 技能要点

核心技能要点：文字工具、画笔工具、混合器画笔工具、“色阶”调整图层、“曲线”调整图层、“色相/饱和度”调整图层等。

3. 实现过程

本案例操作步骤如下。

① 打开 Photoshop，执行“文件”→“打开”菜单命令，在弹出的“新建”对话框中设置名称为“电影海报效果图”、宽度为 1 000 像素、高度为 1 500 像素、分辨率为 300 像素/英寸，其他参数如图 4-77 所示。执行“文件”→“存储”菜单命令，将文档保存为“电影海报效果图.psd”。

②在“图层”面板中单击“创建新组”按钮，新建一个“背景”图层组，打开素材文件夹中的“黑夜.jpg”图片，将其拖动到当前文档中，同时调整图像的位置，执行“编辑”→“自由变换”菜单命令，调整图像的大小，效果如图 4-78 所示。

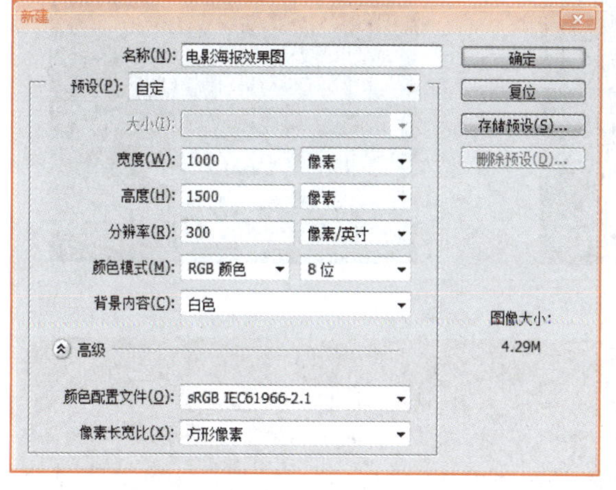

图 4-77 “新建”对话框

图 4-78 添加并调整黑夜后的效果

③ 打开素材文件夹中的“雪山.png”图片，将其拖动到当前文档中，执行“编辑”→“自由变换”菜单命令，调整图像的大小与位置，效果如图 4-79 所示。

④ 按<Ctrl>键，在“图层”面板上单击“雪山”图层，雪山被选中，单击“图层”面板中的“创建新的填充或调整图层”按钮，选择“曲线”选项，在“属性”面板中将“雪山”风景色调调暗，“属性”面板如图 4-80 所示。按<Alt>键，将鼠标指针放置在“曲线”调整图层和“雪山”图层之间，单击鼠标，创建剪贴蒙版，此时“图层”面板如

图 4-81 所示，调整后的效果如图 4-82 所示。

图 4-79
添加雪山图片

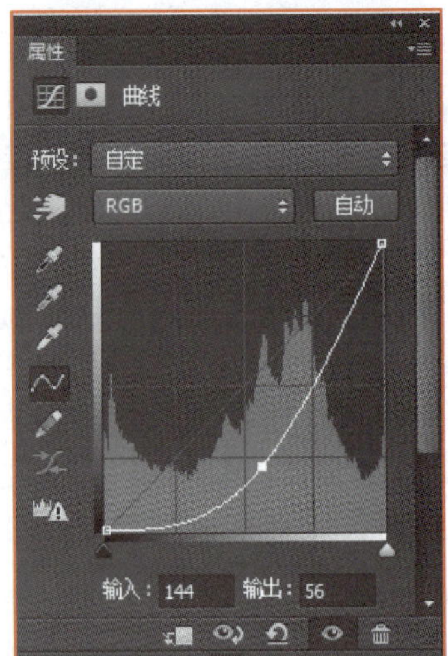

图 4-80
调整“属性”面板中的曲线

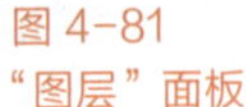

图 4-81
“图层”面板

图 4-82
调暗雪山

注意

按<Ctrl>键先选择图层中的内容，然后创建调整图层，这样可以实现对选择区域内的内容进行色彩调整，其实这里运用了图层蒙版，关于蒙版的学习，后面章节还会进行详细介绍。

⑤ 在“图层”面板中单击“创建新的填充或调整图层”按钮，选择“纯色”选项，设置颜色为暗青色（# 0a3c46）。创建填充图层，按<Alt>键，将鼠标指针放置在“颜色填充 1”图层和“曲线”调整图层之间单击鼠标，创建剪贴蒙版，“图层”面板如图 4-83 所示。设置该填充图层的“混合模式”为“色相”，以调整画面阴郁的色调，营造神秘悬疑的感觉，效果如图 4-84 所示。

图 4-83
填充图层

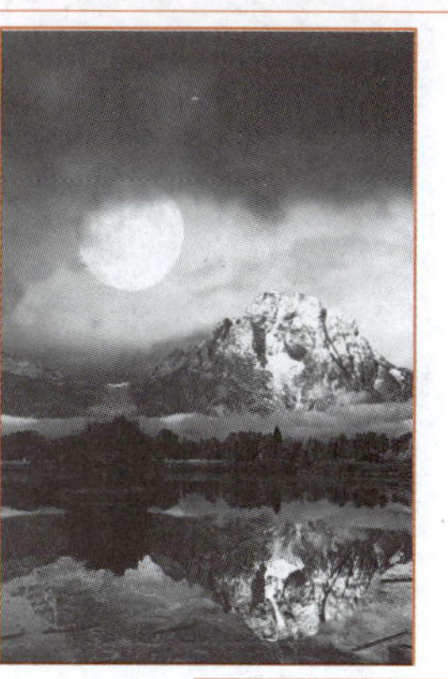

图 4-84
调整效果

⑥ 按照同样的方法在雪山顶端添加“城堡”图像，打开素材文件夹中的“城堡.png”图片，将其拖动到当前文档中，执行“编辑”→“自由变换”菜单命令，调整图像的大小与位置，将“城堡”图层放置在“雪山”图层的下方，如图 4-85 所示，使用橡皮擦工具，设置“柔边圆”画笔，删除城堡多余的部分，效果如图 4-86 所示。

图 4-85
添加城堡

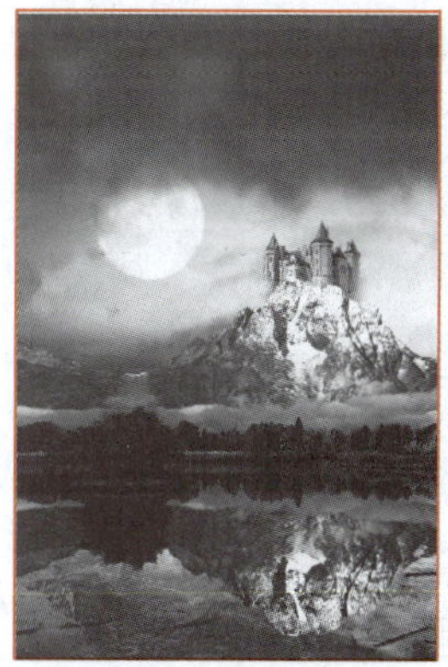

图 4-86
添加城堡效果

⑦ 按<Ctrl>键，在“图层”面板上单击“城堡”图层，城堡被选中，单击“图层”面板中的“创建新的填充或调整图层”按钮，选择“可选颜色”选项，设置“白色”参数（如图 4-87 所示）、“黑色”参数（如图 4-88 所示）、“中性色”参数（如图 4-89 所示），设置完后的页面效果如图 4-90 所示。

图 4-87
设置白色

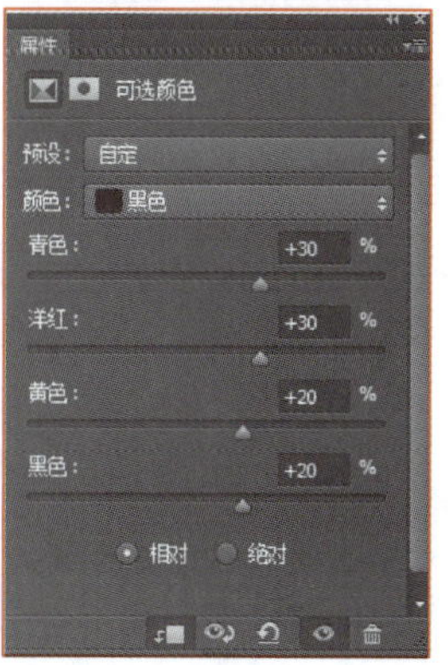

图 4-88
设置黑色

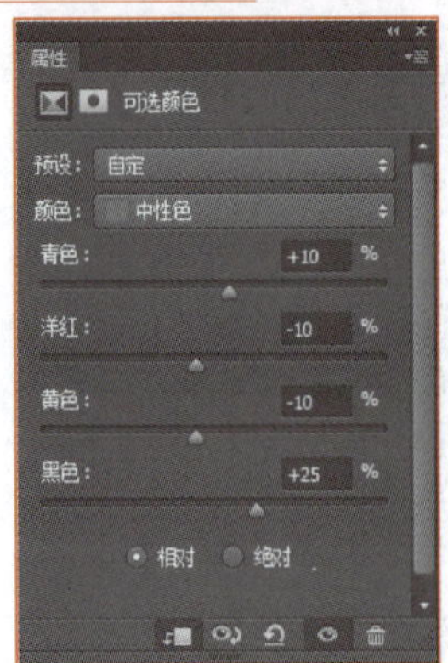

图 4-89
设置中性色

图 4-90
可选颜色效果

⑧ 打开素材文件夹中的“麦田.jpg”图片，将其拖动到当前文档中，执行“编辑”→“自由变换”菜单命令，调整图像的大小与位置，将“麦田”图层放置在“雪山”图层以及调整图层的上方，效果如图 4-91 所示，使用橡皮擦工具，设置“柔边圆”画笔，删除麦田上方多余的部分，效果如图 4-92 所示。

图 4-91
添加麦田背景

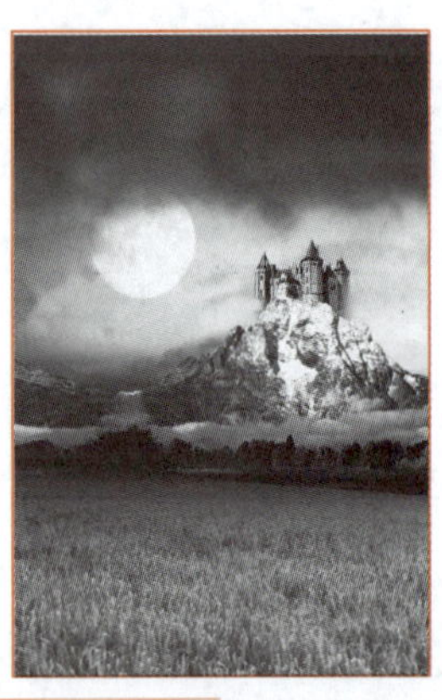

图 4-92
擦除多余部分

⑨ 按<Ctrl>键，在“图层”面板上单击“麦田”图层，麦田被选中，单击“图层”面板中的“创建新的填充或调整图层”按钮，选择“纯色”选项，设置颜色为暗青色（#0a3c46），创建填充图层，设置该填充图层的混合模式为“颜色”，“图层”面板如图 4-93 所示，调整画面阴郁的色调，营造神秘悬疑的感觉，效果如图 4-94 所示。

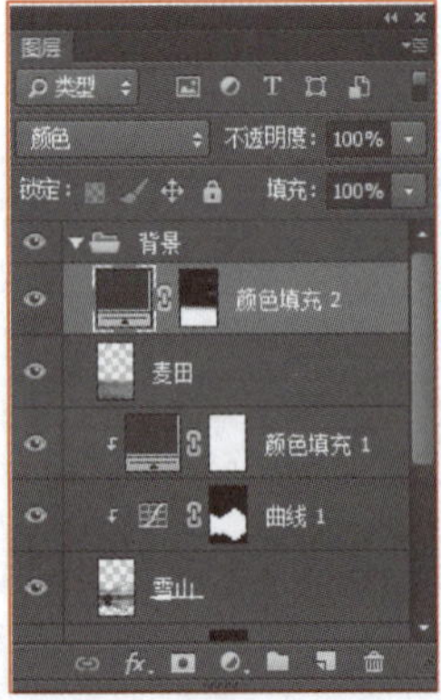

图 4-93
“图层”面板

图 4-94
混合后的效果

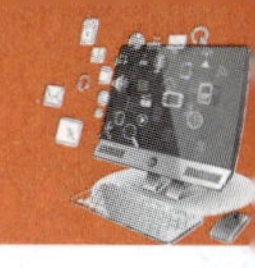

⑩ 选中“麦田”图层，单击“图层”面板中的“创建新的填充或调整图层”按钮，选择“曲线”选项，在“属性”面板中将“麦田”色调调暗，“属性”面板如图 4-95 所示，调整后的效果如图 4-96 所示。

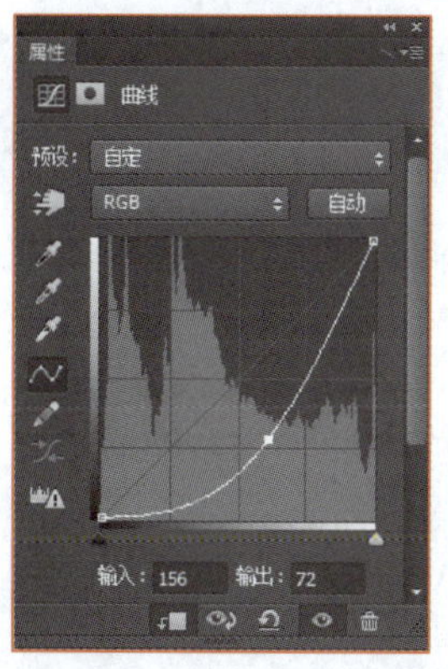

图 4-95
曲线调整

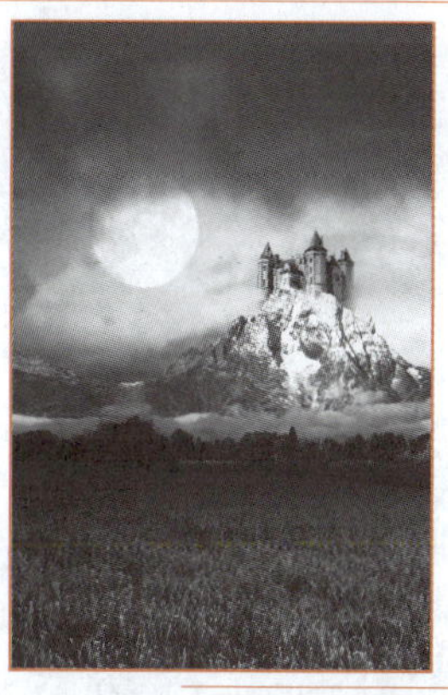

图 4-96
麦田调整效果

⑪ 打开素材文件夹中的“云朵.png”图片，将其拖动到当前文档中，执行“编辑”→“自由变换”菜单命令，调整图像的大小与位置，页面效果如图 4-97 所示，同样添加暗青色（# 0a3c46）的纯色填充，效果如图 4-98 所示。

图 4-97
添加云朵

图 4-98
云朵添加纯色填充

⑫ 在“图层”面板中单击“创建新组”按钮，新建一个“蝙蝠”图层组，打开素材文件夹中的“蝙蝠.jpg”图片，将其拖动到当前文档中，执行“编辑”→“自由变换”菜单命令，调整图像的大小与位置，效果如图 4-99 所示。选择“蝙蝠”图层，设置混合模式为“强光”，效果如图 4-100 所示。

图 4-99
添加蝙蝠图像

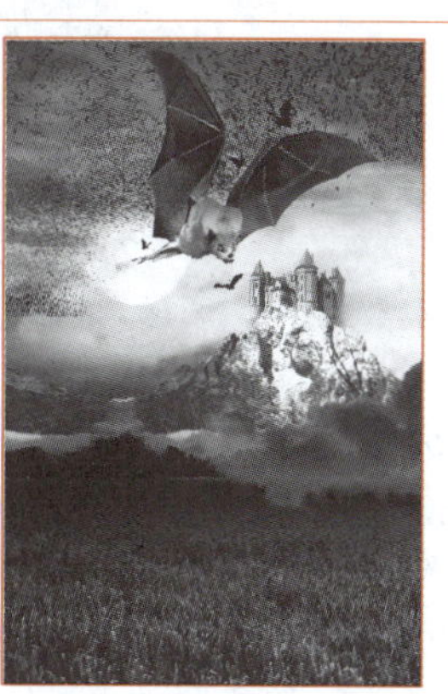

图 4-100
设置强光混合模式

⑬ 打开素材文件夹中的“红蝙蝠 1.jpg”图片，将其拖动到当前文档中，执行“编辑”→“自由变换”菜单命令，调整图像的大小与位置，效果如图 4-101 所示。选择“红蝙蝠”图层，设置混合模式为“变暗”，效果如图 4-102 所示。

图 4-101
添加红蝙蝠

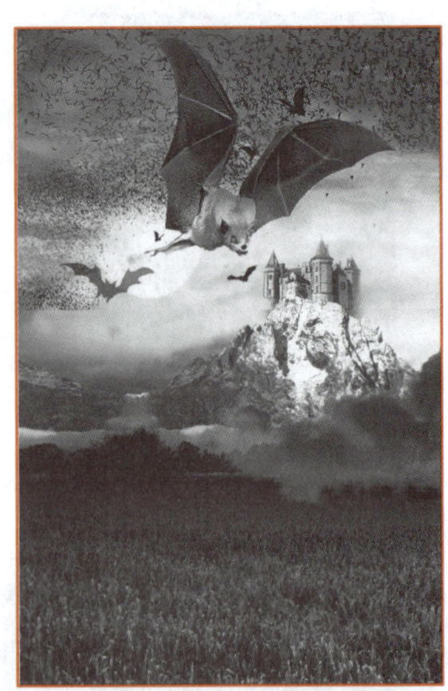

图 4-102
设置变暗混合模式

⑭ 在“图层”面板中单击“创建新组”按钮，新建一个“文字”图层组，使用文字工具输入“蝙蝠寓所”，设置文字大小为“200”像素、字体为“方正超黑简体”（字体可以网络下载，然后右键安装，即可使用），设置“蝙蝠”为红色、“寓所”为白色，效果如图 4-103 所示。

图 4-103
添加文字

⑮ 执行“窗口”→“样式”菜单命令，打开“样式”面板，单击“样式”面板右上角的列表，选择“文字效果”选项，弹出“是否用文字效果中的样式替换当前的样式？”提示框（如图 4-104 所示），单击“追加”按钮。然后在“样式”面板中选择“过喷”样式，如图 4-105 所示。至此，整个任务完成，效果如图 4-1 所示。

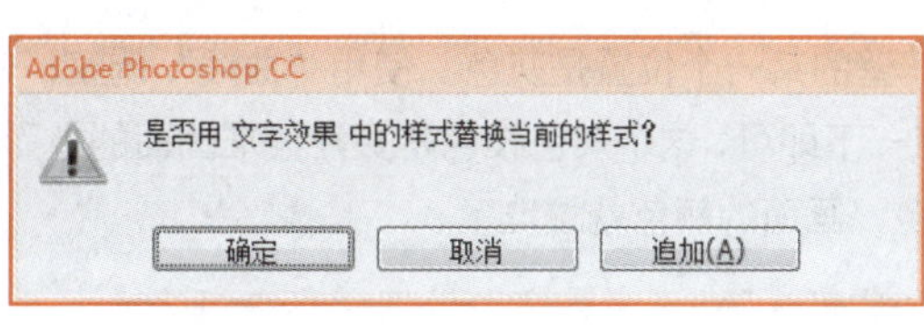

图 4-104
样式追加提示框

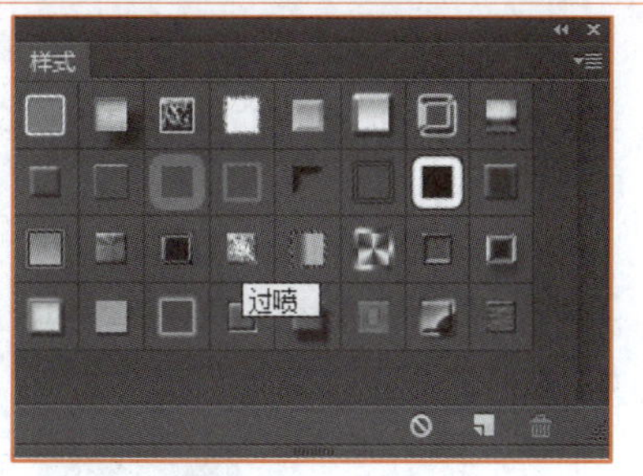

图 4-105
选择“过喷”样式

任务拓展

1. 色彩调整时应注意的原则

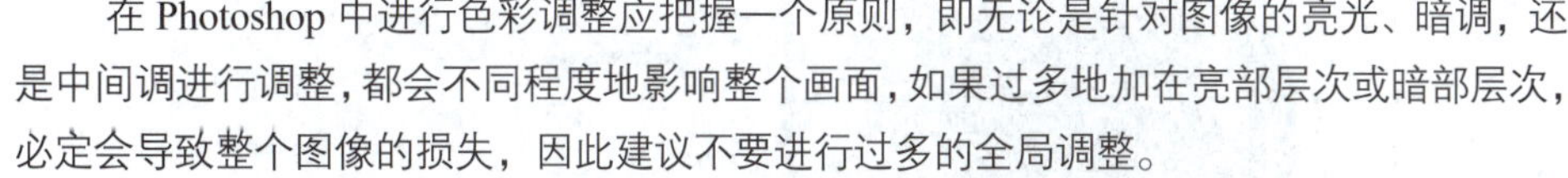

在 Photoshop 中进行色彩调整应把握一个原则，即无论是针对图像的亮光、暗调，还是中间调进行调整，都会不同程度地影响整个画面，如果过多地加在亮部层次或暗部层次，必定会导致整个图像的损失，因此建议不要进行过多的全局调整。

微课 4-12
图像调色综合提高

另外，大幅度地调整图像，也会造成像素丢失，从而使图像的层次和色彩平衡受到影响，所以只进行一些细微调整即可。

2. 照片偏色的处理技巧

照片偏色是由于光线或角度的问题，拍摄的照片有可能存在偏色的情况。曝光不当、环境色都会导致照片的偏色。

下面介绍 3 种处理照片偏色的方法。

方法 1：使用“自动颜色”命令。

在 Photoshop 中有一个自动颜色功能，适合初学者使用，校色非常方便，以图 4-106 为例进行介绍。

图 4-106
偏色照片

在 Photoshop 中执行“图像”→“自动颜色”菜单命令之后，图像改变颜色。在 Photoshop 中，“自动颜色”的作用是通过搜索图像来标识阴影、中间调和高光，从而调整图像的对比度和颜色。默认情况下，“自动颜色”使用 RGB 128 灰色这一目标颜色来中和中间调，并将阴影和高光像素剪切 0.5%。

方法 2：自己查找照片中的灰场。

如果觉得通过“自动颜色”功能校正的照片不满意，也可以自己设定画面中的灰色。也就是查找照片中某个位置的颜色比较接近灰色，然后使用“设置灰场”的吸管吸取这个颜色即可。

还是以图 4-106 为例，可以设定墙壁的某一个位置是灰色。使用“曲线”调整，使用中间的“设置灰场”吸管在背景墙上点一下即可，这个灰色校色是更能校准画面的色彩，如图 4-107 所示。简单而言，找准了灰色，画面的颜色就校准了。

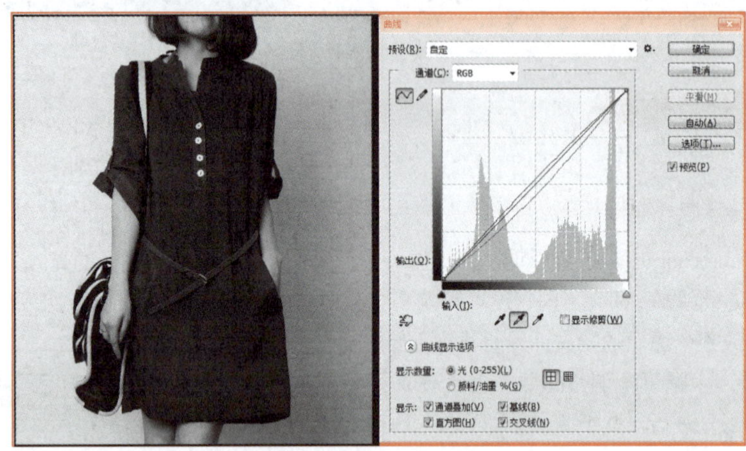

图 4-107
使用“曲线”调整偏色

方法 3： 使用“匹配颜色”调整偏色。

还是以图 4-106 为例，在“图层”面板中，把背景图层复制一层。执行“图像”→“调整”→“匹配颜色”菜单命令，设置参数如图 4-108 所示。

注意

要选中“中和”复选框。

做了这一步后，感觉画面的偏色问题已经好转了许多，但画面还是偏暗，下面继续提亮画面。执行“图像”→“应用图像”菜单命令，设置不透明度为 35%，其他参数设置如图 4-109 所示。

图 4-108
设置“匹配颜色”
相关参数

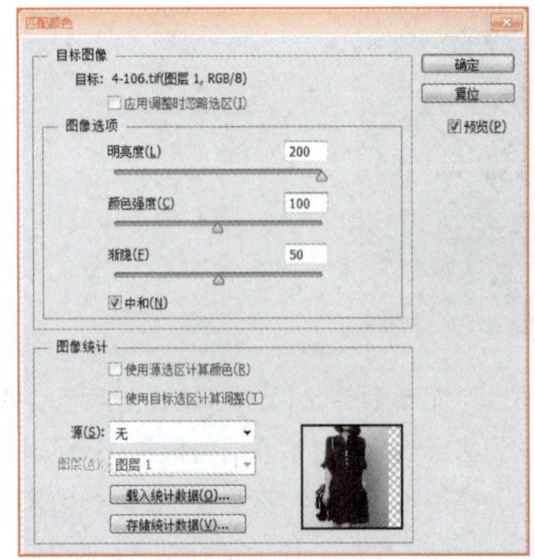

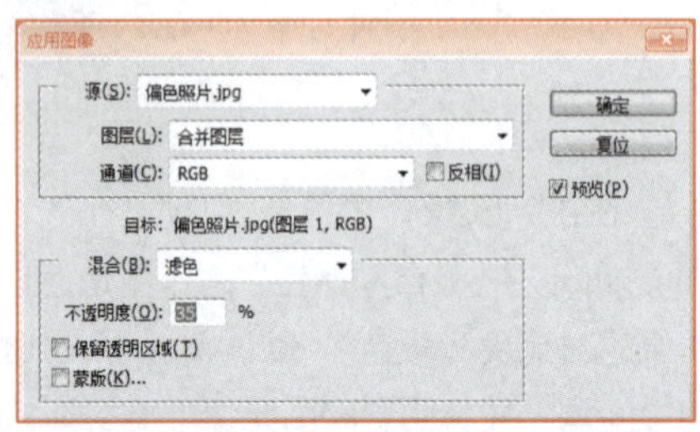

图 4-109
设置“应用图像”
相关参数

通过背景灰色的墙面可以看出，画面的色彩已基本正常了。

项目实训：唇彩宣传海报制作

1. 调整曝光不足的照片效果，素材如图 4-110 所示，调整后的效果如图 4-111 所示。

制作思路：通过调整照片的色阶提高亮度，调整色相/饱和度以调整图像的颜色。

图 4-110
修改前的图像

图 4-111
修改后的图像

2. 根据所提供的素材合成图像。

依据素材“唇部.jpg”（如图 4-112 所示）和素材“液体.jpg”（如图 4-113 所示），使用 Photoshop 软件运用所学各类工具、色彩调整工具等，完成“唇彩宣传海报”的制作，如图 4-114 所示。

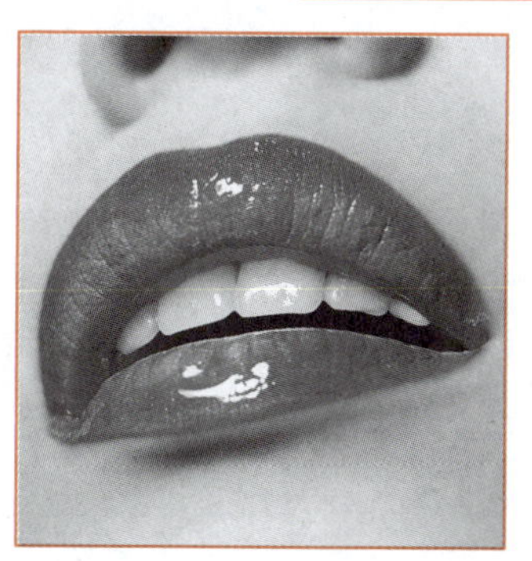

图 4-112
“唇部.jpg”素材图片

图 4-113
“液体.jpg”素材图片

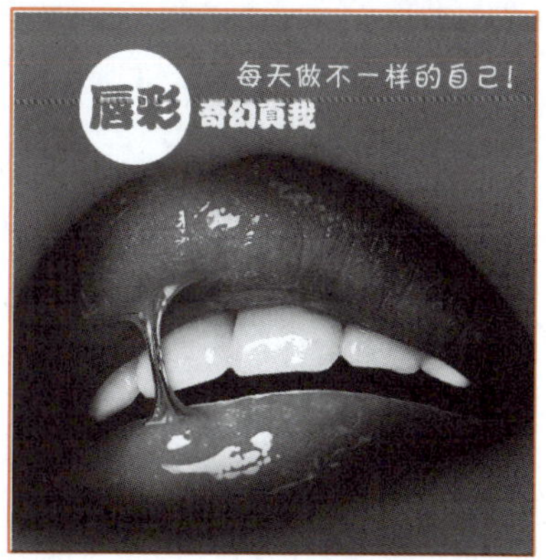

图 4-114
唇彩宣传海报效果

第5章 路径与形状绘制

在 Photoshop 中路径就是使用贝赛尔曲线所构成的一段闭合或者开放的曲线段。贝赛尔的方法将函数无穷逼近同集合表示结合起来，使得设计师在计算机上绘制曲线就像使用常规作图工具一样得心应手。路径是使用绘图工具创建的任意形状的曲线，用它可勾勒出物体的轮廓，所以也称之为轮廓线。

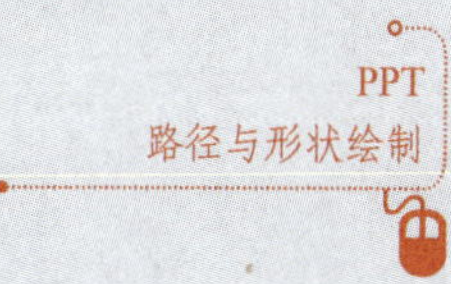

教学导航

教学目标	(1)了解路径的概念、原理、分类 (2)掌握绘制与选择路径的方法 (3)掌握形状工具组的使用方法 (4)掌握创建矢量图形与编辑的方法 (5)掌握填充、描边与路径运算方法
本单元重点	(1)绘制与选择路径的方法 (2)形状工具组的使用方法 (3)创建矢量图形与编辑 (4)路径的填充、描边与路径运算
本单元难点	(1)创建矢量图形与编辑 (2)路径的填充、描边与路径运算
教学方法	任务驱动法、讲授法、演示操作法
建议课时	6 课时

 任务展示：手机界面设计

本例根据扁平化设计风格，设计一幅“MP3 的音乐播放器”的界面，效果如图 5-1 所示。

图 5-1
MP3 的音乐播放器界面效果

 知识准备

5.1　路径简介

5.1.1　路径概述

Photoshop 以编辑和处理位图著称，它也具有矢量图形软件的某些功能，它可以使用

路径功能对图像进行编辑和处理。该功能主要用于对图像进行区域及辅助抠图、绘制平滑和精细的图形、定义画笔等工具的绘制痕迹、输出/输入路径和与选区之间的转换等领域。

路径是由一个或多个直线段和曲线段组成。“锚点”标记路径的端点。在曲线段上，每个选中的锚点显示一条或两条“方向线”，方向线以方向点结束。方向线和方向点的位置决定曲线段的大小和形状。移动这些元素将改变路径中曲线的形状，如图 5-2 所示。

路径可以是闭合的，没有起点或终点（如圆），也可以是开放的，有明显的终点（如波浪线）。平滑曲线由名为平滑点的锚点连接，锐化曲线路径由角点连接，如图 5-3 所示。

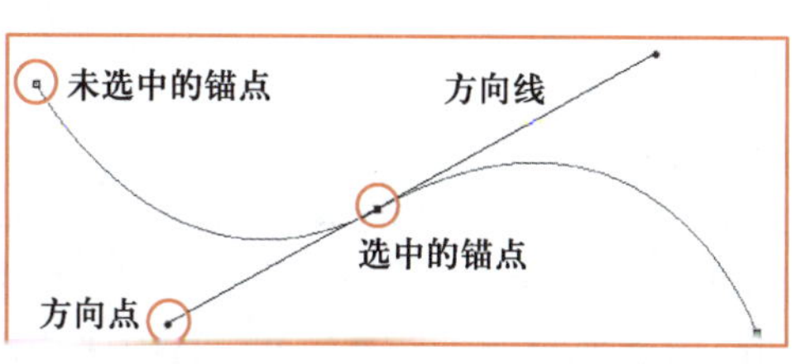

图 5-2
路径

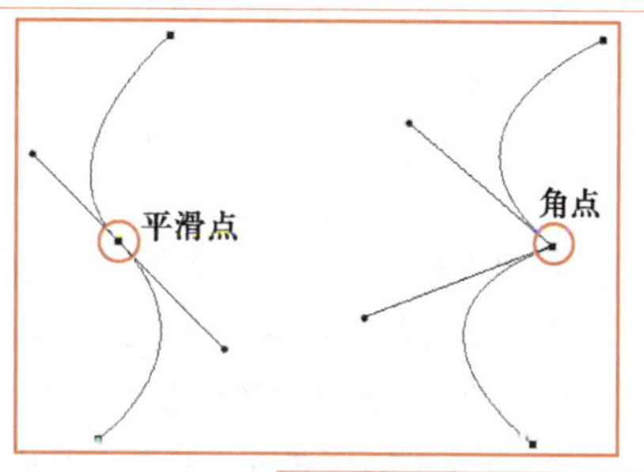

图 5-3
平滑点和角点

在平滑点上移动方向线时，将同时调整平滑点两侧的曲线段，相比之下，当在角点上移动方向线时，只调整与方向线同侧的曲线段。

5.1.2 路径工具介绍

微课 5-1
钢笔工具组

路径的基本使用主要是介绍“钢笔工具组”的使用，钢笔工具组位于 Photoshop 的工具箱浮动面板中，默认情况下，其图标呈现为钢笔图标，在此图标上单击并停留片刻，系统将会弹出隐藏的工具组，如图 5-4 所示，按照功能可以分为 5 种工具。

绘制路径的选择可以使用“路径选择工具”，在此图标上单击并停留片刻，系统将会弹出隐藏的工具组，如图 5-5 所示。

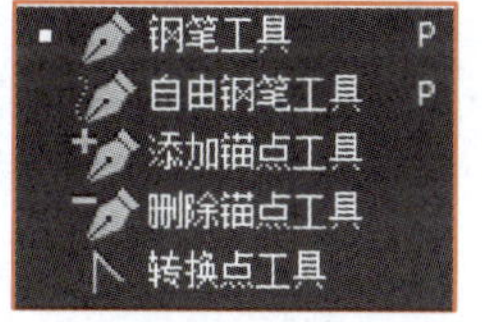

图 5-4
钢笔工具组

路径选择工具 A
直接选择工具 A

图 5-5
路径选择工具

5.2 路径的绘制与选择工具

微课 5-2
路径的使用

5.2.1 钢笔工具

在 Photoshop 中，钢笔工具用于绘制直线、曲线、封闭的或不封闭的路径，并可在绘制路径的过程中对路径进行简单的编辑。当选取“钢笔工具”时，其工具选项栏如图 5-6 所示，其中各项含义如下。

- 选择工具模式：主要包括“形状”“路径”“像素”3 种模式，“形状”模式下直接绘制形状，“路径”模式下直接绘制矢量路径，“像素”模式下直接采用位图模式进行填充绘制的形状。

选择工具模式　路径操作　路径排列方式

路径　建立：选区… 蒙版 形状　自动添加/删除　对齐边缘

形状
路径
像素

图 5-6
钢笔工具选项栏

- 路径操作：主要包括合并形状、减去顶层形状、与形状区域相交、排除区域相交与排除重叠形状，默认情况下为排除重叠形状。
- 路径对齐方式：主要包括水平对齐方式、垂直对齐方式以及水平与垂直方向的均匀分布。
- 路径排列方式：主要包括将形状设置为顶层或底层，或者形状前移一层或者后移一层。

钢笔工具的选择工具模式，默认为“路径”模式。

当绘制直线路径时，只需要选择钢笔工具，在工具选项栏中选取“路径”模式，然后通过连续单击就可以绘制出来，如果要绘制直线或 45 度斜线，在按住<Shift>键的同时单击即可，如图 5-7 所示。当绘制曲线路径时，只需要选择钢笔工具，在工具选项栏中选取“路径”模式，然后在绘制起点按住鼠标左键，向上或向下拖动出一条方向线后再松开鼠标，然后在第 2 个锚点拖动出一条向上或向下的方向线，如绘制一个心形图案，效果如图 5-8 所示。

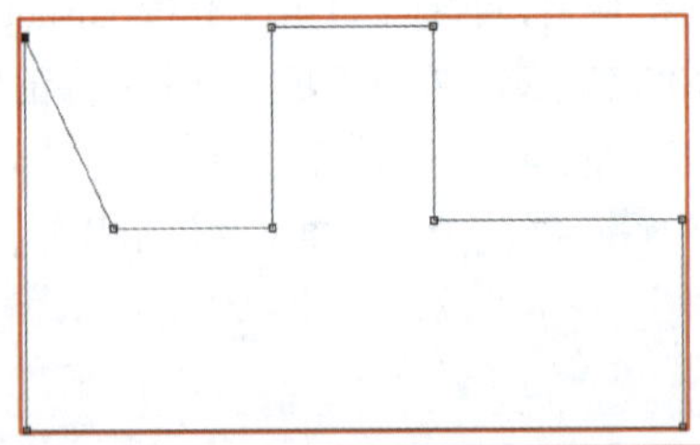

图 5-7
绘制的直线闭合路径

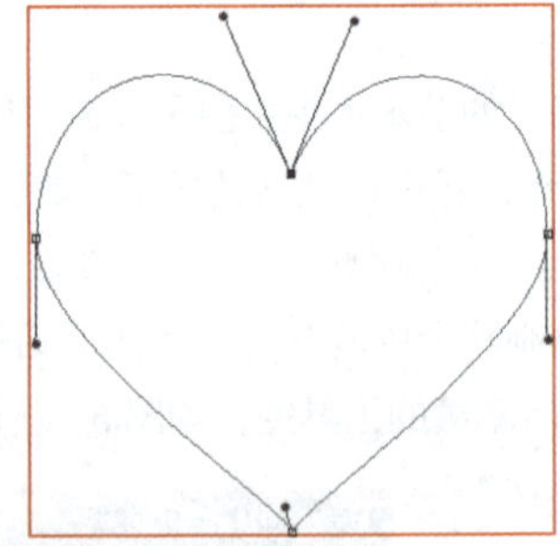

图 5-8
曲线路径

如果选中“自动添加/删除”复选框，则可以方便地添加和删除锚点。

5.2.2　自由钢笔工具

“自由钢笔工具”可用于随意绘图，就像用钢笔在纸上绘图一样。自由钢笔工具在使用上与选框工具中的套索工具基本一致，只需要在图像上创建一个初始点后，即可随意拖动鼠标进行徒手绘制路径，绘制过程中路径上不添加锚点。

选择“自由钢笔工具”后，其工具选项栏如图 5-9 所示。

图 5-9
钢笔工具选项栏

使用“自由钢笔工具”绘制的路径可以进行编辑，形成一个较为精确的路径。“曲线拟合”参数主要控制路径对鼠标移动的敏感性，数值越大，创造的路径锚点越少，路径就越平滑。

5.2.3　添加锚点工具与删除锚点工具

“添加锚点工具”和“删除锚点工具”用于根据需要增加、删除路径上的锚点。选择删除锚点工具，当光标移至路径轨迹处时，光标自动变成删除锚点工具形状，如图 5-10 所示，使用删除锚点工具分别单击圈住的锚点，即可删除锚点，形成的新路径如图 5-11 所示。

图 5-10
删除锚点前

图 5-11
删除锚点后

5.2.4　转换点工具

“转换点工具”用于调整某段路径控制点位置，即调整路径的曲率。使用钢笔工具、添加锚点工具或删除锚点工具得到一组由多条线段组成的多边形路径。如图 5-12 所示，绘制了两个同心圆圈，如果想将某个锚点转换为角点，只需要使用转换点工具，然后在图像路径的某点（如图 5-12 中内侧圆圈的锚点）处单击或者拖动，即可进行节点曲率的调整，如图 5-13 所示。

图 5-12
绘制平滑曲线

图 5-13
转换为角点

5.2.5　选择路径工具

在 Photoshop 中，路径的选择可以使用“路径选择工具”，主要有路径选择工具和直接选择路径工具两种。

1. 路径选择工具

如果在编辑过程中要选择整条路径，可以使用路径选择工具，在整条路径被选中的情况下，路径上所有的锚点为黑色实心正方形，如图 5-14 所示，此时可以使用路径选择工具移动整条路径，如图 5-15 所示，也可以复制或者删除路径。

图 5-14
选择整条路径

图 5-15
移动路径

2. 直接选择路径工具

要选择并调整路径中的锚点时，需要使用工具箱中的“直接选择路径工具”，选择需要编辑的某个锚点，在路径中的锚点处于被选定状态时呈黑色实心正方形，未被选定的呈现空心小正方形，如图 5-16 所示，此时拖动黑色实心正方形的锚点即可完成单个锚点的编辑，将鼠标指针放置在线条上可以移动整段线条的位置，如图 5-17 所示。

图 5-16
选择路径中的某个锚点

图 5-17
移动锚点的位置

当前如果使用路径选择工具或者直接选择路径工具时，按<Ctrl>键可以在两个工具中间进行切换。

使用直接选择路径工具时，一次只能选择一个锚点，如果想选择多个锚点，可以按住<Shift>键连续单击需要选择的锚点，或者按住鼠标左键拖出一个虚框，释放鼠标后，即可选择多个锚点。

5.2.6 “路径”面板

路径绘制完成后，还可以对这些路径进行保存、复制、删除、隐藏等操作。

当绘制完成一条路径后，可以在面板组中找到“路径”面板，如图 5-18 所示。

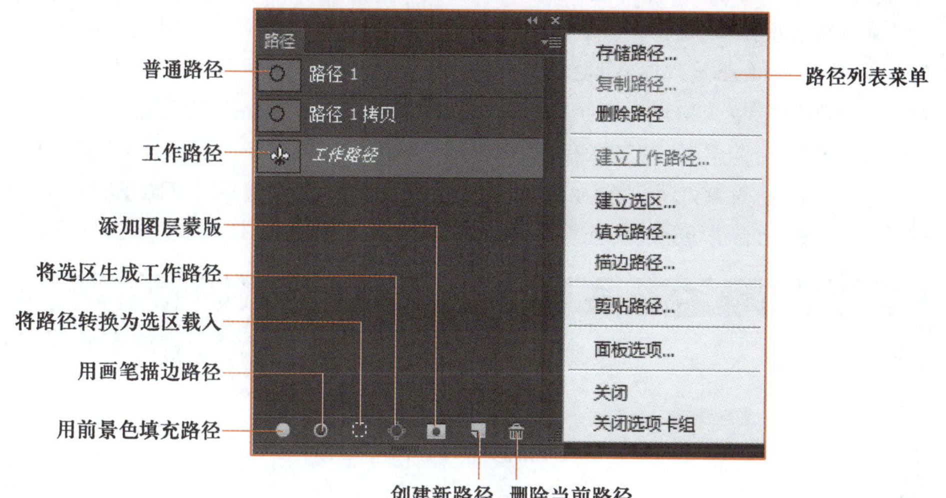

图 5-18
“路径”面板

“路径”面板中各个按钮的含义如下。

- 用前景色填充路径：单击该按钮实现将前景色填充闭合的路径区域，当呈灰色时，为不可用状态。
- 用画笔描边路径：单击该按钮实现当前前景色和当前画笔大小对路径进行描边。
- 将路径转换为选区载入：单击该按钮实现将当前路径转换为选区，在路径被选中状态下，按<Ctrl>键的同时单击工作路径，也可以实现将路径转换为选区。
- 将选区生成工作路径：单击该按钮实现将当前选区转换为路径。
- 添加矢量蒙版：单击该按钮实现将当前路径转换为矢量蒙版。
- 创建新路径：单击该按钮实现创建一个新路径。
- 删除当前路径：单击该按钮实现将当前路径删除。
- 路径列表菜单：单击“路径”面板右上方的列表菜单，可以显示关于路径的相关操作。

自己绘制的路径默认是创建了一个“工作路径”，当再次绘制新的路径时，该“工作路径”会被新绘制的内容所替代，如果要永久保存“工作路径”的内容，需要单击创建新路径按钮。如果要更改路径的名字，双击该路径名称，在弹出的对话框中输入新的路径名称，单击“确定”按钮即可。

5.2.7 路径应用案例

下面通过应用路径工具，制作一张名片，案例中需要掌握的技术有选区与路径的转换、钢笔工具的使用、路径的调节、图层概念的理解。本案例的最终效果如图 5-19 所示。

微课 5-3
名片的制作

图 5-19
名片效果

具体实现步骤如下。

① 打开 Photoshop 软件，新建一个文件，将名称命名为“名片”、设置宽为 9 cm、高为 5 cm、颜色模式为 CMYK、分辨率为 300 像素/英寸，单击“确定”按钮完成文件创建。

② 新建一个图层 1，在工具箱中选择钢笔工具，绘制路径，如图 5-20 所示。

③ 将前景色设置为深红色（#9b0000），按<Ctrl+Enter>组合键将路径载入选区，然后按<Alt+Delete>组合键填充前景色，按<Ctrl+D>组合键取消选区，效果如图 5-21 所示。

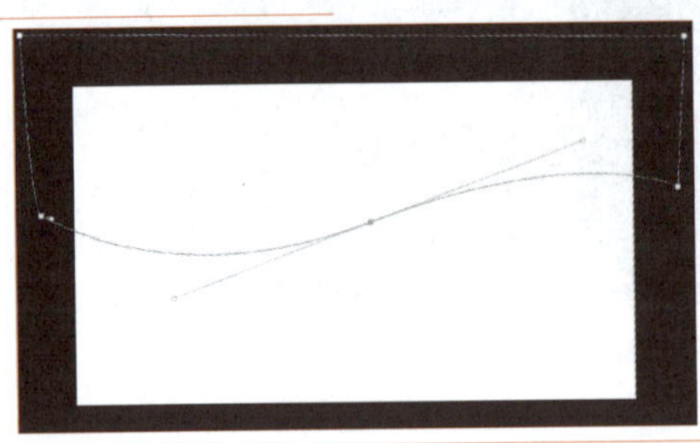

图 5-20
绘制路径

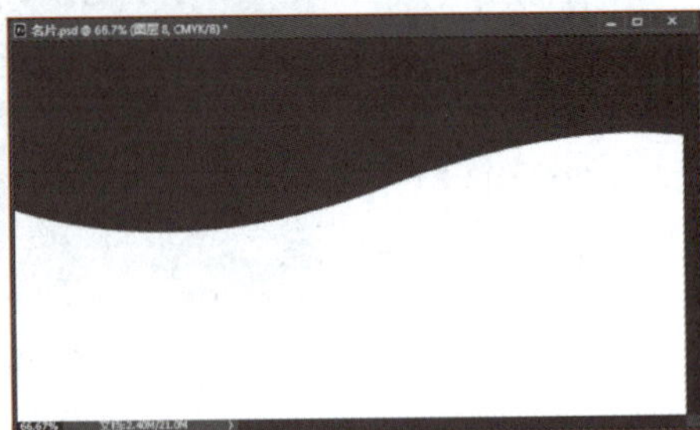

图 5-21
填充路径区域为红色

④ 新建一个图层 2，执行“编辑”→“变换路径”→“扭曲”菜单命令，对路径进行调整。在工具箱中选择路径选择工具，对路径作细节调整，如图 5-22 所示。

⑤ 将前景色设置为橙色（#f3a51a），按<Ctrl+Enter>组合键将路径载入选区，然后按<Alt+Delete>组合键填充前景色，按<Ctrl+D>组合键取消选区，将图层 2 调整到图层 1 的下方，如图 5-23 所示。

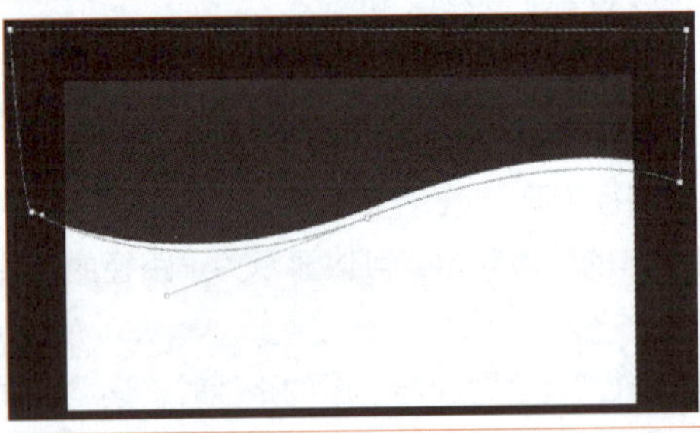

图 5-22
调整路径

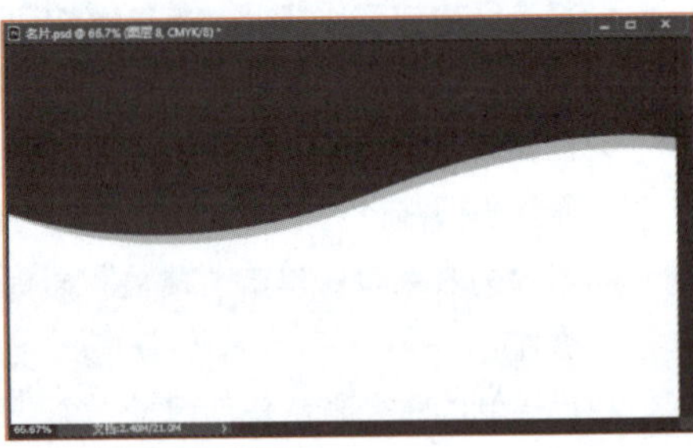

图 5-23
填充路径区域为橙色

⑥ 在名片的底部用矩形选框工具绘制一个高度为 1 mm 的矩形选区，并用和顶部一样的颜色进行填充，如图 5-24 所示。

⑦ 打开素材文件夹中的“院标.psd”“院名.psd”，将其复制到绘图区中，并调整大小与位置，使用文本工具输入“JIANGSU VOCATIONAL COLLEGE OF ELECTRONICS AND INFORMATION”，设置字体为“黑体”、字体大小为“25 像素”、字体颜色为白色，调整位置后如图 5-25 所示。

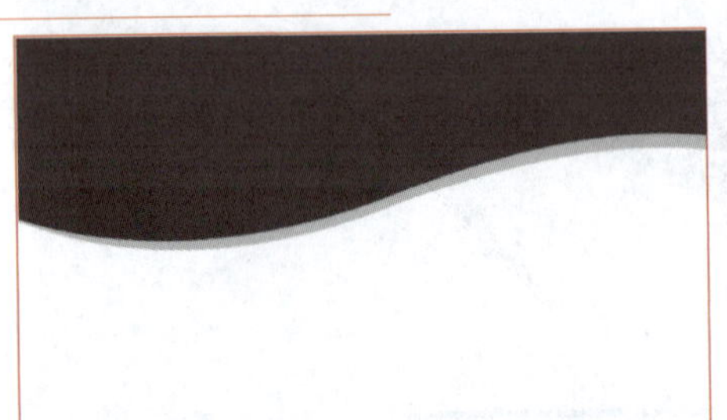

图 5-24
添加红色条

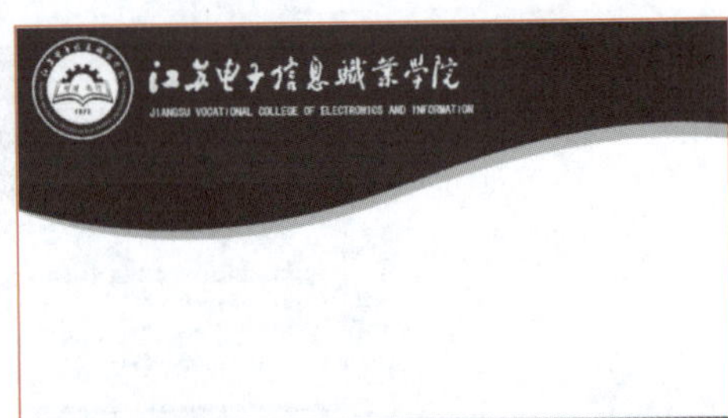

图 5-25
添加院标院名等信息

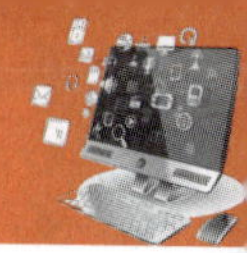

⑧ 输入其他有关信息并进行适当调整，保存文档，效果如图 5-19 所示。

5.3 绘制与编辑形状路径

5.3.1 认识形状工具组

如果需要绘制矢量图形，先在工具箱中设置好前景色，然后打开工具箱中的矩形工具组，选中某种工具（如“矩形”工具），然后在工具选项栏中的选择工具模式中选择形状模式。

右击工具箱中的矩形工具按钮，会弹出隐藏的形状工具组，如图 5-26 所示。这些都是规范的几何形状，具体包括矩形、圆角矩形、椭圆形、多边形、直线和自定义图形等。

使用这些工具能精确绘制规范的图案。例如，绘制圆角矩形工具、圆角矩形工具、椭圆工具、多边形工具、自定义图形工具时，在画布中单击，此时会弹出相应的对话框，以圆角矩形工具为例，如图 5-27 所示，根据需要可以设置圆角矩形的宽度、高度以及每个角的半径数值。

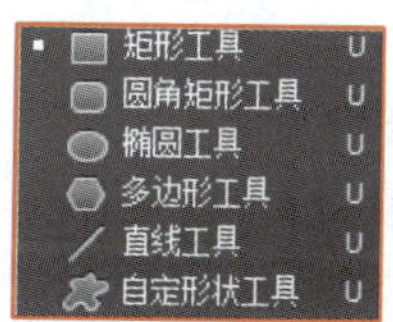

图 5-26
形状工具组

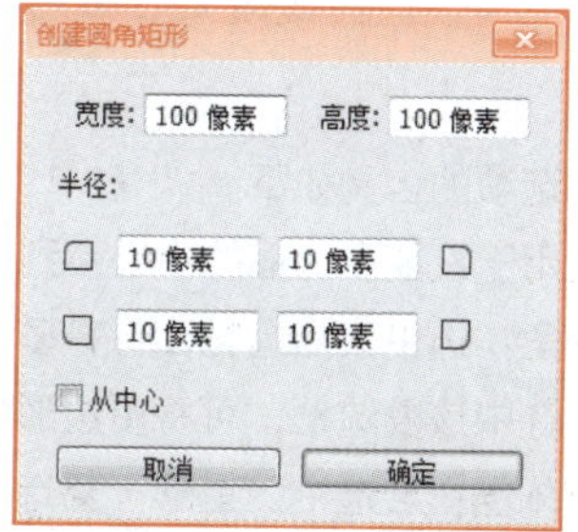

图 5-27
创建圆角矩形对话框

绘制方法比较简单，即：在画布上按住鼠标左键进行拖动，即可创建矢量图形。单击工具选项栏中的设置形状填充类型和形状描边类型，可设置填充的颜色和描边的颜色。在“图层”面板中可以看到新建了一个图层，这个图层就是形状图层。如果要将矢量形状转换为位图，可以选中形状图层，然后执行“图层”→“栅格化”→“形状”菜单命令进行转换。

下面再以椭圆工具和多边形工具为例，对这种工具的使用进行详细介绍。

微课 5-4
椭圆工具

1. 椭圆工具

在工具箱中选择椭圆工具后，在其工具栏中单击“几何选项”下拉按钮，将弹出“椭圆选项”面板，在该面板上可以对椭圆工具的一些参数进行设置，如图 5-28 所示。

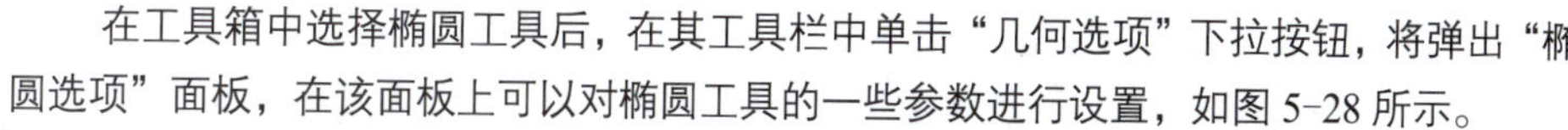

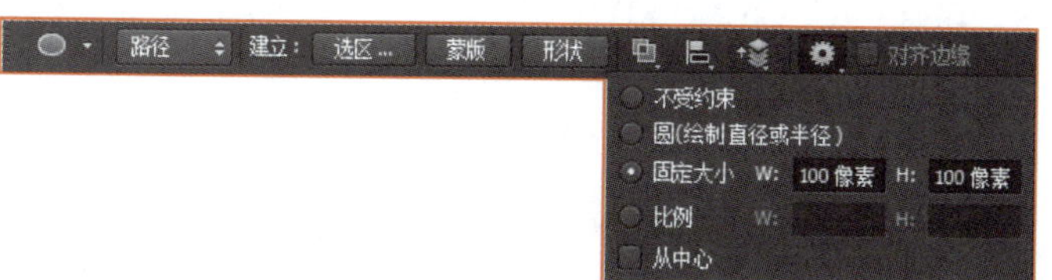

图 5-28
椭圆工具属性栏

其中，各选项的含义如下。

- 不受约束：默认选项，完全根据鼠标的拖动决定椭圆的大小。

- 圆：选中该单选按钮，可绘制正圆形。
- 固定大小：选中该单选按钮，可绘制指定尺寸的矩形，在后面的W和H文本框中可分别输入需要的长、宽尺寸。
- 比例：选中该单选按钮，可绘制指定长、宽比例的矩形，在后面的W和H文本框中可分别输入需要的长、宽比例。
- 从中心：选中该复选框，可将鼠标拖动的起点作为矩形的中心点。
- 对齐边缘：选中该复选框，可将矩形的边缘对齐像素边界。

利用这些选项，就可以方便而准确地创建一些特殊的椭圆形。

微课 5-5
多边形工具

2. 多边形工具

多边形工具选项栏中有一个“边”参数，用于设置所绘制多边形的边数，默认值为 5。该工具的“几何选项”下拉调板如图 5-29 所示。

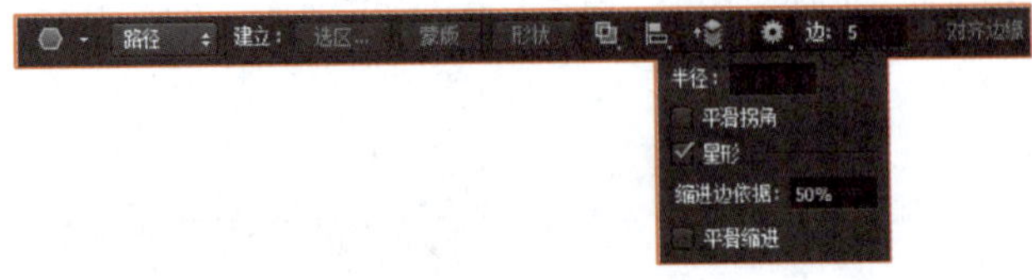

图 5-29
多边形工具属性栏

其中，各选项的含义如下。

- 半径：用于设置多边形的中心点到各顶点的距离。
- 平滑拐角：选中该复选框，可将多边形的顶角设置为平滑效果。
- 星形：选中该复选框，可将多边形的各边向内凹陷，从而成为星形。
- 缩进边依据：若选中“星形”复选框，可在该文本框中设置星形的凹陷程度。
- 平滑缩进：选中该复选框，可采用平滑的凹陷效果。

5.3.2　创建自定义形状

微课 5-6
自定义工具

如果想绘制的形状使用矩形工具、圆角矩形工具、椭圆形工具、多边形工具、直线工具都无法完成，可以使用自定义图形中的一些图案来创建。

下面来定义一朵祥云图案，具体步骤如下。

① 使用钢笔工具，绘制路径所需要的形状外轮廓路径，如图 5-30 所示。

② 选择路径选择工具，将路径选中，执行“编辑”→“定义自定义形状”菜单命令，弹出“形状名称”对话框，如图 5-31 所示，在“名称”文本框中输入新形状的名称“祥云”，然后单击“确定”按钮。

图 5-30
绘制祥云形状

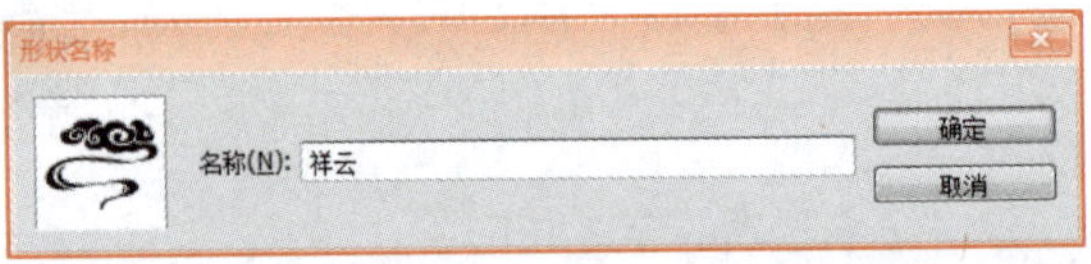

图 5-31
“形状名称”对话框

③ 使用自定义形状工具，显示形状列表框，即可显示刚刚完成的自定义形状，如图 5-32 所示。

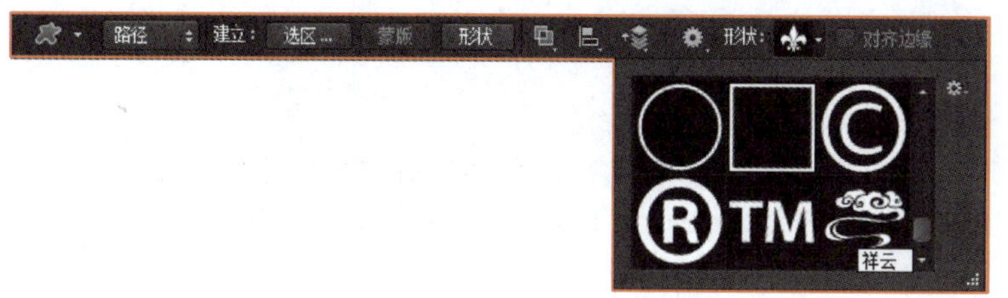

图 5-32
自定义形状的自定义形状列表

5.3.3 填充路径

在 Photoshop 中可以以当前的路径为基础，进行填充颜色或者图案，操作方式如下。

① 新建一幅宽和高都为 600 像素的文档，然后使用自定义形状工具，在自定义形状的自定义形状列表中单击右侧的设置图标，在弹出的列表中，选择“装饰”选项，此时弹出“是否用装饰中的形状替换当前的形状？”提示框，如图 5-33 所示，单击“追加”按钮。

② 使用自定义形状工具，单击显示形状列表框，即可显示刚刚完成的自定义形状，效果如图 5-34 所示。

图 5-33
提示框

图 5-34
自定义形状列表

③ 选择“叶形装饰 1”，在文档中按住<Shift>键，使用自定义形状工具绘制“叶形装饰 1”形状，如图 5-35 所示。单击“路径”面板中的“用前景色填充路径”按钮，即可完成路径填充，效果如图 5-36 所示。

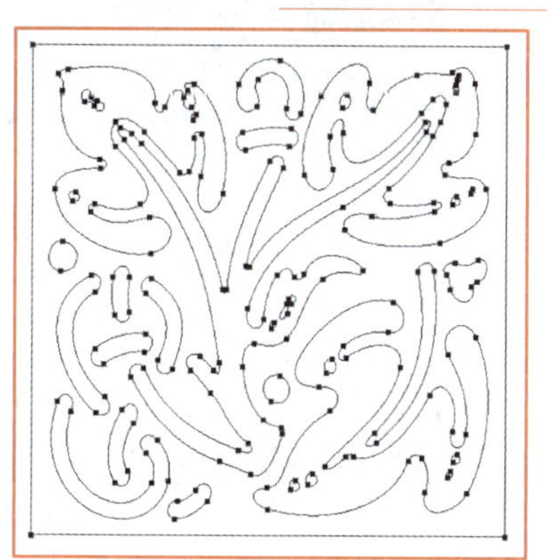

图 5-35
绘制 “叶形装饰 1”形状

图 5-36
填充路径后的页面效果

如果想填充更加丰富的效果，可以在单击 “用前景色填充路径”按钮的同时，按住<Alt>键，这时会弹出“填充路径”对话框，如图 5-37 所示。读者可以根据需要设置相关的填充参数。

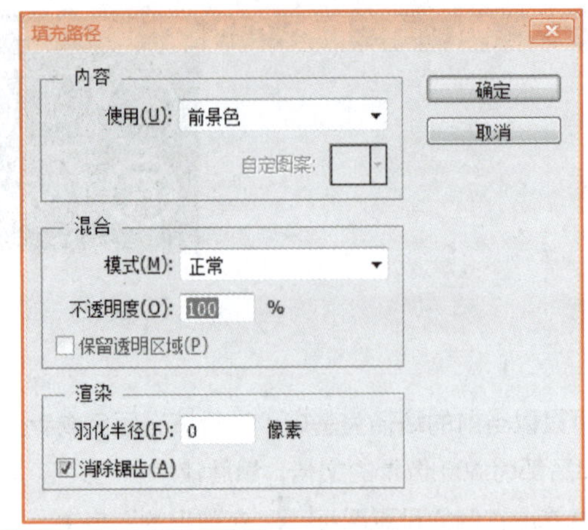

图 5-37
“填充路径”对话框

5.3.4　描边路径

在 Photoshop 中，默认情况下单击“路径”面板中的“用画笔描边路径”按钮，可以实现以当前的绘图工具进行描边的路径操作。

如果按住<Alt>键，单击“用画笔描边路径”按钮，会弹出“描边路径”对话框，如图 5-38 所示。“描边路径”对话框中罗列了各种绘图工具，如果选择“画笔”工具，画笔形状选择“硬边圆”，则需要设置画笔工具的详细参数，按<F5>键，弹出“画笔”面板，在左侧区域选择“形状动态”选项，参数如图 5-39 所示。

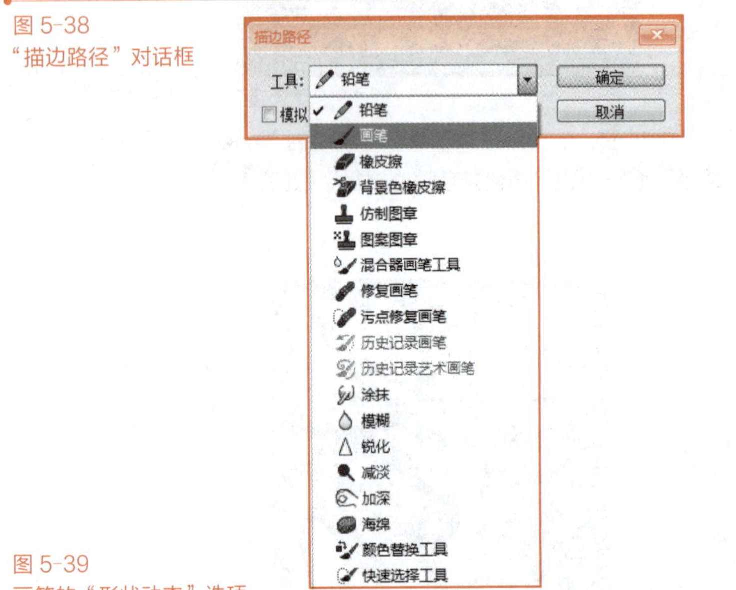

图 5-38
“描边路径”对话框

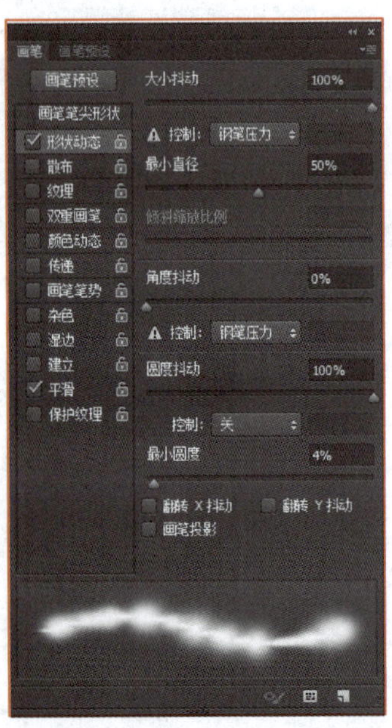

图 5-39
画笔的“形状动态”选项

打开素材图片“公园.psd”，在“路径”面板，选择“路径 1”，如图 5-40 所示，在“图层”面板显示“图层 1”，效果如图 5-41 所示。

图 5-40
原素材与路径

图 5-41
描边后的路径

5.3.5 路径运算

在设计过程中，经常需要创建更复杂的路径，利用路径运算功能可将多个路径进行相减、相交、组合等运算。

创建一个形状图形后，启用不同的运算方式功能，继续创建形状图形，会得到不同的运算结果，如图 5-42 所示。

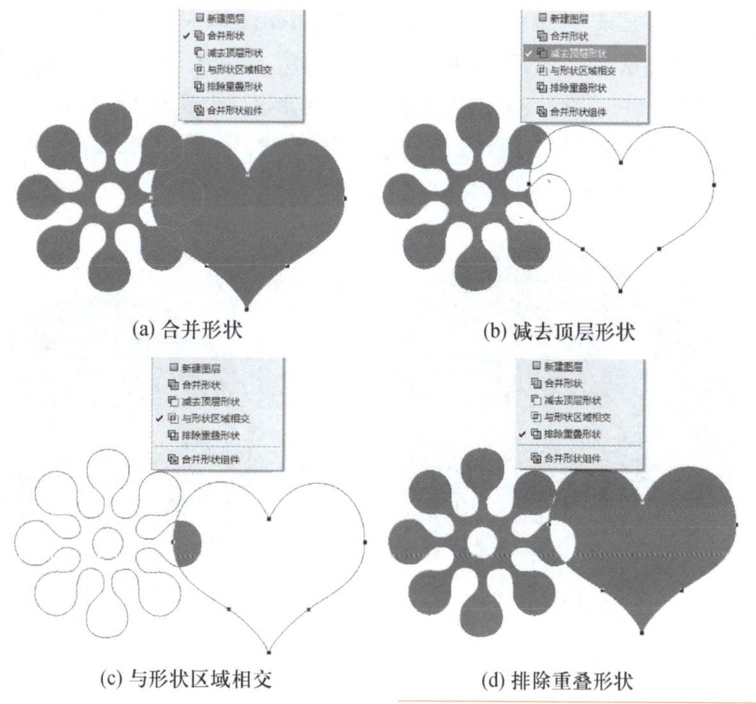

(a) 合并形状　(b) 减去顶层形状

(c) 与形状区域相交　(d) 排除重叠形状

图 5-42
路径运算效果

5.4 综合案例：绘制卡通图标

5.4.1 效果展示

本案例将通过卡通图标效果来综合应用路径、形状工具的基本使用方法和技巧，案例中主要用到椭圆工具、圆角矩形工具、路径的运算等。本案例制作效果如图 5-43 所示。

图 5-43
卡通图标效果

5.4.2　实现过程

微课 5-7
音乐图标制作

本例先在形状图层模式下绘制不同的矢量图形，再利用路径运算创建复杂的图形路径。具体实现过程如下。

① 打开 Photoshop，执行“文件”→“新建”菜单命令，新建一个宽为 480 像素、高为 360 像素、分辨率为 72 像素/英寸、颜色模式为 RGB 的文档。

② 新建“图层 1”，选择工具箱中的椭圆工具，选择形状模式，设置前景色为蓝色（#357ad1）,按住<Shift>键，在画布中绘制一个正圆形区域，效果如图 5-44 所示。

③ 继续使用工具箱中的椭圆工具，选择路径模式，在画布中绘制两个相交的正圆路径，效果如图 5-45 所示。

图 5-44
绘制正圆

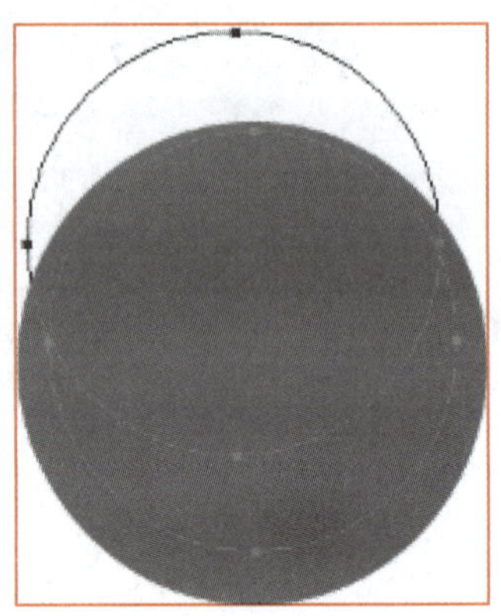

图 5-45
绘制相交路径

④ 选中两个相交路径，选择控制选项栏“路径操作”中的“与形状区域相交”命令，效果如图 5-46 所示。

⑤ 按<Ctrl+Enter>组合键将路径载入选区，按<Shift+F6>组合键，打开“羽化”对话框，设置羽化半径为 2 像素。新建图层，选择工具箱中的渐变工具，单击“点按可编辑渐变”按钮，打开“渐变编辑器”对话框，设置从白色到黑色的渐变，将黑色的不透明度设置为 0。在选区中填充线性渐变，并设置混合模式为明度模式，效果如图 5-47 所示。

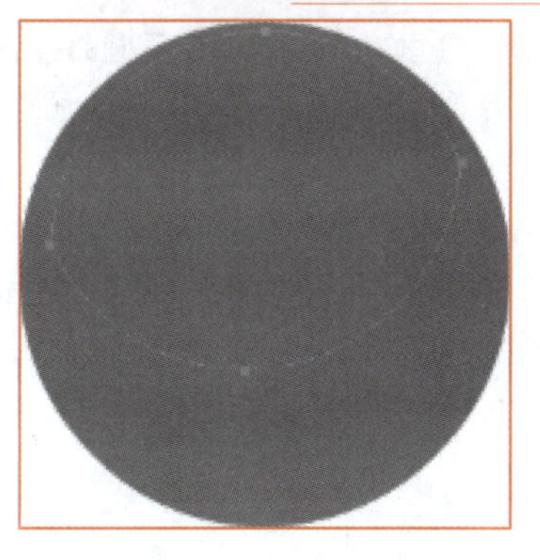

图 5-46 交叉路径组合

图 5-47 填充渐变色

⑥ 按<Ctrl+D>组合键取消选区。选择工具箱中的椭圆工具，单击形状图层按钮，设置前景色为蓝色（#208bfa）,在圆形区域内绘制音乐图标的眼睛，按住<Shift>键绘制一个正圆，得到的效果如图 5-48 所示。

⑦ 新建图层，选择工具箱中的渐变工具，单击“点按可编辑渐变”按钮，打开“渐变编辑器”对话框，设置从白色到蓝色（#208bfa）的渐变。继续使用椭圆工具，选择路径按钮，按<Shift>键绘制正圆作为眼白。按<Ctrl+Enter>组合键将路径载入选区,填充径向渐变，效果如图 5-49 所示。

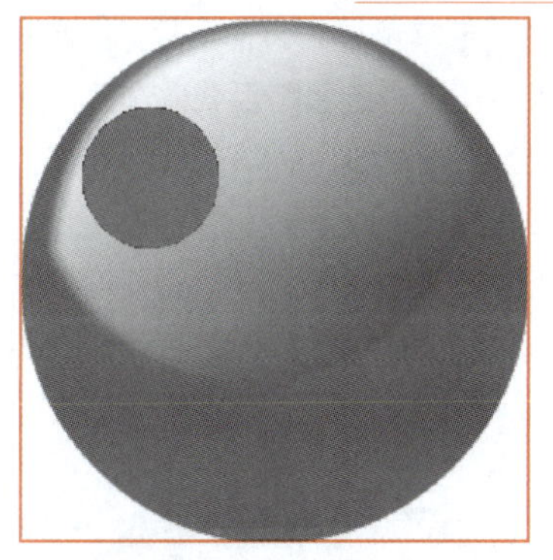

图 5-48 绘制眼睛

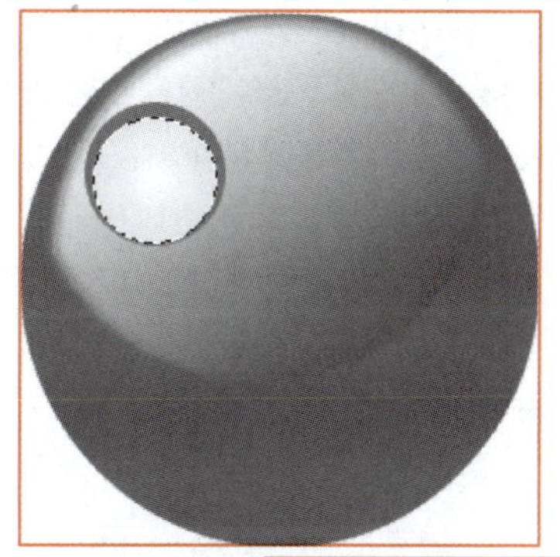

图 5-49 填充渐变色

⑧ 按<Ctrl+D>组合键取消选区。继续使用椭圆工具，单击形状图层按钮，绘制音乐图标的黑色眼球及眼球高光，效果如图 5-50 所示。

⑨ 选择绘制好的音乐图标的眼睛，链接图层，并进行复制得到另外一只眼睛，将其放在合适的位置，效果如图 5-51 所示。

图 5-50 绘制眼球及眼球高光

图 5-51 绘制另一只眼睛

⑩ 选择工具箱中的椭圆工具，单击路径按钮，在画布中绘制两个正圆路径，选中两个路径，选择控制选项栏中的“排除重叠形状”命令，单击组合按钮，效果如图 5-52 所示。

⑪ 按<Ctrl+Enter>组合键将路径载入选区，得到一个不规则的圆环图形。新建图层，选择工具箱中的渐变工具，单击“点按可编辑渐变”按钮，打开“渐变编辑器”对话框，设置从无色到浅蓝色的渐变。在选区中填充线性渐变，效果如图 5-53 所示。

图 5-52
绘制两个路径

图 5-53
填充渐变色

⑫ 按<Ctrl+D>组合键取消选区。使用工具箱中的钢笔工具，为音乐图标绘制嘴巴，使用直接选择工具对路径进行细致调整。按<Ctrl+Enter>组合键将路径载入选区，新建图层，设置前景色为浅蓝色（#76cfe2）、背景色为深蓝色（#0b4eab），填充线性渐变，效果如图 5-54 所示。

⑬ 按<Ctrl+D>组合键取消选区。按<Ctrl+J>组合键复制嘴巴图形，将其缩小作为嘴巴的投影部分，并更改渐变色，设置渐变色为从深蓝色（#021855）到蓝色（#085fd9）的线性渐变，效果如图 5-55 所示。

图 5-54
绘制嘴巴

图 5-55
绘制嘴巴阴影

⑭ 按<Ctrl+D>组合键取消选区。选择工具箱中的圆角矩形工具，设置原角半径为 10 像素。新建图层，选择工具箱中的渐变工具，设置渐变色为从灰色（#d4d4d4）到白色的线性渐变。按<Ctrl+Enter>组合键将路径载入选区,填充线性渐变，效果如图 5-56 所示。

⑮ 选择工具箱中的椭圆工具，选择路径模式，在画布中绘制两个正圆路径，选中两个路径，选择控制选项栏中的“排除重叠形状”命令，单击组合按钮，得到一个圆环图形，效果如图 5-57 所示。

图 5-56
绘制牙齿

图 5-57
绘制圆环图形

⑯ 按<Ctrl+Enter>组合键将路径载入选区。新建图层，设置前景色为黑色，用前景色填充，并调整图层位置，效果如图 5-58 所示。

⑰ 选择工具箱中的钢笔工具，为音乐图标的耳麦添加高光，按<Ctrl+Enter>组合键将路径载入选区，填充从灰色到白色的渐变，取消选区，效果如图 5-59 所示。

图 5-58
绘制耳麦

图 5-59
绘制耳麦高光

⑱ 选择工具箱中的圆角矩形工具，选择“路径”模式，设置圆角半径为 20 像素,在画布中绘制路径，得到音乐图标耳麦部分。按<Ctrl+Enter>组合键将路径载入选区，新建图层，填充从黑色到深蓝色的渐变，取消选区，效果如图 5-60 所示。

⑲ 选择工具箱中的钢笔工具，选择“路径”模式，在音乐图标的左侧继续绘制耳麦部分。按<Ctrl+Enter>组合键将路径载入选区，新建图层，填充从浅蓝色（#9bd6f5）到蓝色(#2246a6)的线性渐变，取消选区，效果如图 5-61 所示。

图 5-60
绘制耳麦填充渐变

图 5-61
绘制耳麦左侧部分
填充渐变

⑳ 选择工具箱中的钢笔工具，选择路径模式，在耳麦的上方绘制高光区域，按<Ctrl+Enter>组合键将路径载入选区，新建图层，填充从白色到黑色透明的线性渐变，取消选区，效果如图 5-62 所示。

㉑ 选择绘制好的音乐图标耳麦的左侧部分，链接图层，并进行复制，执行“编辑”→“变换”→“水平翻转”菜单命令，得到耳麦的右侧部分，将其放在合适的位置，效果如图 6-63 所示。

图 5-62
绘制耳麦高光

图 5-63
绘制耳麦右侧部分

㉒ 制作背景。在背景层上方新建图层，设置前景色为橙色（#f6b007）、背景色为白色，用渐变前景色填充，效果如图 5-43 所示。

任务实施：手机界面设计

1. 任务分析

信息时代是一个视觉为主的时代，图像将取代文字的统治地位。视觉印象具有唤起各种情感的力量。在所有感官中，视觉是非常重要的。视觉比其他感觉器官都要发达，这与其能接触到外界大量的信息有关。视觉也是用户和手机交流最普遍的渠道。视觉刺激的影响既是立刻发生的，又是持久发生的。用户直接操作成功的关键是丰富的视觉反馈。iPhone 手机采用的高分辨率屏幕，可以显示更多的视觉信息。iPhone 手机的图标设计清晰易懂，细节丰富。

图形很容易表达出一些具体、形象的信息或概念。图像可以灵活地表现出一些文字难以表达的信息，并且可以使用户更容易理解和记忆。

本实例主要是模拟苹果手机的系统界面，采用扁平化的设计思路，应用全新的图标界面设计和滑动解锁功能，即更加扁平化，更加注重细节。

2. 技能要点

核心技能要点：文字工具、钢笔工具、图形工具、路径与图形的计算等。

3. 实现过程

本案例操作步骤如下。

① 打开 Photoshop，执行“文件”→“打开”菜单命令，设置名称为“手机界面设计”、宽度为 720 像素、高度为 1 280 像素、分辨率为 300 像素/英寸。执行“文件”→“存储”菜单命令，将文档保存为“手机界面设计.psd”，设置前景色为绿色（#4b9606），按

<Alt+Delete>组合键填充前景色到背景图层。

② 在“图层”面板中单击“创建新组”按钮，新建一个“背景”图层组，打开素材文件夹中的“背景.jpg”图片，将其拖动到当前文档中，同时调整图像的位置，执行“编辑”→“自由变换”菜单命令，调整图像的大小。效果如图 5-64 所示，“图层”面板如图 5-65 所示。

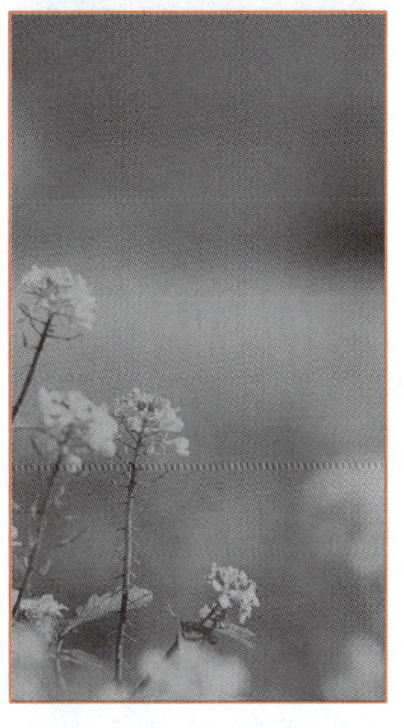

图 5-64
设置背景素材

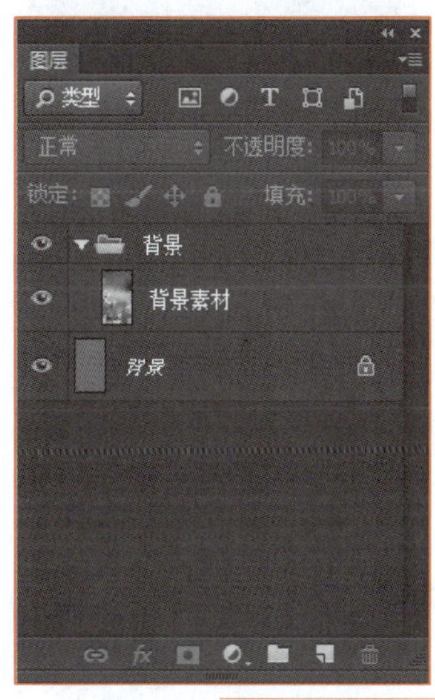

图 5-65
“图层”面板

③ 单击“图层”面板中的“创建新的填充或调整图层”按钮，在弹出的下拉列表中选择“照片滤镜”选项，在打开的“属性”面板中设置滤镜为“深祖母绿”、浓度为 50%，如图 5-66 所示，页面效果如图 5-67 所示。

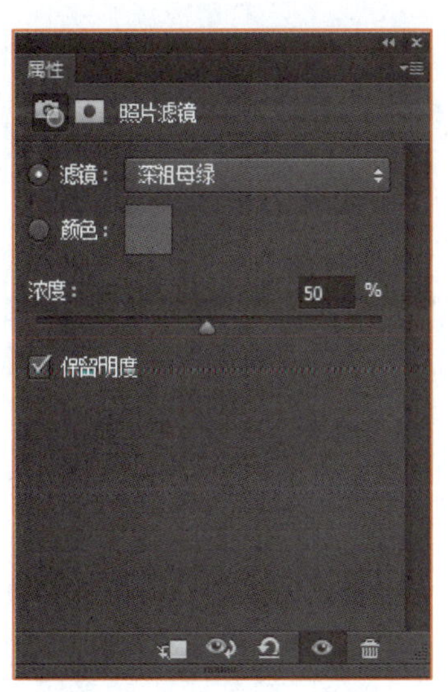

图 5-66
设置“照片滤镜”属性

图 5-67
“照片滤镜”使用后的效果

④ 在“图层”面板中单击“创建新组”按钮，新建一个“顶层图标”图层组，单击工具栏中的“矩形工具”按钮，在其选项栏中选择工具的模式为“形状”，并设置为“黑色”，在画面顶部绘制矩形，效果如图 5-68 所示。

⑤ 单击工具栏中的“钢笔工具”按钮，在其选项栏中选择工具的模式为“形状”，并设置填充色为灰色（# a0a0a0），在画面顶部绘制三角形。再次单击“钢笔工具”按钮，在其选项栏中选择“合并形状”选项，在三角形旁边绘制 3 个梯形，效果如图 5-69 所示。

图 5-68
绘制矩形

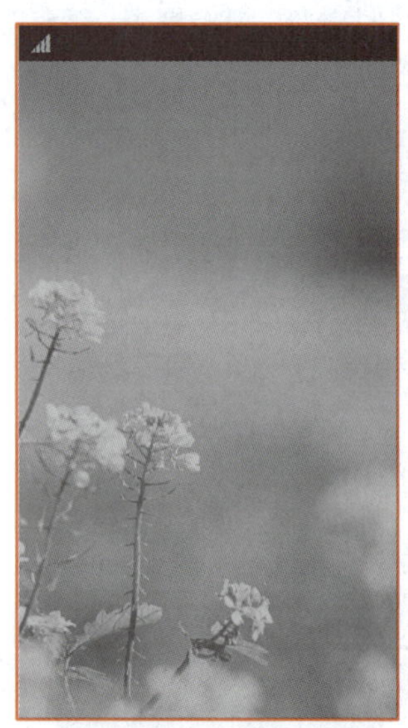

图 5-69
绘制信号图标

⑥ 单击工具栏中的“横排文字工具”按钮，在信号图标右侧输入文字“中国联通”，设置字体为“微软雅黑”、大小为 30 px，调整位置；在顶部右侧输入时间，如“10:28”，设置字体为“Arial”、大小为 30 px，调整位置，效果如图 5-70 所示。

⑦ 单击工具栏中的“矩形工具”按钮，在其选项栏中选择工具的模式为“形状”，并设置为亮绿色（#3acd06），在画面顶部绘制矩形，用来表达手机的电量，单击工具栏中的“横排文字工具”按钮，在电量图标的左侧输入“100%”，设置字体为“微软雅黑”、大小为 30 px，效果如图 5-71 所示。

图 5-70
输入顶部文本信息

图 5-71
绘制电量信息

⑧ 在“图层”面板中单击“创建新组”按钮，新建一个“界面文本”图层组，单击工具栏中的“横排文字工具”按钮，在信号图标下方中间输入“Mp3”，设置字体为“Broadway”、大小为 100 px，调整位置，效果如图 5-72 所示。

⑨ 在“MP3”下方输入“音乐播放器”，设置字体为“造字工房悦黑体”、大小为 80 px，调整位置，效果如图 5-73 所示。

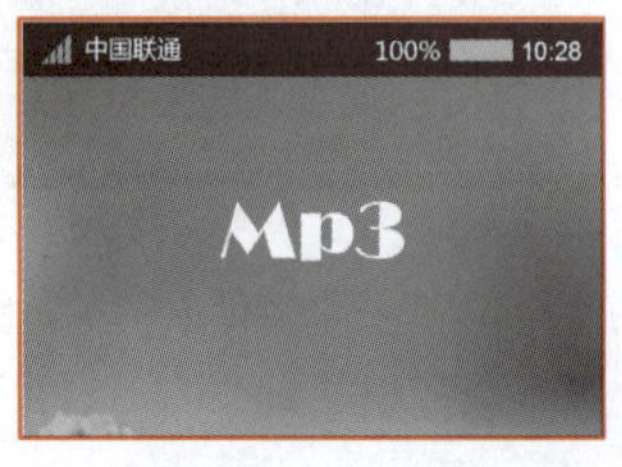

图 5-72
输入 MP3 文本信息

图 5-73
输入文本信息

⑩ 在“图层”面板中选择文本“Mp3”，单击底部的图层样式按钮，在列表菜单中选择“投影”选项，在弹出的“图层样式”对话框中选择左侧区域的“投影”选项，设置混合模式为“正片叠底”、不透明度为“40%”、距离为“8 像素”、扩展为“5%”、大小为“8 像素”，参数设置如图 5-74 所示。

⑪ 在“图层”面板中选择文本“Mp3”，单击“效果”图标，按<Alt>键，拖动“效果”到文本“音乐播放器”的上方，实现文本样式的复制，效果如图 5-75 所示。

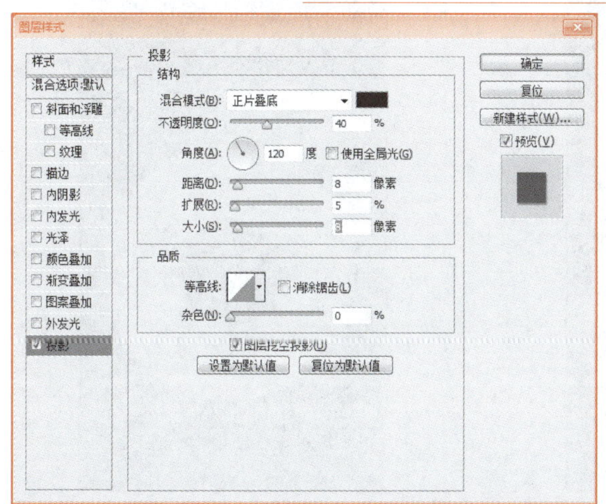

图 5-74
设置投影效果

图 5-75
文字的投影效果

⑫ 在“图层”面板中单击“创建新组”按钮，新建一个“菜单图标”图层组，单击工具栏中的“椭圆工具”按钮，在其选项栏中选择工具的模式为“形状”，并设置为白色，按<Alt+Shift>组合键在画面中央绘制正圆，如图 5-76 所示；再次单击“椭圆工具”按钮，在其选项栏中选择“减去顶层形状”选项，在画面中绘制同心圆，效果如图 5-77 所示。

图 5-76
绘制外圆

图 5-77
绘制内圆实现圆环

⑬ 单击工具栏中的“多边形工具”按钮，在其选项栏中选择工具的模式为“形状”，并设置边为“3”，取消选择“星形”复选框，选择“合并形状”选项，在画面中绘制三角形，按<Ctrl+T>组合键，旋转并调整三角形的大小与位置，效果如图 5-78 所示。

⑭ 单击工具栏中的“椭圆工具”按钮，在其选项栏中选择工具的模式为“形状”，并设置颜色为白色，按<Alt+Shift>组合键在画面中央绘制正圆，再次单击“椭圆工具”按钮，在其选项栏中选择“减去顶层形状”选项，按<Alt+Shift>组合键在画面中绘制同心圆，效果如图 5-79 所示。

图 5-78
绘制三角形

图 5-79
绘制圆环

⑮ 单击工具栏中的“矩形工具”按钮，在其选项栏中选择工具的模式为“形状”，并选择“减去顶层形状”选项，绘制矩形后，则圆环会删除这个矩形区域，如图 5-80 所示，同样，再次删除纵向的区域，如图 5-81 所示。

图 5-80
删除横向矩形

图 5-81
删除纵向矩形

⑯ 选择刚绘制的圆圈，在“图层”面板中设置不透明度为“25%”，效果如图 5-82 所示。

⑰ 单击工具栏中的“自定义形状工具”按钮，在其选项栏中选择工具的模式为“形状”，并在选项栏“形状”面板右上角的设置菜单中选择“全部”选项，设置颜色为白色，

选择“搜索”图标，如图 5-83 所示，绘制“搜索”图标。

图 5-82
设置不透明度

图 5-83
选择“搜索”图标

⑱ 单击工具栏中的“横排文字工具”按钮，在搜索图标右侧输入“SEARCH”，设置字体为 Arial、大小为 30 px，调整位置，效果如图 5-84 所示。

图 5-84
绘制搜索图标与文本

⑲ 单击工具栏中的“自定义形状工具”按钮，选择“主页”图标，绘制白色“主页”形状，使用“横排文字工具”输入“LOCAL”文本，设置样式与“SEARCH”相同；选择“信封 1”图标，绘制白色形状，使用“横排文字工具”输入“SHARE”文本，

设置样式与“SEARCH”相同；选择“存储”图标，绘制白色形状，使用“横排文字工具”输入“DOWNLOAD”文本，设置样式与“SEARCH”相同，页面效果如图 5-1 所示。

任务拓展

1. 钢笔工具的使用技巧

钢笔工具在使用过程中有以下技巧，应用这些技巧可以提高工作效果。

技巧 1:

使用路径其他工具时，按住<Ctrl>键使光标暂时变成方向选取范围工具。

技巧 2:

按住<Alt>键后，在路径控制板上的垃圾桶图标上单击，即可直接删除路径。

技巧 3:

单击路径面板上的空白区域，可关闭所有路径的显示。

技巧 4:

在单击路径面板下方的几个按钮（用前景色填充路径、用前景色描边路径、将路径作为选区载入）时，按住<Alt>键可以看见一系列可用的工具或选项。

技巧 5:

如果需要移动整条或是多条路径，请选择所需移动的路径，然后使用快捷键<Ctrl+T>，就可以拖动路径至任何位置。

技巧 6:

在勾勒路径时，最常用的操作还是像素的单线条的勾勒，但会出现问题，即有矩齿存在，很影响实用价值，此时不妨先将其路径转换为选区，然后对选区进行描边处理，同样可以得到原路径的线条，却可以消除矩齿。

技巧 7:

使用笔形工具制作路径时，按住<Shift>键可以强制路径或方向线成水平、垂直或 45 度角；按住<Ctrl>键可暂时切换到路径选取工具；按住<Alt>键将笔形光标在黑色节点上单击，可以改变方向线的方向，使曲线能够转折；按住<Alt>键用路径选取工具单击路径，会选取整个路径；要同时选取多个路径，可以按住<Shift>后逐个单击；使用路径选择工具时，按住<Ctrl+Alt>组合键移近路径，会切换到加节点与减节点笔形工具。

技巧 8:

若要切换路径是否显示，可以按住<Shift>键后在路径调色板的路径栏上单击，或者在路径调色板灰色区域单击即可，还可以按<Ctrl+Shift+H>组合键。若要在路径调色板上直接切换色彩模式，可先按住<Shift>键后，再将光标移到色彩条上单击。

2. APP 界面设计与项目流程

在手机 APP 产品团队中，通常，APP 界面设计者在前期就应该在团队中，参与产品定位、设计风格、颜色、控件等多个方面问题的讨论，这样做更加有利于设计者深入了解产品的设计风格，有利于设计出成熟可用的 APP 界面。

APP 界面设计与项目流程具体包括以下几步。

（1）背景分析与产品定位

产品的功能是什么？根据什么而做这个产品？要达到什么目的？

例如：手机音乐 APP 是一个集在线播放、搜索、下载于一体的音乐播放软件。

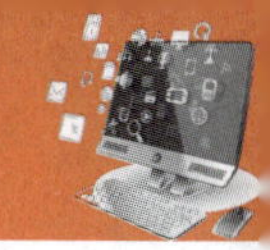

分析不同场景下的网络环境、光线和使用条件等，针对共性因素和特定因素，提供相应的功能和界面设计。

考虑用户的系统体验，用户在使用其他音乐 APP 时，积累了大量的使用经验，并且自觉地养成了一定的使用习惯。总之，一定不要设计出太过“奇葩”的交互操作。

（2）产品风格

产品定位直接影响产品的风格。产品不只是看上去的样子和感觉，设计的关键在于它如何发挥作用。

根据产品的功能、商业价值等内容，可以设计许多不同的风格。当产品是以面向人群为定位，那产品的风格应该是清新、绚丽的；当产品是以商品价值为定位，那产品的风格应该是稳重、大气的。

（3）统一图标和控件设置

制作过程中要统一 ICON 图标和界面的尺寸。

对产品界面用下拉菜单还是使用下拉滑屏，用多选框还是单选框，控件的数量应该限制在多少比较合适等问题，要有清晰的设计。

（4）制定方案

当产品的定位、风格、控件等都确定后，需要制定一套详尽的方案。一般需要提供两套以上的方案，以便于对比与选择。

（5）提交并选定方案

将方案提交后，邀请各方人士来对方案进行评定，选择最佳方案。

（6）美化方案

方案选定后，就需要更详细地根据效果图进行美化设计，要对方案的细节进行推敲，如文字、颜色、ICON 大小等，统一规范，整体对齐，相应位置等间距等，这样会使整体感觉更好，还要考虑交互细节、交互操作是否符合用户操作习惯。

项目实训：手机 UI 界面设计

1. 使用矩形工具绘制移动 UI 小图标，效果如图 5-85 所示。

图 5-85
移动 UI 图标效果

2. 本任务是制作手机通讯录中联系人信息的设置页面，效果如图 5-86 和图 5-87 所示。

制作思路：整体背景可以通过形状工具绘制，制作出高雅色系的主题风格，并结合各种工具制作出高雅色系的联系人设置界面。通过联系人设置界面的制作，读者可以明白色调在手机主题界面中的作用与应用。

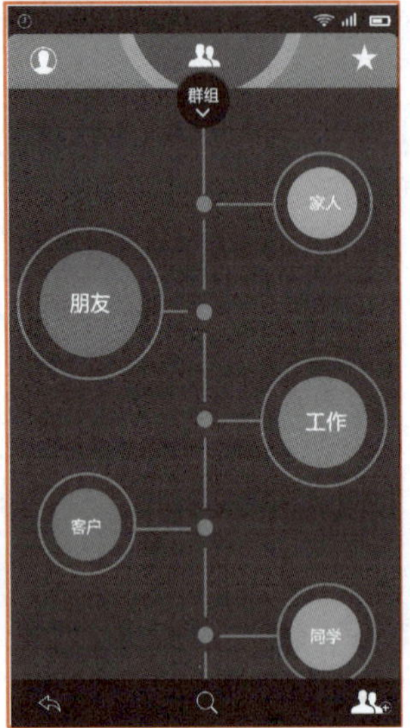

图 5-86
联系人界面 1

图 5-87
联系人界面 2

第 6 章 蒙版的应用

图层蒙版是制作图像混合效果时最常用的一种手段，通俗而言，蒙版就是“蒙在上面的板子”的意思。图层蒙版是在当前图层上面覆盖一层玻璃，这种玻璃有透明的、磨砂的、完全不透明的，图层蒙版是 Photoshop 中一项十分重要的功能。

教学导航

教学目标	（1）了解蒙版的概念与原理 （2）了解蒙版的分类 （3）掌握快速蒙版、剪贴蒙版的使用方法 （4）掌握图层蒙版、矢量蒙版的使用方法
本单元重点	（1）快速蒙版、剪贴蒙版的使用方法 （2）图层蒙版、矢量蒙版的使用方法 （3）图层蒙版与矢量蒙版的混合使用
本单元难点	（1）图像制作蒙版的使用方法 （2）图层蒙版与矢量蒙版的混合使用
教学方法	任务驱动法、讲授法、演示操作法
建议课时	6 课时

任务展示：海底世界海报设计

海底世界是融科普教育、观赏娱乐为一体的大型海洋生物展示工程，一般海底世界如同一座雄伟瑰丽的海底宫殿般富丽堂皇。海底世界采用世界先进的人工海水生命维持系统，生活着几百种、上万条海洋鱼类。本例就是为海底世界设计一幅富有清爽感和神秘感的海报，设计效果如图 6-1 所示。

图 6-1
海底世界海报效果

知识准备

6.1　蒙版简介

6.1.1　了解蒙版

图层蒙版是制作图像混合效果时最常用的一种手段。使用图层蒙版混合图像的好处，在于可以在改变图层中图像像素的情况下，实现多种混合图像的方案并进行反复修改，最终得到需要的效果。

蒙版的工作原理就是使用一张灰度图，有选择地屏蔽当前图层中的图像，从而得到混合效果。简单可以理解成一块玻璃，玻璃上有沙子（也就是黑色），把沙子拨开一部分

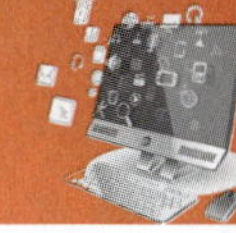

（也就是白色），有沙子的地方人们看不到玻璃后面的东西（蒙版下面的图层），没沙子的地方可以看到玻璃下面的东西（蒙版下面的图层），沙子比较稀少的地方可以模模糊糊看到一点下一层中图像的内容。

所以，基本上所有的图像设计师都在使用图层蒙版创作着各种各样的作品，图 6-2 所示为房产户外广告的页面效果，图 6-3 所示为游戏网站设计的页面效果。

图 6-2
户外广告的页面效果

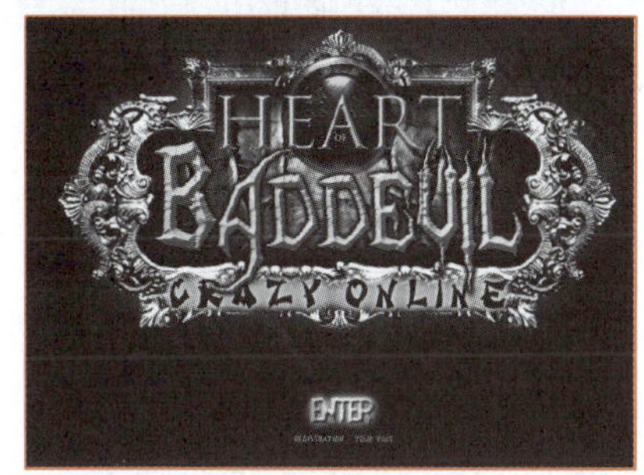

图 6-3
游戏网站设计

下面，通过 幅图片来认识 下蒙版，如图 6-4 所示，下面的背景层为“黄山”图片，上层为“人物”图片，人物右侧的“黑白灰”的渐变图层为“蒙版”层。

图 6-4
认识蒙版

从图 6-4 可以看出，通过改变蒙版图层中黑白程度的变化，可以控制图像对应区域的显示或者隐藏状态，从而可以实现不同的特殊效果。例如，蒙版图层中左上角的黑色圆圈区域把上层的“人物”隐藏或屏蔽了，右下角中的白色圆圈区域则完全显示了上层的图像内容，其他区域在蒙版中使用了自上而下从白色到黑色的渐变，从而“人物”与背景的“黄山”云海融为了一体。总结一下，可以得到以下 3 点。

- 图层蒙版中黑色区域部分可以使图像对应的区域被隐藏，显示底层图像。
- 图层蒙版中白色区域部分可以使图像对应的区域显示。
- 如果有灰色部分，则会使图像对应的区域半隐半显。

蒙版共分为 4 种，它们分别为：快速蒙版、图层蒙版、剪贴蒙版以及矢量蒙版。虽然分类不同，但是这些蒙版的工作方式是相同的。

微课 6-1
快速蒙版

6.1.2　快速蒙版

快速蒙版是蒙版最基础的操作方式，使用快速蒙版可以快速创建出需要的选区，在快速蒙版模式下可以使用各种编辑工具或滤镜命令对蒙版进行编辑。

下面通过一个实例来学习“快速蒙版”。

① 打开素材文件夹中“男士.jpg”图像，使用“魔棒工具”，选择人物身后的背景，如图 6-5 所示。

② 在工具箱中单击“以快速蒙版模式编辑”按钮，进入快速蒙版模式编辑状态，如图 6-6 所示。

图 6-5
选择绿色背景区域

图 6-6
以快速蒙版模式编辑

③ 执行“图像”→“调整”→“反相”菜单命令，将视图中的颜色反相，使人物图像处于选区以内，如图 6-7 所示。

④ 使用“画笔”工具，在人物边缘处进行涂抹，如图 6-8 所示。

图 6-7
将快速蒙版下的内容反相

图 6-8
放大后用画笔修饰边缘

⑤ 在工具箱中单击“以标准模式编辑”按钮，退出快速蒙版模式，此时无色区域成为当前选择区域，如图 6-9 所示。

⑥ 按<Ctrl+C>快捷键复制图层，粘贴到如图 6-2 所示的效果图中，页面效果如图 6-10 所示。由此可以看出，快速蒙版是一个编辑选区的临时环境，可以辅助用户创建选区。

图 6-9
将快速蒙版下的内容反相

图 6-10
放置到户外广告后的页面效果

总之，在这样的操作中可以建立不规则、同时有多种不同羽化值的选区，这种选区的随意性和自由性很强，是利用选择选框工具所得不到的特殊选区。只需要单击工具栏下方的“以快速蒙版模式编辑”按钮，就可以建立快速蒙版，然后通过画笔在图像上添加红色蒙版，通过橡皮擦工具擦除不需要被遮罩保护的蒙版部分，从而得到灵活多变的选区。也就是说，快速蒙版的功能就是建立自定义的特殊选区。所以，当需要用特殊的选区来选择图像操作时，一定要使用快速蒙版。

6.1.3　图层蒙版

微课 6-2
图层蒙版

图层蒙版可以让图层中的图像部分显现或隐藏。用黑色绘制的区域是隐藏的，用白色绘制的区域是可见的，而用灰度绘制的区域则会出现在不同层次的透明区域中。

可以简单理解图层蒙版为：与图层捆绑在一起，用于控制图层中图像的显示与隐藏的蒙版，且此蒙版中装载的全部为灰度图像，并以蒙版中的黑、白图像来控制图层缩览图中图像的隐藏或显示。图层蒙版的最大优势是在显示或隐藏图像时，所有操作均在蒙版中进行，不会影响图层中的图像。

通过一个例子来学习“图层蒙版”的创建过程。

① 打开两幅素材图像，素材“清然美景.jpg”（如图 6-11 所示）和素材“窗户相框门.jpg”（如图 6-12 所示）。

图 6-11
素材“清然美景.jpg”

图 6-12
素材“窗户相框门.jpg”

② 使用“移动工具”将素材“窗户相框门.jpg”拖至素材“清然美景.jpg”的上方，调整大小与位置后的效果如图 6-13 所示。

图 6-13
图像简单组合后的层次关系

③ 使用“魔棒工具”选择图 6-13 中的白色区域，然后执行“选择”→“反向”菜单命令（或按快捷键<Ctrl+Shift+I>），实现选择白色以外的区域。

④ 单击“图层”面板底部的“添加图层蒙版”按钮，可以创建一个图层蒙版，如图 6-14 所示，实现了门和窗户展现清然美景的效果。

图 6-14
图层蒙版使用后的页面效果

在整个蒙版创建完成后，按住<Alt>键单击图 6-14 中的“图层”面板中的蒙版缩略图，就能显示蒙版图层的具体内容，如图 6-15 所示。

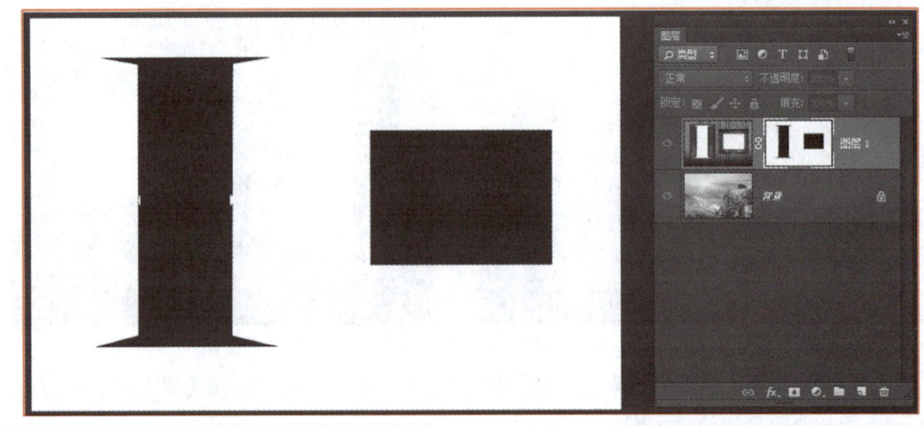

图 6-15
图层蒙版信息

如果按住<Ctrl>键单击图 6-14 中的“图层”面板中的蒙版缩略图，则可以将蒙版图层中的白色区域变成选区，如图 6-16 所示。

图 6-16
图层蒙版转换为选区

单击“图层”面板底部的“添加图层蒙版”按钮，可以创建一个白色图层蒙版，按住<Alt>键单击该按钮可以创建一个黑色图层蒙版。

创建蒙版后，既可以在图像中操作，也可以在蒙版中操作。以白色蒙版为例，创建后蒙版缩览图显示一个矩形框，说明该蒙蔽处于编辑状态，这是在画布中绘制黑色图像后，绘制的区域将图像隐藏。单击图像缩览图进入图像的编辑状态，在画布中绘制黑色图像，呈现黑色图像。

要想将某一图层的蒙版复制到其他图层，可以结合<Alt>键拖动蒙版缩览图到想要复制的图层即可，直接单击并拖动图层蒙版缩览图，可以将该蒙版转移到其他图层。如果结合<Shift>键拖动蒙版缩览图，除了将该图蒙版转移到其他图层外，还将转移后的蒙版反相处理，即蒙版与显示的区域相反。

6.1.4 剪贴蒙版

微课 6-3
剪贴蒙版

剪贴蒙版是一种常用于混合文字、形状与图像的技术。剪贴蒙版由两个以上图层构成，处于下方的图层成为基层，用于控制其上方图层的显示区域，而其上方的图层则被称为内容图层。在每一个剪贴蒙版中，基层都只有一个，内容图层则可以有若干个。

1. 创建剪贴蒙版

新建一个 Photoshop 文档，打开素材文件夹中的“海岸美景.jpg”，使用文字工具输入“梦幻海滩”，将素材“海岸美景.jpg”拖入到“梦幻海滩”的上方，如图 6-17 所示。

图 6-17
文档的层次关系

当“图层”面板中存在两个或者两个以上的图层时，例如，图 6-17 就可以创建剪贴蒙版。方法是：选择“图层”面板中的“图层 1”（海岸美景.jpg），执行“图层”→“创建剪贴蒙版”菜单命令，该图层会与其下方的图层创建剪贴蒙版，如图 6-18 所示。

创建剪贴蒙版后，发现蒙版中的下方图层名称带有下画线，内容图层的缩览图是缩进的，并且显示一个剪贴蒙版图标，而画布中的图像也会随之发生变化。

图 6-18
创建剪贴蒙版的图层

创建剪贴蒙版后，蒙版中两个图层中的图像均可以随意移动。如果是移动下方图层的图像，那么会在不同位置显示上方图层中的不同区域图像；如果移动上方图层的图像，那么会在同一位置显示该图层的不同区域的图像，并且可能会显示出下方图层中的图像。

剪贴蒙版的优势就是形状图层可以应用于多个图层，只要将其他图层拖至蒙版中皆可，但只有最上方的图层显示其图像。

在 Photoshop 中，文字图层、填充图层等均可以创建剪贴蒙版。当遇到两幅图像合成为一幅图像时，可以使用填充图层剪贴蒙版，方法是：在两幅图像所在的图层中间创建渐变填充图层，将渐变设定为“前景色到透明渐变”的方式，然后将渐变填充图层与其上方图像图层创建剪贴蒙版即可，如图 6-19 所示。

图 6-19
渐变填充方式创建蒙版

2. 编辑剪贴蒙版

创建剪贴蒙版后，还可以对其中的图层进行编辑，如图层的不透明度与图层混合模式等，这些选项均可以在剪贴蒙版中的所有图层中编辑。剪贴蒙版使用下方图层的不透明度可以控制整个剪贴蒙版组的不透明度。而调整上方的内容图层只是控制其自身的不透明

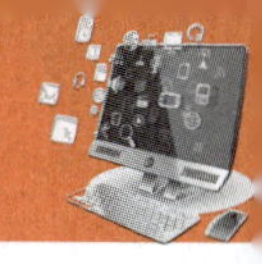

度，不会对整个剪贴蒙版产生影响，将图 6-19 所示的上方图层的不透明度设置为“50%”，将图层混合模式设置为“强光”，将剪贴蒙版图层的不透明度设置为“75%”，整个效果如图 6-20 所示。从这一效果中可以看出，蒙版上方图层的不透明度设置，不会显示“背景”图层的内容，只会显示剪贴蒙版下方图层，即基层的图像。

图 6-20
调整剪贴蒙版后的效果

6.1.5 矢量蒙版

微课 6-4
矢量蒙版

图层蒙版是依靠路径来限制图像的显示与隐藏，因此它创建的都是具有规则边缘的蒙版。图层矢量蒙版是通过钢笔工具或者形状工具所创建的矢量图形，因此，在输出时矢量蒙版的光滑度与分辨率无关，能够以任意一种分辨率进行输出。

矢量蒙版可在图层上创建锐边形状，因为矢量蒙版是依靠路径图形来定义图层中图像的显示区域。与剪贴蒙版不同的是，它仅能作用于当前图层，并且与剪贴蒙版控制图像显示区域的方法也不尽相同。

1. 创建矢量蒙版

通过一个例子来学习“矢量蒙版”的创建过程。

① 打开素材文件夹中的图片素材“酷炫光.jpg”，使用文字工具输入“酷炫时代”，调整文字的大小，如图 6-21 所示。

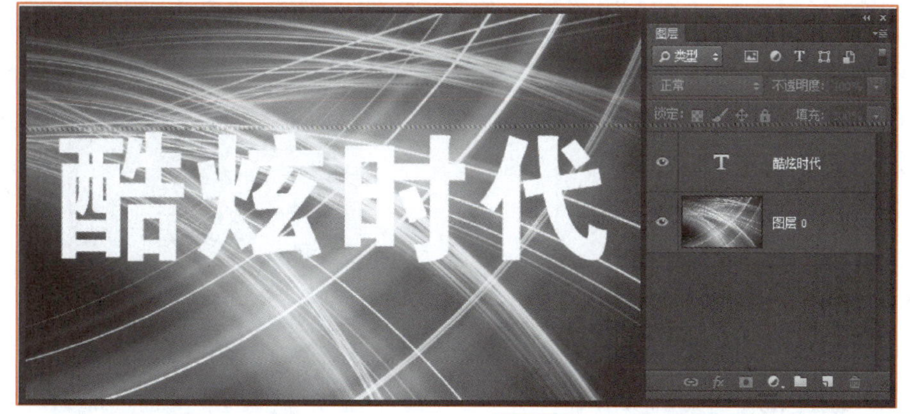

图 6-21
调整剪贴蒙版后的效果

② 选择文字所在的图层，执行“类型”→“转换为形状”菜单命令，将文字转换为矢量形状，如图 6-22 所示。

图 6-22
将文字转换为形状

③ 按<Ctrl+C>快捷键复制文字形状中的路径，单击“路径”面板，单击“创建新路径”按钮，新建一个路径，然后，按<Ctrl+V>快捷键将文字形状路径粘贴到“路径 1”中，在“路径”面板中选择“路径 1”，在“图层”面板中隐藏“酷炫时代”图层，选择“图层 0”，执行“图层”→“矢量蒙版”→“当前路径”菜单命令，将文字装换为矢量形状，在底层添加一个白色的背景图层，效果如图 6-23 所示。

图 6-23
矢量蒙版的效果

通常，还可以执行“图层”→“矢量蒙版”→“显示全部”菜单命令，可以创建显示整个图层图像的矢量蒙版，如图 6-24 所示。执行“图层”→“矢量蒙版”→“隐藏全部”菜单命令，可以创建隐藏整个图层图像的矢量蒙版，如图 6-25 所示。前者创建的矢量蒙版呈现白色，后者呈现灰色。

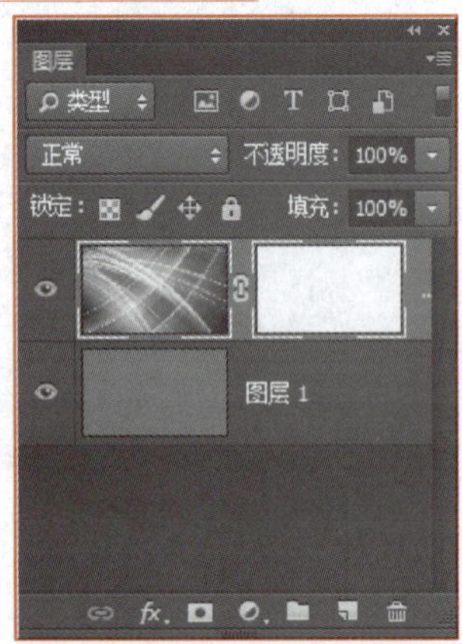

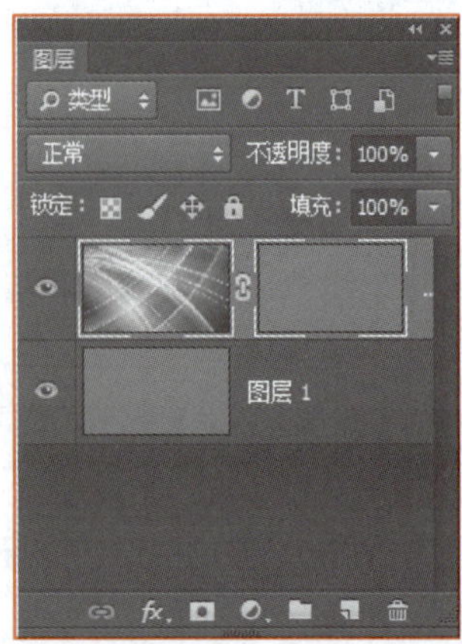

图 6-24
显示全部矢量蒙版

图 6-25
隐藏全部矢量蒙版

创建矢量蒙版后，还可以在蒙版中添加路径形状来设置蒙版的遮罩区域，选择“自定形状”工具后，启用其工具选项栏中的“路径”选项与“计算路径”选项，在矢量蒙版中计算路径。在蒙版中的路径和在“路径”面板中的一样可以编辑。

笔 记

2. 将矢量蒙版转化为图层蒙版

对于一个矢量蒙版，它比较适合于为图像添加边缘界限明显的蒙版效果，但仅能用钢笔工具、矩形工具等对其进行编辑，此时可以通过将矢量蒙版栅格化，从而将其转化为图层蒙版，再继续使用其他绘图工具继续编辑。方法是：执行“图层”→“栅格化”→“矢量蒙版”菜单命令，或者在要栅格化的蒙版缩览图上单击鼠标右键，在弹出的快捷菜单中选择“栅格化矢量蒙版”即可。

6.2　蒙版的编辑与应用

6.2.1　图层蒙版的其他操作

当图像蒙版创建完成后，可以对蒙版进行相关的编辑、应用、删除、停用和取消链接等操作。

1. 编辑图层蒙版

要对图层蒙版进行编辑，只需要按住<Alt>键单击“图层”面板中的蒙版缩略图，就能显示蒙版图层的具体内容，如图 6-15 所示。然后，可以使用各种绘图工具进行操作，如画笔工具和渐变工具等。

2. 应用图层蒙版

应用图层蒙版效果可以减小图像文件。例如，图 6-26 所示为应用图层蒙版的图像效果以及“图层”面板，右击图层蒙版缩览图，在弹出的快捷菜单中选择“应用图层蒙版”命令（或者执行“图层”→“图层蒙版”→“应用”菜单命令），也可以实现应用图层蒙版，应用图层蒙版后的效果和“图层”面板如图 6-27 所示。

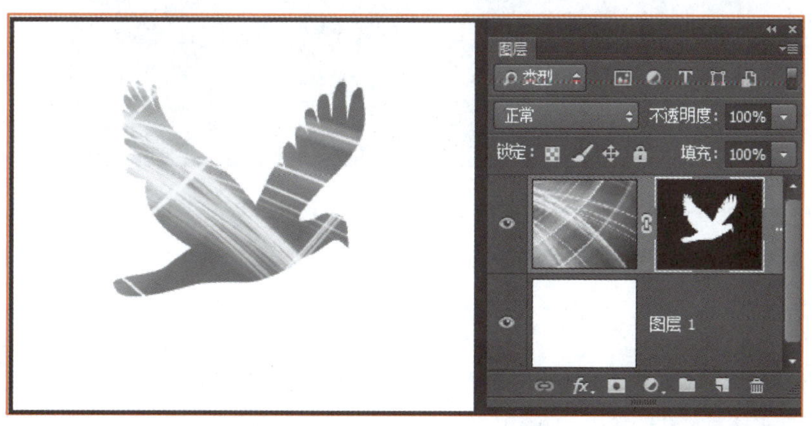

图 6-26
应用图层蒙版前的图像与“图层”面板

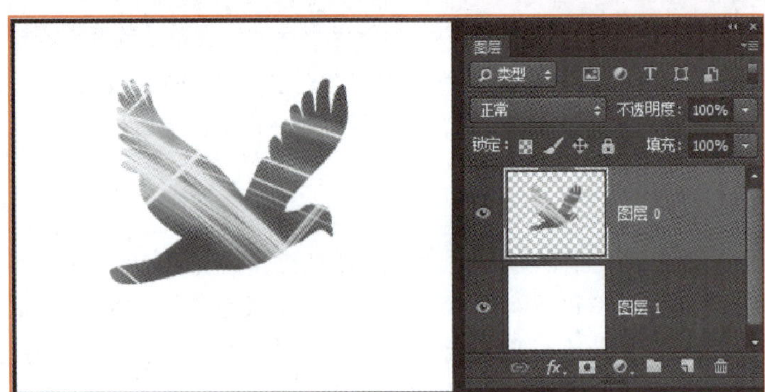

图 6-27
应用图层蒙版后的图像与“图层”面板

由此可见，在应用图层蒙版后蒙版中的黑色所对应的区域被删除了。而白色部分被保留下来，同时减少了图层蒙版的图层，减小了图像文件的大小。

3. 删除图层蒙版

要删除图层蒙版，首先选择需要删除的图层蒙版缩览图，然后单击“图层”面板下方的删除图层按钮，在弹出的对话框中单击“删除”按钮即可。

此外，还可以通过单击鼠标右键，在弹出的快捷菜单中选择“删除图层蒙版”命令来删除。当然，还可以通过执行“图层”→“图层蒙版”→“删除”菜单命令来实现。

4. 停用图层蒙版

要停用图层蒙版，首先选择需要停用的图层蒙版缩览图，单击鼠标右键，在弹出的快捷菜单中选择“停用图层蒙版”命令即可实现停用图层蒙版。当然，还可以通过执行“图层”→“图层蒙版”→“停用”菜单命令来实现，停用后的图像与“图层”面板如图 6-28 所示。

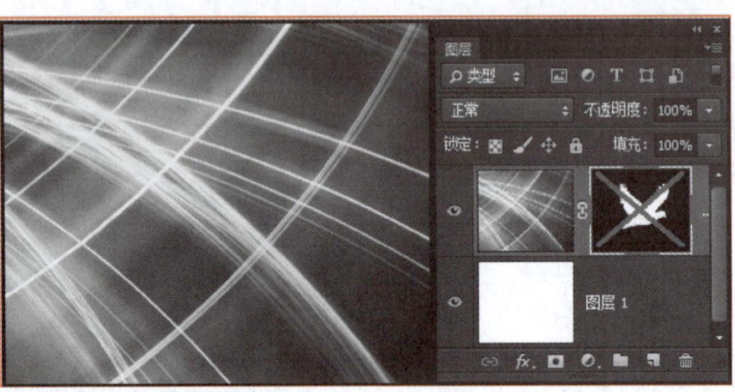

图 6-28
停用图层蒙版的图像与“图层”面板

如果需要再次使用图层蒙版，那么选择图层蒙版缩览图，单击鼠标右键，在弹出的快捷菜单中选择“启用图层蒙版”命令来实现。

5. 图层蒙版取消链接

默认情况下图层蒙版创建后，图像层与蒙版层是通过链接捆绑在一起的，会一起移动，如果要取消图层蒙版的链接，首先选择需要取消链接的图层蒙版缩览图，执行“图层”→“图层蒙版”→“取消链接”菜单命令来实现，停用后的图像与“图层”面板如图 6-29

所示，图像层与蒙版层中间的链接图标就消失了。

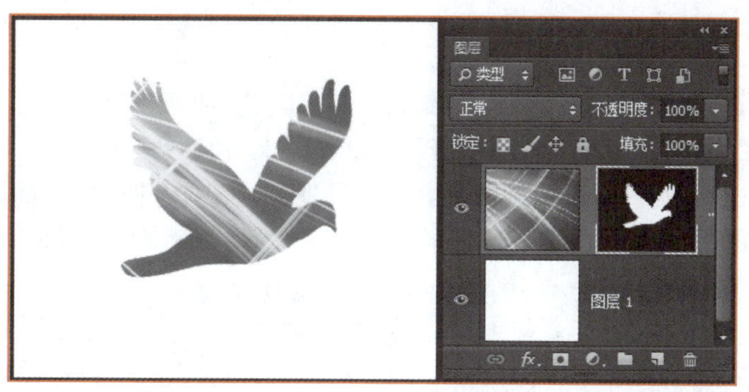

图 6-29
取消图层与图层蒙版链接

6.2.2 选区与蒙版的互为转换

选区转换为图层蒙版的方法很简单，即：打开素材文件“山花.psd”，使用“椭圆工具”绘制一个圆形，单击鼠标右键，在弹出的快捷菜单中选择“羽化”命令，设置羽化值为“30 像素”，素材与“图层”面板如图 6-30 所示。

图 6-30
创建选区

选区创建后，单击“图层”面板底部的“添加图层蒙版”按钮，直接在选区中填充白色显色，在选区外填充黑色被遮罩，使选区外的图像隐藏，如图 6-31 所示。

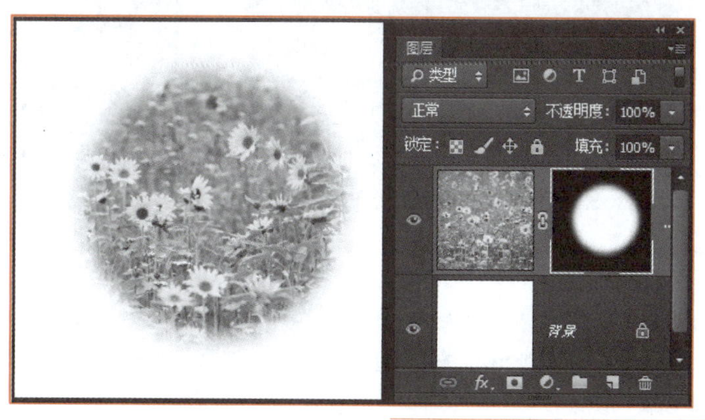

图 6-31
羽化后的选区转换为蒙版

如果要将图层蒙版转换为选区的话，只需要按住<Ctrl>键单击“图层”面板中的蒙版缩略图，蒙版图层中的白色区域变成选区。

6.2.3　认识图层蒙版与通道的关系

蒙版与通道都是 256 级色阶的灰度图像，它们有许多相同的特点，例如，黑色代表隐藏区域，白色代表显示的区域，灰色代表半透明区域，所以可以将通道转化为蒙版。

例如，图 6-31 中实现了选区向蒙版的转换，此时，在面板区打开“通道”面板，可以看到在“通道”面板中多了一个 alpha 通道，其实就是一个选区，如图 6-32 所示。

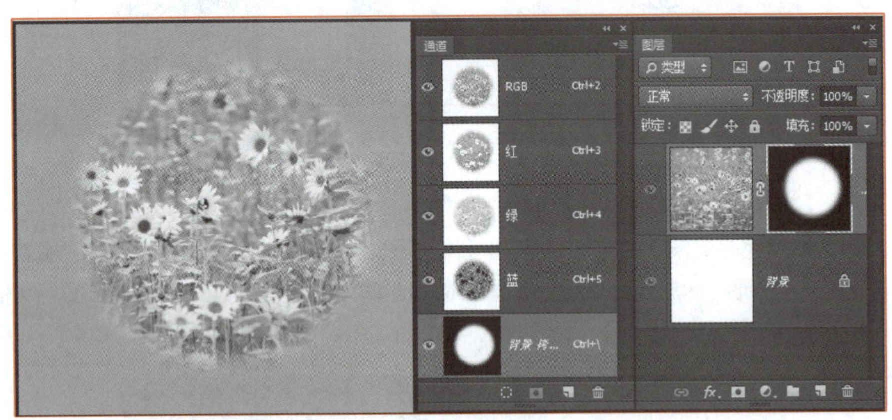

图 6-32
认识与图层蒙版的关系

6.2.4　在图层蒙版中使用滤镜

创建图层蒙版后，可以结合滤镜命令创建出特殊的图层合成效果。在图层蒙版中，大部分滤镜命令均可以使用。

下面举例讲解滤镜在蒙版图层中的使用。

① 打开素材文件夹中的“吴江古镇.jpg”，使用矩形选区创建图层蒙版后，选区中的区域显示图像，选区外的区域隐藏图像，并且显示其下方图层中的图像，如图 6-33 所示。

图 6-33
矩形选区创建蒙版

② 单击图层蒙版缩览图，使之处于编辑状态（周围显示白色边框），执行“滤镜”→“滤镜库”菜单命令，在弹出的“滤镜库”面板中，选择“扭曲”→“玻璃”选项，那么得到的边缘效果如图 6-34 所示。

③ 在图层蒙版中执行“滤镜”→“扭曲”→“旋转扭曲”菜单命令，那么可以得到的边缘效果如图 6-35 所示。

图 6-34 使用“玻璃”滤镜后效果

图 6-35 使用“旋转扭曲”滤镜后效果

6.2.5 使用图像制作蒙版

在 Photoshop 中，可以将通道转换为图层蒙版，也可以将外部图像复制到图层蒙版中，然后把外部颜色图像变成灰度图像，图层蒙版会根据不同程度的灰色隐藏图层内容。

下面举例学习使用图像制作图层蒙版的方法。

① 在 Photoshop 中，新建一个文档，打开素材文件夹中的“油菜花.jpg”，将“油菜花”素材图像拖入到文档中，单击“图层”面板底部的“添加图层蒙版”按钮，添加一个新的蒙版图层，如图 6-36 所示。

图 6-36 添加图层蒙版

② 打开素材文件夹中的“人物.jpg”素材图像，按<Ctrl+C>组合键复制图像内容，在“图层”面板中按住<Alt>键单击蒙版缩略图，进入蒙版图层，按<Ctrl+V>组合键将“人物”素材图像粘贴到蒙版图层中，此时，彩色图像转换为灰度图像，如图 6-37 所示。

图 6-37 将图像复制到图层蒙版

③ 在蒙版图层中，执行“图像”→“调整”→“反相”菜单命令，将蒙版图层中的颜色反相后，单击油菜花图层，退出蒙版图层的编辑状态，页面效果如图 7-38 所示。

图 6-38
将图像应用到图层蒙版后的效果

6.2.6　案例：光盘封面制作

微课 6-5
光盘封面设计

收集 2018 年春晚金曲素材，利用蒙版技术设计并制作一光盘封面，效果如图 6-39 所示。

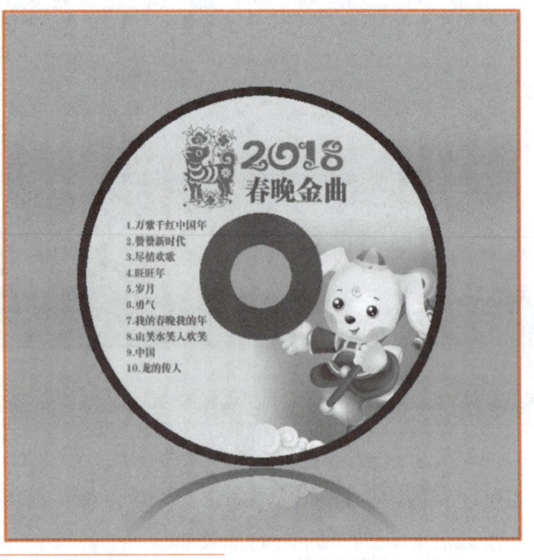

图 6-39
案例效果图

本案例综合了多种蒙版使用方法将多个素材图像进行整合，最终实现光盘盘面的效果，案例实现过程如下。

① 打开 Photoshop，按<Ctrl+N>组合键新建一个文档。宽度和高度都设置为 600 像素，并拖动两条参考线放在画布的中间位置，如图 6-40 所示，设置前景色为橙色（#ec6603），按<Ctrl+Delete>快捷键填充前景色到背景图层，保存文件为“光盘封面设计.psd ”。

② 选择椭圆选框工具，设置羽化为“0”，以参考线交叉点为起点，按住<Alt+Shift>快捷键绘制一椭圆选区，直径约为 450 像素，可使用参考线。接下来，新建一个图层，命名为“黑色边框”，选中这一图层，将选区填充为黑色，如图 6-41 所示。

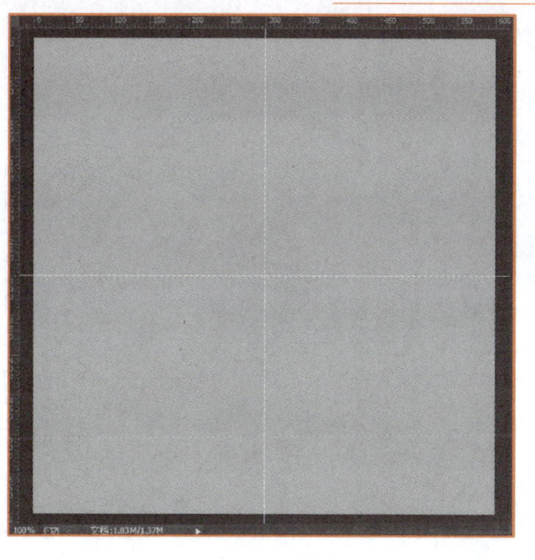

图 6-40
创建新文档

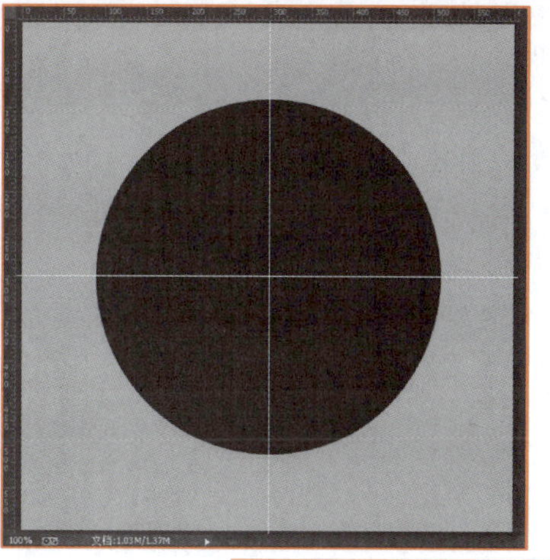

图 6-41
填充为黑色的选区

③ 执行“选择”→“修改”→“收缩”菜单命令，将选区缩小 10 px。继续新建一个图层，命名为“盘面”，并填充为浅黄色（#fedda3），效果如图 6-42 所示。

④ 选择椭圆选框工具，以参考线的交叉点为起点，同时按住<Alt+Shift>快捷键绘制一直径约为 150 像素的圆形选区。依次选择“盘面”“黑色边框”图层，将图层上选区内的图像删除，如图 6-43 所示。

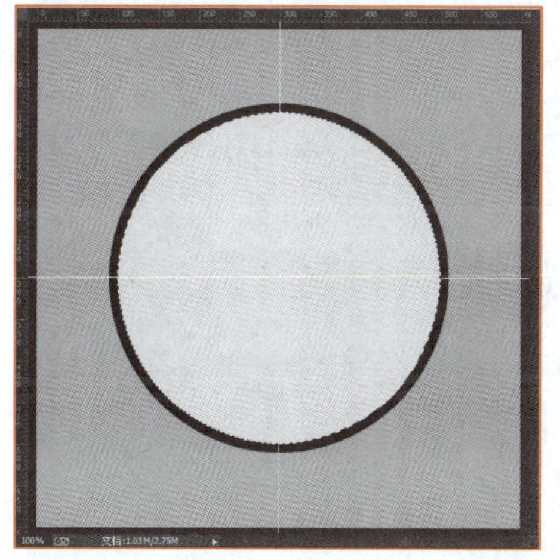

图 6-42
带参考线的画布

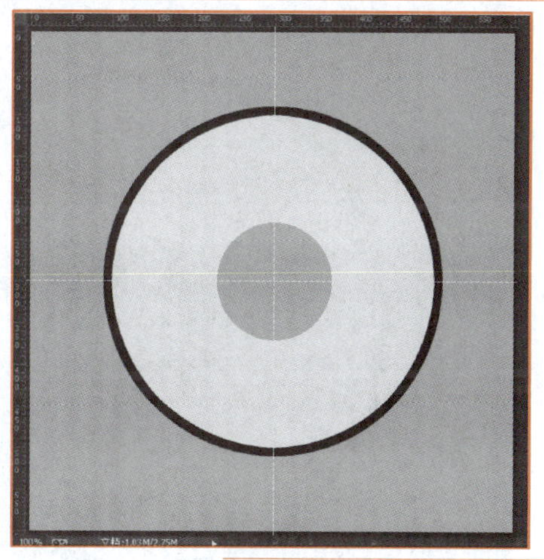

图 6-43
删除中心的效果

⑤ 选择椭圆选框工具，在选项栏中选择创建选区的方式为“从选区中减去”，继续以参考线的交叉点为起点，同时按住<Alt+Shift>快捷键绘制一直径约为 75 像素的圆形选区。

⑥ 新建一个图层，命名为“内圈”，在这一图层上将选区填充为红色（# c11d08），执行“编辑”→“描边”菜单命令，弹出“描边”对话框，进行 2 px 的白色描边，效果如图 6-44 所示。

⑦ 按<Ctrl+D>组合键取消选区，接下来执行“窗口”→“取消参考线”菜单命令，将参考线取消。

⑧ 将“金犬送福.jpg”素材导入场景中，将图层命名为“金犬送福”，调整其大小，并将其放到盘面右下角的位置，如图 6-45 所示。

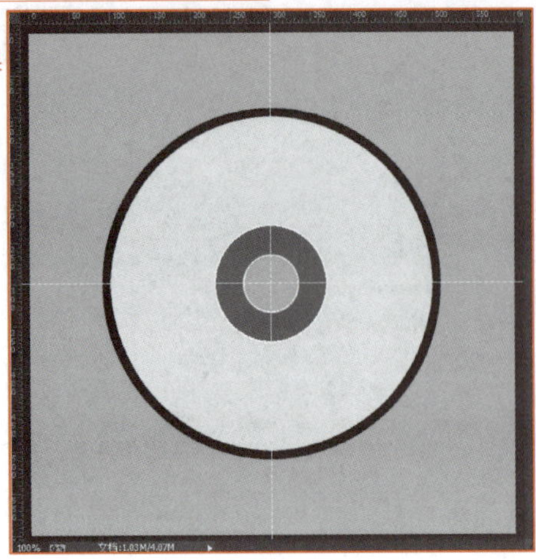

图 6-44
填充了内圈颜色的效果

图 6-45
导入的“金犬送福”素材

⑨ 按住<Ctrl>键单击“盘面”图层的缩览图，将盘面的图层转化为选区。单击“金犬送福”图层，使之处于选中的状态。接下来，单击“图层”面板下方的“添加图层蒙版”按钮创建一图层蒙版，如图 6-46 所示。

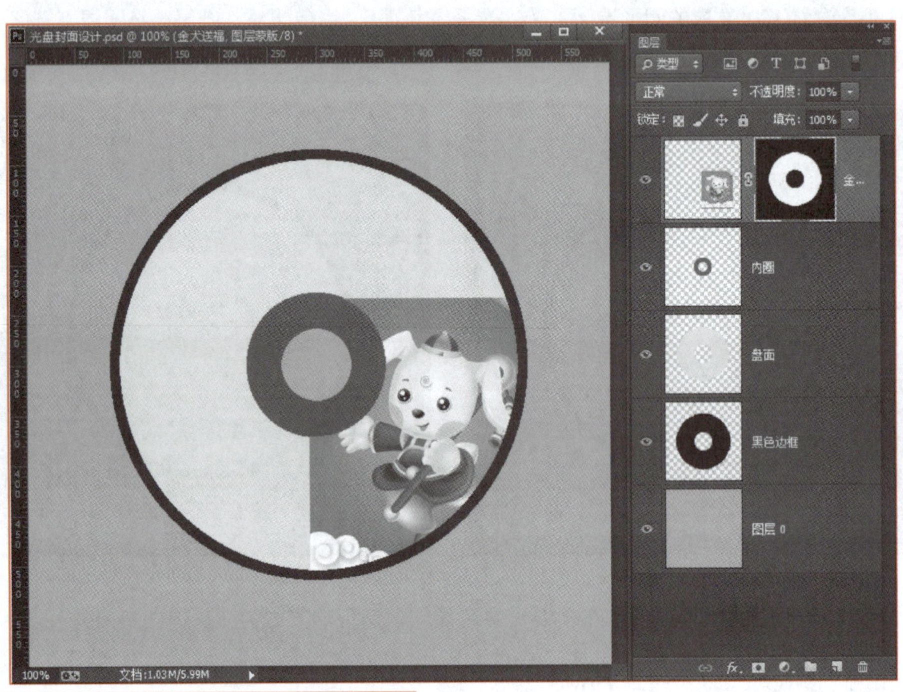

图 6-46
添加蒙版

⑩ 按住<Alt>键单击“金犬送福”图层上的图层蒙版，使图层蒙版处于编辑状态，继续按住<Ctrl>键单击图层蒙版缩览图，将白色部分转化为选区。选择“画笔”工具，设置前景色为黑色、背景色为白色、画笔形状为“柔边圆大小”画笔、画笔半径约 200 像素，在“金犬送福”图像的上边缘位置，保留卡通金犬，这时可以使用黑色模糊的画笔工具在图层蒙版中进行细节的涂抹，蒙版如图 6-47 所示，单击“金犬送福”图层，从蒙版编辑状态中退出，效果如图 6-48 所示。

图 6-47
填充了内圈颜色的效果

图 6-48
应用在“金犬送福”上的蒙版

⑪ 将素材图片“logo.png”置入到场景中，将其所在图层命名为“Logo”，调整 Logo 的大小与位置，如图 6-49 所示。

⑫ 使用文字工具输入“春晚金曲”，设置文字大小为“30 像素”、字体为“方正粗宋简体”、文本颜色为“红色（#db1509）”，效果如图 6-50 所示。

图 6-49
填充了内圈颜色的效果

图 6-50
应用在“金犬送福”上的蒙版

⑬ 使用文字工具输入“1.万紫千红中国年…”系列歌曲的名字，设置文字大小为“12 像素”、字体为“方正粗宋简体”、文本颜色为红色（#db1509），效果如图 6-39 所示，并进行适当美化，如添加背景、制作倒影等效果。

6.3 综合案例：房地产广告制作

6.3.1 效果展示

房产广告具有传递楼盘信息，树立地产建设理念，引导消费者消费倾向，促进销售的作用，本案例以蒙版应用为基础设计一个房地产广告，效果如图 6-51 所示。

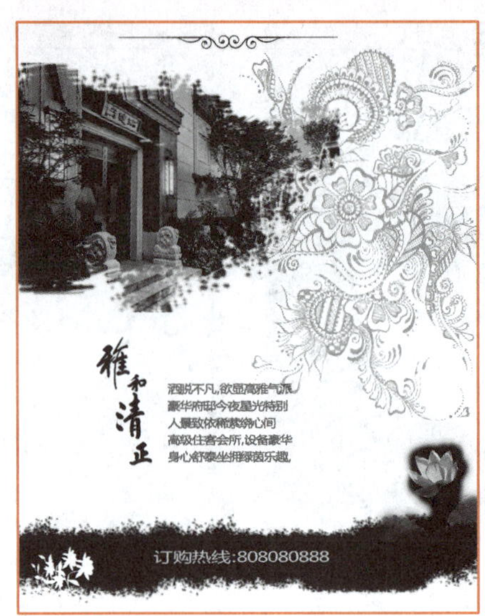

图 6-51
地产广告效果

6.3.2　实现过程

微课 6-6
房地产广告制作

整个项目的实现过程如下。

① 打开 Photoshop 软件，创建一个宽为 2 000 像素、高为 2 500 像素的文档，将文档保存为“房地产广告宣传.psd”。

② 将“花纹.png”素材导入文档中，将其图层命名为“花纹”，调整其位置与大小，将其放到盘面右下角的位置，在“图层”面板中将其透明度设置为 30%，效果如图 6-52 所示。

③ 将素材图片“建筑”置入场景中，将其所在图层命名为“建筑”，调整其大小并放置在左上角，如图 6-53 所示。

图 6-52
拖入花纹效果

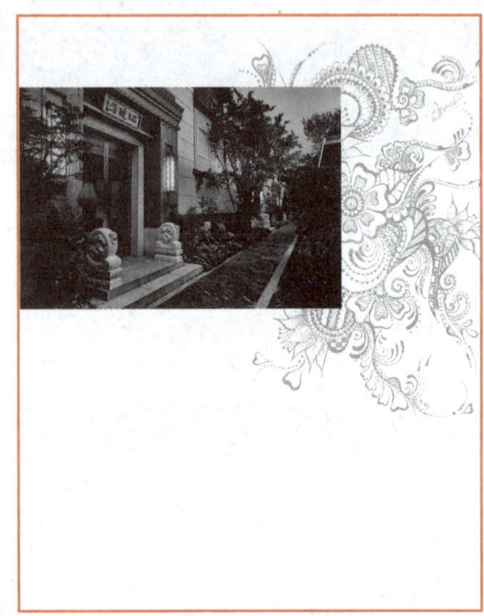

图 6-53
置入的素材图片

④ 在“图层”面板中选中“建筑”图层后，按住<Alt>键单击“图层”面板下方的“添加蒙版”工具，或执行“图层”→“图层蒙版”→“隐藏全部”菜单命令，创建一隐藏

全部的图层蒙版。

⑤ 选择画笔工具，在“画笔预设”中选择“喷溅”画笔形状，将其大小设置为 60 px。将工具箱中的前景色设置为白色，并单击“建筑”图层的蒙版，接下来利用已设置好的画笔工具在画布中的建筑上面进行涂抹，效果如图 6-54 所示。

图 6-54
利用蒙版显示的图片效果

⑥ 新建一个图层，命名为“底边”，利用油漆桶工具将其填充为黑色。执行“图层”→“图层蒙版”→“隐藏全部”菜单命令，为该图层创建一黑色图层蒙版。

⑦ 选择画笔工具，在“画笔预设”中选择“大油彩蜡笔”，如图 6-55 所示。

⑧ 选择“切换画笔面板”选项，在“画笔”面板中选择“形状动态”，设置“角度抖动”为 20%、“圆角抖动”为 40%、“最小圆度”为 25%，如图 6-56 所示。

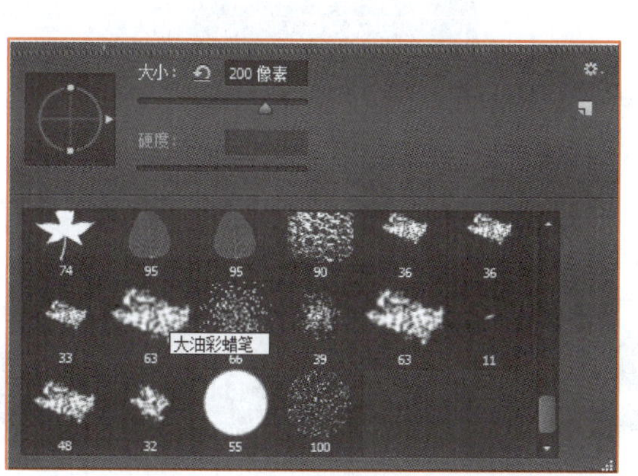

图 6-55
“画笔预设”面板

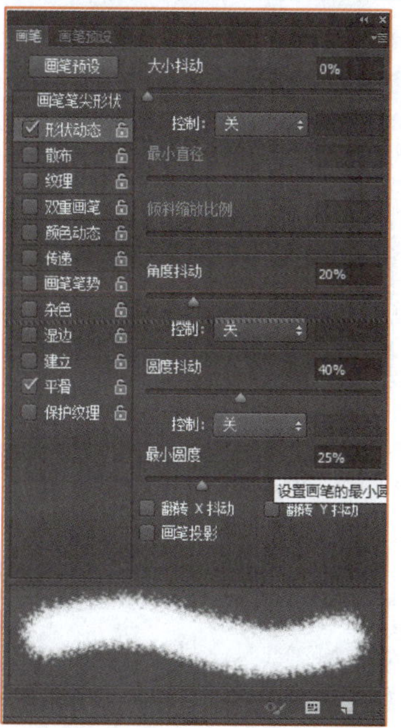

图 6-56
“画笔”设置面板

⑨ 将前景色设置为白色，利用预设好的画笔，在“底边”图层的蒙版上横向涂抹，将图层中的底部显示出来，效果如图 6-57 所示。

⑩ 将“荷花”素材置入画布中，将其锁在图层并命名为“荷花”，按住<Alt>键单击“图层”面板下方的“添加蒙版”按钮，创建一个“隐藏全部”的图层蒙版。

⑪ 选择画笔工具选择“模糊”形状，设置前景色为白色，选中图层中的蒙版后，将荷花及荷叶涂抹出来，效果如图 6-58 所示。

图 6-57
涂抹后的效果

图 6-58
添加荷花后的效果

⑫ 将已创建好的书法文字“书法字.png”素材置入场景中，放到中间空白的位置。使用“文字工具”输入相关宣传文字，形成如图 6-59 所示的效果。

⑬ 使用“自定义形状”工具，选择“花 2”形状，在其工具选项栏中设置模式为“像素”，新建一个图层，命名为“花”，前景色设置为白色，在底部绘制白色花，效果如图 6-60 所示。

图 6-59
添加文字后效果

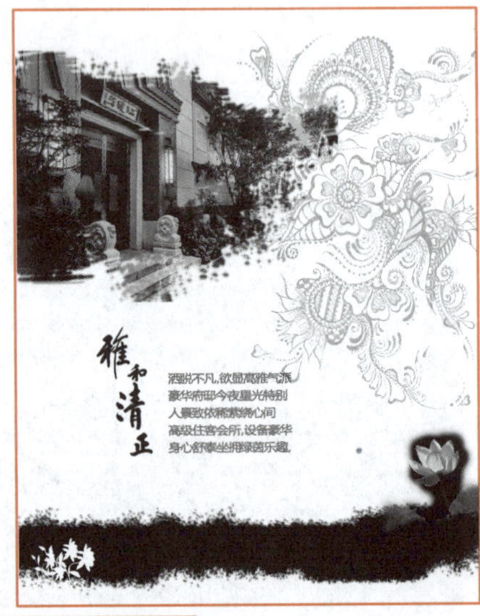

图 6-60
添加花后的效果

⑭ 并在其底部右侧输入订购热线等文字。最后将“装饰框”素材置入画布中，放置在画布左上角，图层应该位于“建筑”图层的下方，最终效果如图 6-51 所示。

任务实施：海底世界海报设计

1. 任务分析

要表现海底世界的清爽感和神秘感，就需要使用夸张的手法，例如，模拟打开盒子的感觉，同时借鉴图像的蓝色色调调整展现一幅富有奇幻色彩的画面，依托清澈的蓝色调，便于传达给观众清爽与神秘的感觉。

微课 6-7
图层蒙版的综合提高

2. 技能要点

核心技能要点：图层蒙版、文字工具、画笔工具、图层的混合模式、“颜色填充”图层、“外发光”图层混合模式等。

3. 实现过程

本案例操作步骤如下。

① 打开 Photoshop，执行“文件”→“打开”菜单命令，设置名称为“海底世界海报”、宽度为 20 厘米、高度为 12 厘米、分辨率为 300 像素/英寸。执行“文件”→“存储”菜单命令，将文档保存为“海底世界海报.psd”。

② 在“图层”面板中单击“创建新组”按钮，新建一个“海底”图层组，打开素材文件夹中的“风景.jpg”图片，将其拖动到文档中，同时调整图像的位置，单击“图层”面板下方的“添加蒙版”工具以添加图层蒙版，设置前景色为黑色，使用画笔工具在蒙版中涂抹，以隐藏部分图像色调，效果如图 6-61 所示。

图 6-61
添加蒙版后的效果

③ 打开素材文件夹中的“日出.jpg”图片，将其拖动到文档中，执行“编辑”→“自由变换”菜单命令，调整图像的大小与位置，设置图层的混合模式为“叠加”，单击“图层”面板下方的“添加蒙版”工具以添加图层蒙版，设置前景色为黑色，使用画笔工具在蒙版中涂抹，以隐藏部分图像色调，效果如图 6-62 所示。使用“日出.jpg”图片素材的主要目的是使用图像中的水的波纹。

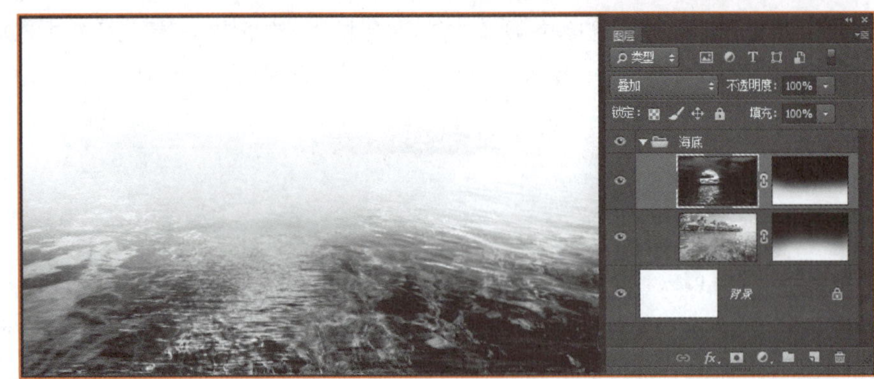

图 6-62
添加“日出”图片素材
增加水的波纹感

④ 打开素材文件夹中的“珊瑚.jpg”图片，将其拖动到文档中，执行“编辑”→“自由变换”菜单命令，调整图像的大小与位置，单击“图层”面板下方的“添加蒙版”工具以添加图层蒙版，设置前景色为黑色，使用画笔工具在蒙版中涂抹，以隐藏部分图像色调。同样打开素材文件夹中的“海面.jpg”图片，将其拖动到文档中，添加图层蒙版，使用画笔工具在蒙版中涂抹，同时设置图层的混合模式为“柔光”，进一步加强波纹的感觉，效果如图 6-63 所示。

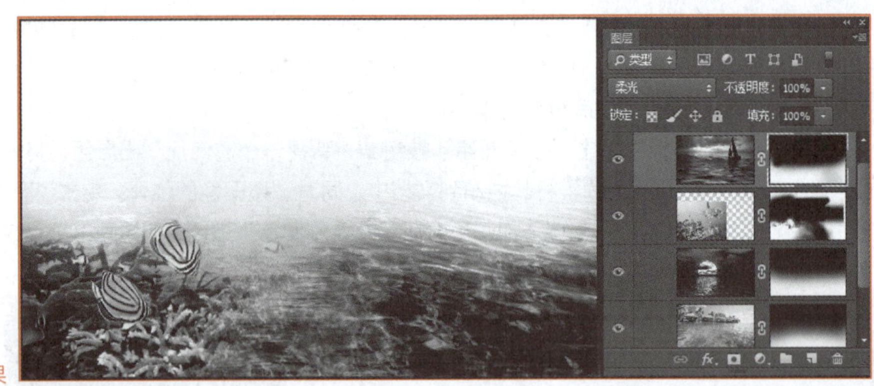

图 6-63
添加“珊瑚”与“海面”
素材并设置蒙版后的效果

⑤ 单击“图层”面板下方的“创建新的填充图层”工具，以在“珊瑚”图层上方创建“颜色填充”，设置颜色为墨绿色（# 02440a），同样给填充图层添加图层蒙版，使用画笔工具在蒙版图层中涂抹，恢复局部色调，设置图层的混合模式为“色相”，按住<Alt>键在填充图层与珊瑚图层间创建剪贴蒙版，效果如图 6-64 所示。

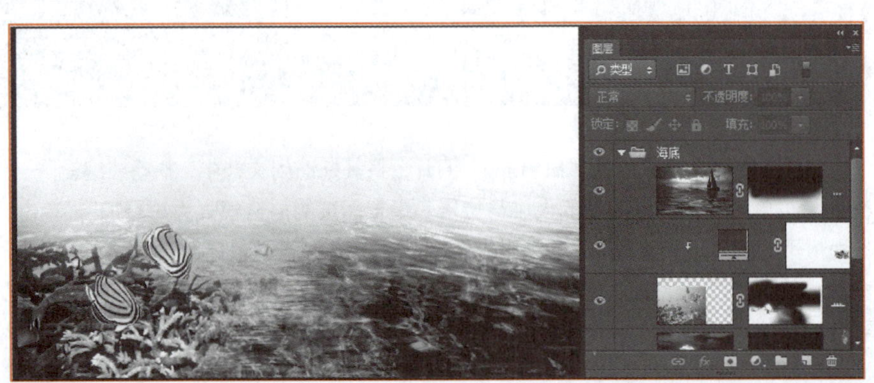

图 6-64
为珊瑚添加“填充颜色”
后的效果

⑥ 在“图层”面板中单击“创建新组”按钮，新建一个“立体”图层组，使用“钢笔工具”，在左侧绘制一个不规则形状，复制“形状 1”图层并调整位置，单击“图层”面板的“添加蒙版”工具以添加图层蒙版，设置前景色为黑色，使用画笔工具在蒙版中涂抹，以隐藏部分图像色调，效果如图 6-65 所示。

图 6-65
添加立体背景的效果

⑦ 继续使用“钢笔工具”，在左侧绘制多个不规则形状，结合图层蒙版和画笔工具隐藏部分图像色调，效果如图 6-66 所示。

⑧ 在“海底”图层中选择“图层 1”（风景图像素材），复制该层，将其拖入“立体”图层组，调整位置并为其添加蒙版，使用画笔工具在蒙版中涂抹，以隐藏部分图像色调，调整其混合模式。使用同样的方法多次复制该层，并调整其大小和位置，效果如图 6-67 所示。

图 6-66
添加完整的立体背景

图 6-67
添加立体图片背景

⑨ 打开素材文件夹中的“乌龟.jpg”图片，将其拖动到文档中，执行“编辑”→“自由变换”菜单命令，调整图像的大小与位置，添加图层蒙版以隐藏部分图像色调。同样打开素材文件夹中的“动物.jpg”图片，将其拖动到文档中，执行“编辑”→“自由变换”菜单命令，调整图像的大小与位置，添加图层蒙版以隐藏部分图像色调，效果如图 6-68 所示。

⑩ 在“图层”面板中单击“创建新组”按钮，新建一个“装饰”图层组，打开素材文件夹中的“水花.png”图片，将其拖动到文档中，执行“编辑”→“自由变换”菜单命令，调整图像的大小与位置，效果如图 6-69 所示。

⑪ 打开素材文件夹中的“潜水员.jpg”图片，将其拖动到文档中，执行“编辑”→“自由变换”菜单命令，调整图像的大小与位置，添加图层蒙版以隐藏部分图像色调，效果如图 6-70 所示。

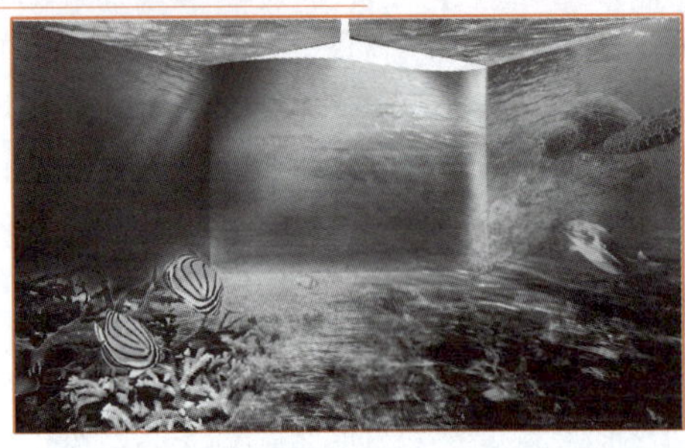

图 6-68
添加水底动物

图 6-69
添加水花的效果

⑫ 打开素材文件夹中的“海洋总动员.png”图片，将其拖动到文档中，执行“编辑”→“自由变换”菜单命令，调整图像的大小与位置，添加图层蒙版以隐藏部分图像色调，效果如图6-71所示。

图 6-70
添加潜水员后的效果

图 6-71
添加文字后的效果

⑬ 使用文字工具输入“不见海，也能亲历海底两万里”和“保护海洋人人有责”，设置文字颜色为白色、字体大小为“80像素”、字体为“方正胖娃简体”，效果如图6-1所示。

任务拓展

1. 蒙版的应用技巧

在使用 Photoshop 蒙版时，有很多技巧，如果能熟练掌握，就能大大提高工作效率。

技巧 1:

创建图层蒙版后，还可以在画布中显示蒙版内容，方法是按住<Alt>键单击蒙版缩览图即可。

技巧 2:

按住<Shift>键单击缩览图可将蒙版关闭。

技巧 3:

按住<Alt+Shift>组合键单击蒙版缩览图，可以在画布中显示彩色蒙版，类似快速蒙版的显示效果。

技巧 4:

当不想使用图层蒙版时，可以使用鼠标右键单击图层蒙版将其删除或者按住<Shift>键单击蒙版将其停用。删除图层蒙版后不能恢复，如果是停用图层蒙版，还可以启用继续使用。

技巧 5:

要为矢量蒙版添加路径，还可以将现有的路径复制到矢量蒙版中。

技巧 6:

要编辑矢量蒙版中的路径，可以执行“编辑”→“自由变换路径”菜单命令，对矢量蒙版中的路径进行缩放、旋转、透视等变形之后，图像会随之发生变化。

2. 结合蒙版与滤镜实现老照片效果

微课 6-8
老照片效果

在使用蒙版时，结合滤镜来进行会出现意想不到的效果，在拓展案例中介绍如何使用蒙版与滤镜进行特殊处理。

① 在 Photoshop 中创建一个宽与高都为 600 像素的文档，将背景图层填充为黑色。打开素材图片“人物.jpg”，双击背景图层将其转化为普通图层，如图 6-72 所示。将素材图像拖至新创建的画布中，将所在图层命名为“照片”，执行“文件”→“保存”菜单命令，将文件保存为“老照片效果.psd”。

② 在背景图层的上方新建一个图层，命名为“照片背景”，并将其填充为深黄色（# daad7c）。并执行“滤镜”→“滤镜库”→“艺术效果”→“胶片颗粒”菜单命令，将颗粒大小设置为 8。隐藏“照片”图层，得到如图 6-73 所示的颗粒效果。

图 6-72
素材图片

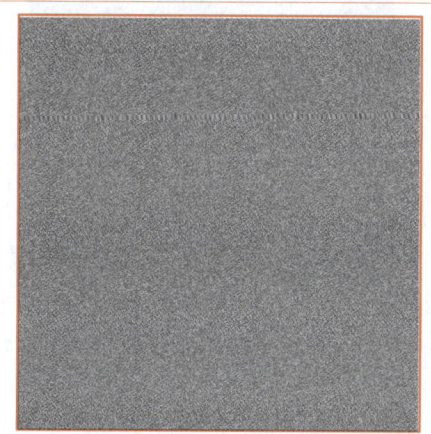

图 6-73
“胶片颗粒”后效果

③ 显示“照片”图层，在画布中照片的周围建立矩形选区，如图 6-74 所示。选择“照片背景”图层，依据刚建立的选区建立图层蒙版。单击“照片背景”图层中的蒙版，使四周出现边框，处于选中状态。接下来执行“滤镜”→“滤镜库”→“画笔描边”→“喷溅”菜单命令，在弹出的对话框中设置喷溅半径为“10”、“平滑度”为“5”，单击“确定”按钮后，形成如图 6-75 所示的老照片撕边的效果。

图 6-74
建立的矩形选区

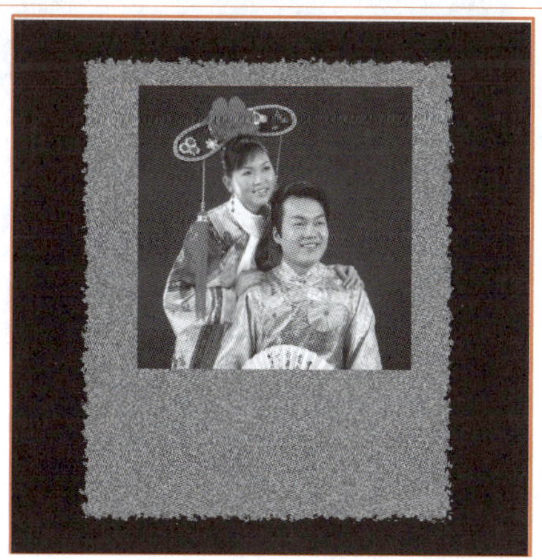

图 6-75
“喷溅”后效果

④ 单击“照片”所在图层，将图层模式设置为“颜色加深”，使照片和背景很好地融合在一起，效果如图 6-76 所示。

⑤ 使用画笔工具在照片的下方添加一些装饰，并利用文字工具将文字输入图像与装饰之间，最终形成如图 6-77 所示的效果。

图 6-76
“颜色加深”后效果

图 6-77
最终效果

项目实训：茶文化宣传海报设计

微课 6-9
茶文化宣传海报设计

中国是茶的故乡，中国人发现并饮茶，据说始于神农时代。直到现在，汉族还有民以茶代礼的风俗。本例将通过制作茶叶为主题展示中国茶文化，素材如图 6-78 所示，最终制作出一幅具有浓郁中国风的画面，体现出水墨晕染的处理以及极具特色的画面效果，如图 6-79 所示。

图 6-78
茶文化宣传的相关素材

图 6-79
茶文化宣传海报效果

第7章 通道的应用

图层、蒙版、通道是 Photoshop 中的三大核心技能，通道作为图像的组成部分，是与图像的格式密不可分的，图像颜色、格式的不同决定了通道的数量和模式，通道具有存储图像的色彩资料、存储和创建选区、抠图等功能。

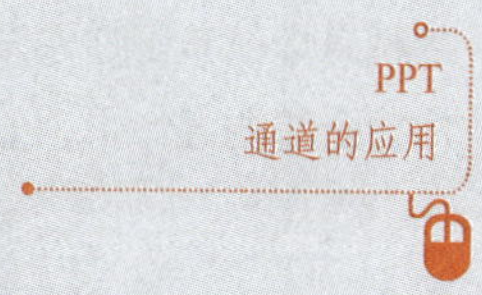

教学导航

教学目标	（1）了解通道的概念与原理 （2）了解通道的分类 （3）掌握通道的复制、删除等操作方法 （4）掌握通道形状的修改 （5）掌握 Alpha 通道的创建与修改
本单元重点	（1）通道的复制、删除等操作方法 （2）Alpha 通道的创建与修改 （3）运用通道抠取图像元素
本单元难点	（1）运用通道抠取图像元素 （2）应用图像与计算命令
教学方法	任务驱动法、讲授法、演示操作法
建议课时	6 课时

任务展示：企鹅保护宣传页制作

企鹅有“海洋之舟”的美称，也是一种最古老的游禽，它们很可能在地球穿上冰甲之前，就已经在南极安家落户。全世界的企鹅大多数都分布在南半球。由于全球变暖，企鹅栖息地的范围在逐渐缩小。企鹅是人类的朋友，为了拯救企鹅，这里设计一幅呼唤人们保护企鹅的宣传页，效果如图 7-1 所示。

图 7-1
企鹅保护宣传页效果

知识准备

7.1　通道简介

7.1.1　通道的概念

无论 Photoshop 的通道有多少种功能，归纳为一句话，即：通道就是选区。只要想修

改一幅图像的任何部位，就已经无形地接触到通道，否则是不可能改动图片中的任何一部分。通道具有存储图像的色彩资料、存储和创建选区、抠图等的功能。

在 Photoshop 中，通道主要分为颜色通道、专色通道和 Alpha 选区通道 3 种，它们均以图标的形式出现在“通道”面板中，如图 7-2 所示。

图 7-2
认识通道

1. 颜色通道

微课 7-1
颜色通道

保存图像颜色信息的通道称为颜色通道。颜色通道把图像分解成一个或多个色彩成分，图像的模式决定了颜色通道的数量，RGB 模式有 3 个颜色通道，CMYK 图像有 4 个颜色通道，灰度图只有一个颜色通道，它们包含了所有将被打印或显示的颜色。这些就是 Photoshop 处理的图像的颜色模式。不同的颜色模式，表示图像中像素点采用不同的颜色描述方法。换句话说，在 Photoshop 中，同一图像中的像素点在处理和存储时，都必须采用同样的颜色描述方法（如 RGB、CMYK、Lab 等）。不同的颜色模式具有不同的呈色空间和不同的原色组合。

在图像中，像素点的颜色就是由这些颜色模式中的原色信息来进行描述的。所有像素点所包含的某一种原色信息，便构成了一个颜色通道。例如，一幅 RGB 图像中的红（Red）通道便是由图像中所有像素点的红色信息所组成的，同样，绿（Green）通道或蓝（Blue）通道则是由所有像素点的绿色信息或蓝色信息所组成的，它们都是颜色通道，这些颜色通道的不同信息配比便构成了图像中的不同颜色。

打开素材文件夹中的“玫瑰花.tif”素材图片，单击“通道”面板，在 RGB 图像的“通道”面板中看到 R（红）、G（绿）、B（蓝）3 个颜色通道和一个 RGB 的复合通道，如图 7-3 所示。

执行“图像”→“模式”→“CMYK 颜色”菜单命令，可以看到“通道”面板中的 RGB 颜色通道变为了 CMYK 模式的 C（青色）、M（洋红色）、Y（黄色）、K（黑色）4 个颜色通道和一个 CMYK 的复合通道，如图 7-4 所示。

颜色通道都是黑白灰色，白色是当前通道中颜色较多，如红通道，白色区域就是红色，黑色没有，灰色是红色较少，表示为浅红。

图 7-3
RGB 颜色通道图

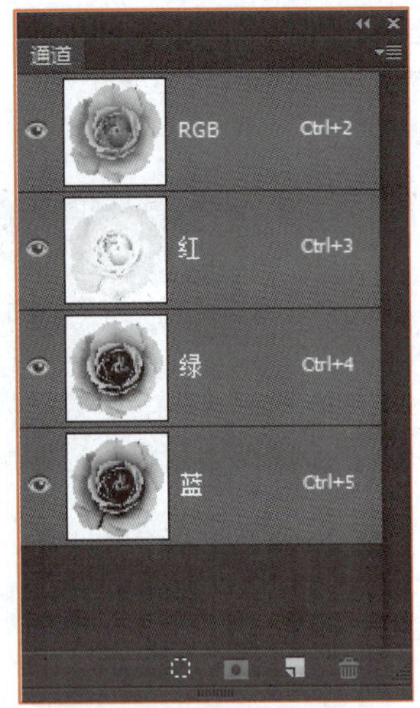

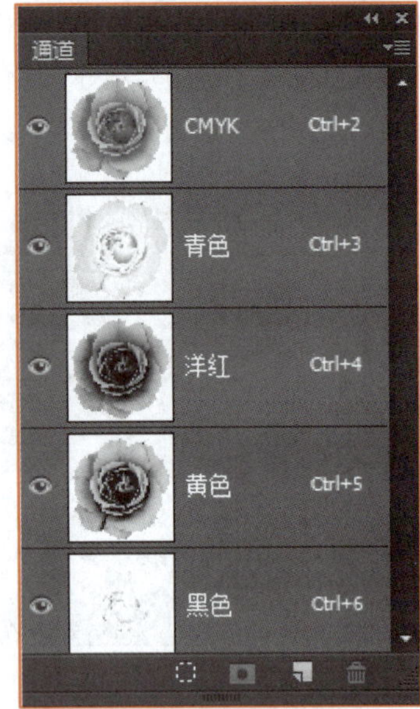

图 7-4
CMYK 颜色通道

2. 专色通道

微课 7-2
专色通道

专色通道是一种特殊的颜色通道，用来存储专色。专色是特殊的预混油墨，用来替代或者补充标准印刷色油墨，它可以使用除了青色、洋红、黄色、黑色以外的颜色来绘制图像，专色通道一般用得较少，且多与打印相关，专色通道扩展了通道的含义，同时也实现了图像中专色版的制作。

专色是特殊的预混油墨，用来替代或补充印刷色（CMYK）油墨。每种专色在付印时要求专用的印版。也就是说，当一个包含有专色通道的图像进行打印输出时，这个专色通道会成为一张单独的页（即单独的胶片）被打印出来。

使用“通道”面板弹出菜单中的“新专色通道”命令（或按住<Ctrl>键，单击“创建新通道”按钮），可弹出“新专色通道”对话框。在其“油墨特性”选项组中，单击“颜色”框可以打开拾色器对话框，选择油墨的颜色。该颜色将在印刷图像时起作用，只不过这里的设置能够为用户更容易地提供一种专门油墨颜色，在“密度”文本框中可以输入0%～100%之间的数值来确定油墨的密度。

3. Alpha 选区通道

微课 7-3
Alpha 通道

Alpha 通道是计算机图形学中的术语，指的是特别的通道。Alpha 通道有两大用途：一是它可以将创建的选区保护起来，以后需要时，可重新载入到图像中使用；二是在保存选区时，它会将选区转化为灰度图像存储于通道中。

有时它特指透明信息，但通常的意思是“非彩色”通道。可以说，在 Photoshop 中制作出的各种特殊效果都离不开 Alpha 通道，它最基本的用处在于保存选区范围，并不会影响图像的显示和印刷效果。在以快速蒙版制作选择区域时，“通道”面板中会出现一个以斜体字表示的临时蒙版通道，它表示蒙版所代替的选择区域，切换回正常编辑状态时，这个临时通道便会消失，而它所代表的选择区域便重新以虚线框

的形式出现在图像之中。实际上，快速蒙版就是一个临时的选区通道。如果制作了一个选择区域，然后执行“选择”→“存储选区”菜单命令，便可以将这个选择区域存储为一个永久的 Alpha 选区通道。此时，“通道”面板中会出现一个新的图标，它通常会以 Alpha1、Alpha2 等方式命名，这就是所说的 Alpha 选区通道。Alpha 选区通道是存储选择区域的一种方法，需要时，再次执行“选择”→“载入选区”菜单命令，即可调出通道表示的选择区域。

“选区”Alpha 通道中白色代表已选区，黑色代表未选区。

7.1.2 认识“通道”面板

“通道”面板用于创建和管理通道，可以通过执行“窗口”→“通道”菜单命令，即可显示“通道”面板，如图 7-5 所示，通道操作均可在此面板中完成。

图 7-5
认识 Alpha 选区通道

- “将通道作为选区载入”按钮：单击此按钮，可以将当前通道中的内容转换为选区。
- “将选区存储为通道”按钮：单击此按钮，可以将图像中的选区作为蒙版保存到一个新建的 Alpha 通道。
- “创建新通道”按钮：创建 Alpha 通道，拖动某通道至该按钮可以复制这个通道。
- “删除当前通道”按钮：单击此按钮，可以删除所选通道。

通道最主要的功能是保存图像的颜色数据。例如，一个 RGB 模式的图像，其每一个像素的颜色数据是红色、绿色、蓝色这 3 个通道来记录的，而这 3 个单色通道组合定义后合成了一个 RGB 主通道。颜色信息通道是在打开新图像时自动创建的，图像的颜色模式决定了所创建的颜色通道的数目。

在“通道”面板中可以同时显示出图像中的颜色通道、专色通道及 Alpha 选区通道，每个通道就像“图层”面板一样以小图标的形式出现。

选中图像中所有的颜色通道与任何一个 Alpha 选区通道前的眼睛图标，便会看到一种类似于快速蒙版的状态：选择区域保持透明，而没有选中的区域则被一种具有透明度的蒙版色所遮盖，可以直接区分出 Alpha 选区通道所表示的选择区域的选取范围。

也可以改变Alpha选区通道使用的蒙版色颜色，或将Alpha选区通道转化为专色通道，它们均会影响该通道的观察状态。直接在“通道”面板上双击任何一个 Alpha 选区通道的图标，或选中一个 Alpha 选区通道后使用面板菜单中的“通道选项”命令，均可调出 Alpha “通道选项”对话框，如图 7-6 所示，其中可以确定该 Alpha 选区通道使用的蒙版色、蒙版色所表示的位置或选择将 Alpha 选区通道转化为专色通道。

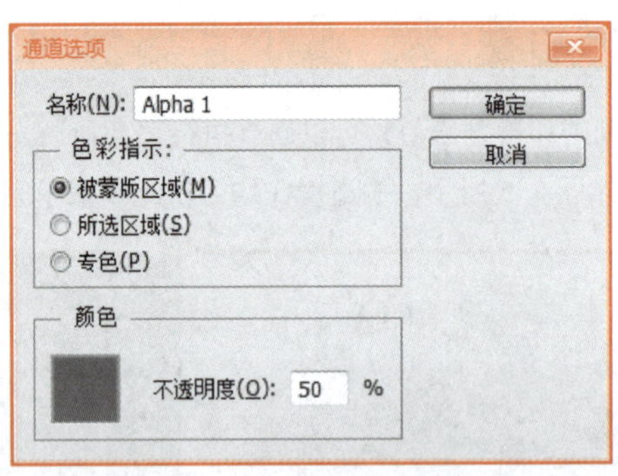

图 7-6
“通道选项”对话框

“通道选项”对话框功能见表 7-1。

表 7-1　“通道选项”对话框中的选项及功能

选项		功能
名称		可在该文本框中输入新通道的名称
设置选项（色彩指示）	被蒙版区域	将被蒙版区域设置为黑色，并将所选区域设置为白色。用黑色绘画可扩大被蒙版区域，用白色绘画可扩大选中区域
	所选区域	将被蒙版区域设置为白色（透明），并将所选区域设置为黑色（不透明），用白色绘画可扩大被蒙版区域，用黑色则可扩大选中区域
	专色	将 Alpha 通道转化为专色通道
外观选项（颜色）	颜色框	要选取新的蒙版颜色，可以单击颜色框选取新颜色
	不透明度	输入介于 0～100 的值，可以更改不透明度

可见通道并不一定都是可以操作的通道。如果需要对某一个通道进行操作，必须选中这一通道，即在“通道”面板中单击某一通道，使该通道处于被选中的状态。

7.2　通道的基本操作

7.2.1　将选区存储为 Alpha 通道

微课 7-4
通道基本操作

打开素材文件夹中的“金刚鹦鹉.jpg”素材图片，在图像中制作一个选区后，直接单击“通道”面板下方的“将选区存储为通道图标”工具图标，即可将选区存储为一个新的 Alpha 选区通道，该通道会被 Photoshop 自动命名为 Alpha1，选择 Alpha1

通道，如图 7-7 所示。

图 7-7
将选区存储为通道

执行“选择”→“存储选区”菜单命令，弹出“存储选区”对话框，如图 7-8 所示，亦可将现有的选择区域存为一个 Alpha 选区通道。

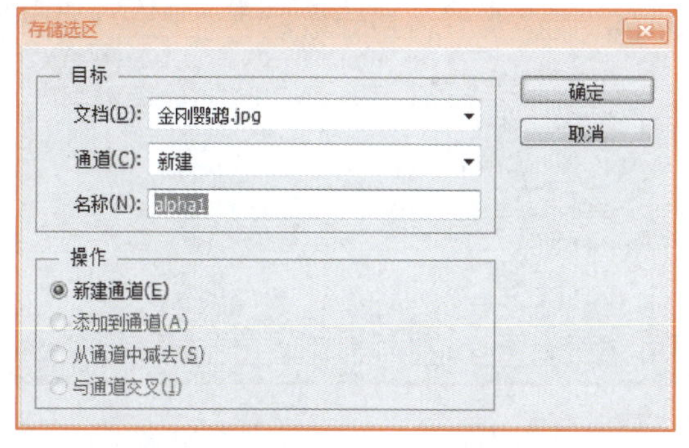

图 7-8
“存储选区”对话框

如果图像中已经存储了其他 Alpha 选区通道或专色通道，可以在“存储选区”对话框的“通道”下拉列表中选择已有的通道，并在“操作”选项组中设定新通道与已有通道的关系，它们之间主要有如下 4 种关系。

- 新建通道：可新建一个新的 Alpha 通道。
- 添加到通道：可将选择范围加入到现有的 Alpha 通道中。
- 从通道中减去：可从 Alpha 通道中减去要存储的选择范围。
- 与通道交叉：取现有的 Alpha 选区通道和选中的选择范围的公共部分存储为新的 Alpha 选区通道。

另外，在“存储选区”对话框中还可以设定以下选项。

- 文档：用来设定选择范围所要存储的目的文件。可以将选择范围所生成的 Alpha 通道存储到当前的文件中，也可以将其存储到与当前文件大小相同、分辨率相同的其他文件中，还可以将 Alpha 选区通道存储为一个新文件。

- 通道：用来设定选择范围所要存储 Alpha 选区通道的位置。在默认的情况下，会存储为一个新的 Alpha 选区通道，也可以将选择范围存储到现有的任何 Alpha 选区通道或专色通道上。
- 名称：为选区命名。

7.2.2　载入 Alpha 选区通道

Alpha 选区通道中只能表现出黑、白、灰的层次变化，其中，黑色表示未选中的区域，白色表示选中的区域，而灰色则表示具有一定透明度的选择区域。所以，可以通过 Alpha 选区通道内的颜色变化来修改 Alpha 选区通道的形状。

在需要的时候可以随时调用 Alpha 选区通道中存储的选区，操作方法是：单击“通道”面板下方的“将通道作为选区载入”按钮即可。亦可以使用“选择”→“载入选区”菜单命令，则可调出“载入选区”对话框，如图 7-9 所示。使用“载入选区”命令时，可以选择载入当前 Photoshop 打开的另一幅同样尺寸（大小、分辨率必须完全相同）的图像中 Alpha 选区通道所表示的选择区域；或选中“反相”复选框，使载入的选区与通道表示的选区正好相反。

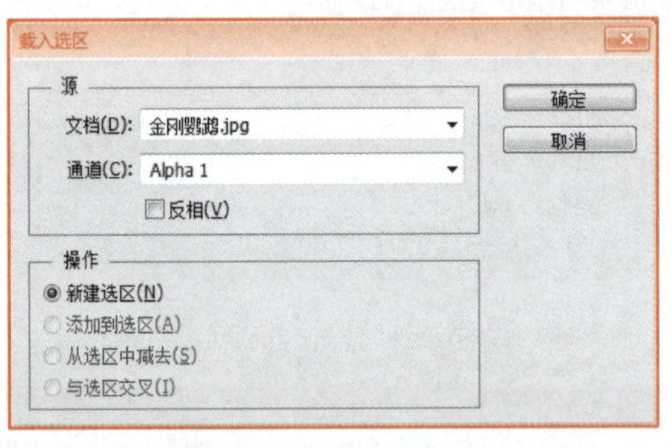

图 7-9
“载入选区”对话框

如果图像中已经存在选区，当使用“载入选区”命令时，在弹出对话框中的“操作”选项组部分将会变为可选，也就是新载入的选区与原先存在的选区之间的关系。此处的 4 种关系与建立选区中的 4 种关系相一致。

当按住<Ctrl>键，单击任意通道前面的缩略图时，亦可将通道转化为选区。

7.2.3　新建、复制与删除通道

1. 新建通道

例如，打开素材文件夹中的“老鹰.jpg”素材图片，在图像中制作一个圆形选区，单击“通道”面板底部的“创建新通道”按钮即可新建一个 Alpha 通道，默认的 Alpha 通道是一个全黑色通道，如图 7-10 所示，如果要在通道内保存选区，需要使用选区工具新建选区，然后填充白色。如果直接绘制了圆形选区，单击“通道”面板底部的“将选区存储为通道”按钮，可以直接创建 Alpha 通道，如图 7-11 所示。

图 7-10
新建通道

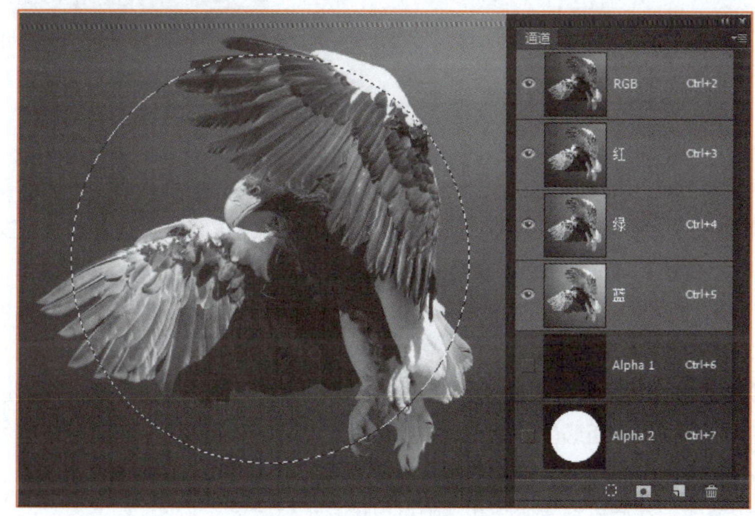

图 7-11
将选区存储为通道

2. 复制通道

通常情况下，编辑单色通道时不要在原通道中进行，以免编辑后不能还原，这时需要将该通道复制一份再进行编辑。

如果想复制一个颜色通道，可直接将某一个通道拖到“通道”面板下方的“新建通道”图标上进行复制，或者选中某一个通道，使用面板右上角弹出菜单中的“复制通道”命令完成同样的操作。当拖到“删除当前通道”图标上时，将会删除此通告；当然也可以使用右击当前通道，在弹出的快捷菜单中选择“删除通道”或“复制通道”命令。

单击红色通道，选择“复制通道”命令时，会弹出“复制通道”对话框（如图 7-12 所示），在“目标”选项组的“文档”下拉列表中选择“新建”选项，可将选择的通道复制到新文件中，在“名称”文本框中可给新文件起一个名字。若选择本文件，则单击“确定”按钮后，在“通道”面板中就会显示一个复制的通道，通常在名称后面会带有“拷贝”字样。如果启用对话框中的“反相”选项，那么会得到与之明暗关系相反的副本通道，如图 7-13 所示。

复制通道
复制：绿
为(A)：绿 拷贝
确定
取消
目标
文档(D)：老鹰.jpg
名称(N)：
反相(I)

图 7-12
“复制通道”对话框

图 7-13
反相红通道副本

7.2.4 通道的分离与合并

微课 7-5
通道分离与合并

如果编辑的是一幅 CMYK 模式的图像，可以使用“通道”面板右上角弹出菜单中的“分离通道”命令，将图像中的颜色通道分为 4 个单独的灰度文件。这 4 个灰度文件会以原文件名加上青色、洋红、黄色、黑色来命名，表明其代表哪一个颜色通道。如果图像中有专色或 Alpha 选区通道，则生成的灰度文件会多于 4 个，多出的文件会以专色通道或 Alpha 选区通道的名称来命名。

这种做法通常用于双色或三色印刷中，可以将彩色图像按通道分离，然后选取其中的一个或几个通道置于组版软件之中，并设置相应的专色进行印刷，以得到一些特定的效果。对于一些特别大的图像，整体操作时速度太慢，可以将其分离为单个通道后，针对每个通道单独操作，最后再将通道合并，则可以提高工作效率。

对于通道分离后的图像，还可以用“通道”面板右上角弹出菜单中的“合并通道”命令将图像整合为一。合并时，Photoshop 会提示选择哪一种颜色模式，如图 7-14 所示，以确定合并时使用的通道数目，并允许选择合并图像所使用的颜色通道，如图 7-15 所示。

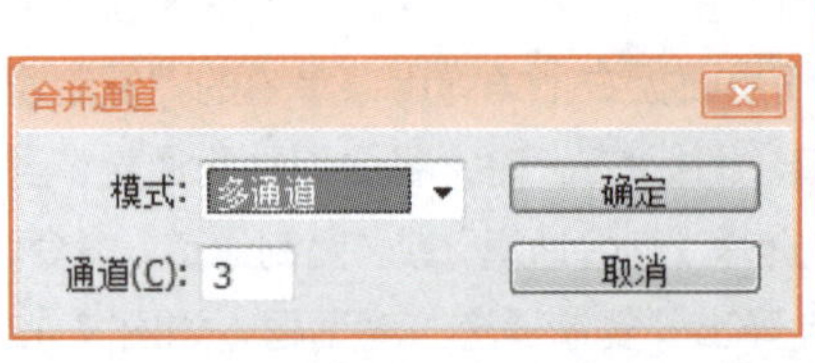

图 7-14
“合并通道”对话框

图 7-15
“合并 RGB 通道”对话框

只要图像的文件尺寸相同，分辨率相同，都是灰度图像，便可以选择它作为合并使用的一个文件，并不一定非要选择原先分离的 4 个灰度文件。

如果要合并的通道超过 4 个，合并只能使用多通道模式。可以在合并后将图像模式转化为所需的彩色模式，要注意选择多通道模式合并时的文件顺序。例如，对于带有一个

Alpha 选区通道的 CMYK 图像，将其分离为 5 个通道后，合并通道时就只能选择多通道模式，这时 Photoshop 会逐个提问合并时的通道顺序，只要回答的顺序正确，则通道合并后，再将其转为 CMYK 模式时，仍可恢复 4 个颜色通道加一个 Alpha 选区通道的原样。

7.2.5 Alpha 选区通道形状的修改

如果建立的选区通道不是很满意，可以根据实际的需要进行手动修改。修改的原理就是利用黑白层次的变化，黑色表示未选中的区域，白色表示选中的区域。

当要扩大选区时可以选择白色作为前景色，用笔刷将想要的部分刷出，如果要缩小选区，则选择黑色作为前景色，使用笔刷刷出想要的效果。在图 7-16 中建立一个不透明度为 100%的红色通道（双击 Alpha 通道，在“通道选项”中设置），通道形状如图 7-16 所示。利用笔刷分别设置不同的前景色扩大和缩小一部分选区，如图 7-17 所示。

图 7-16
正常方式建立的通道

图 7-17
扩大和缩小通道

7.2.6　案例：利用通道合成书画作品

本例应用通道选取书法作品，将其与国画作品合成，最终效果如图 7-18 所示。

微课 7-6
利用通道合成书画作品

图 7-18
国画书法作品合成效果图

本案例操作步骤如下。

① 在 Photoshop 中打开“富贵花开.jpg”书法素材，双击“图层”面板中背景层将其转化为普通图层。在画布中可以看见图像素材的大小较小，执行“图像”→“图像大小”菜单命令，弹出如图 7-19 所示的“图像大小”对话框，由此可以看出，该素材大小仅有 7.05 MB，宽为 3 135 像素，高为 786 像素，根据需要通过操作可以修改其尺寸。

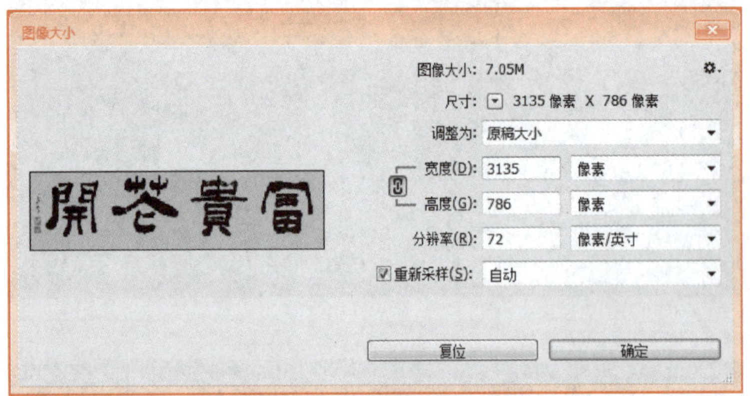

图 7-19
“图像大小”对话框

② 打开“通道”面板，会发现里面存在默认的“红”“绿”“蓝”3 个原色通道及一个复合通道。分别选择 3 个原色通道，这里选择一个对比度较好的“红”通道。

③ 单击“红”通道，并拖至“创建新通道”按钮上，复制一红色通道，得到“红 副本”通道。接下来选择“红 副本”通道，并让其他通道处于隐藏状态，如图 7-20 所示。

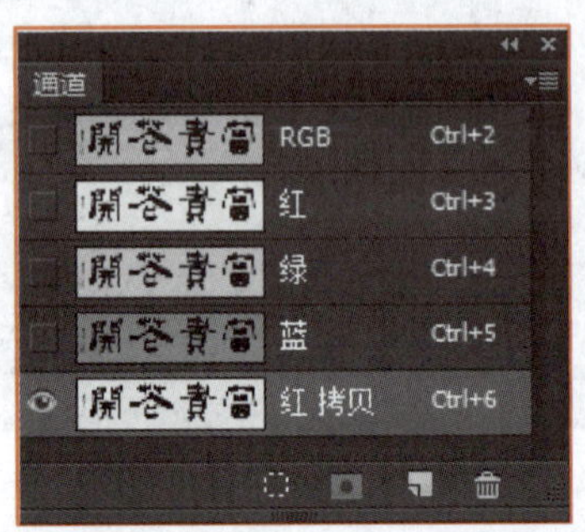

图 7-20
“通道”面板

④ 画布中显示“红 拷贝”通道的图像，可以清晰地看见扫描的纸张痕迹以及画面

中存在一些杂色，如图 7-21 所示。按<Ctrl+L>快捷键打开“色阶”对话框，如图 7-22 所示，在该对话框中选择黑色滴管吸取图像中书法部分，使用白色滴管吸取画面中纸面的灰色部分，将杂色转化为白色，调整画面对比度。最后，单击“确定”按钮，效果如图 7-23 所示。

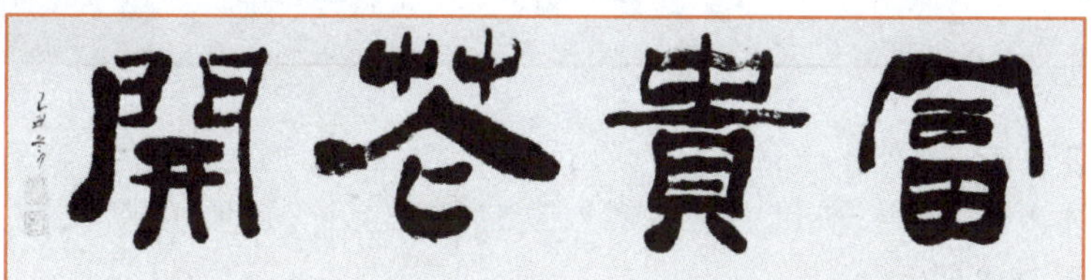

图 7-21
“红 拷贝”通道的图像

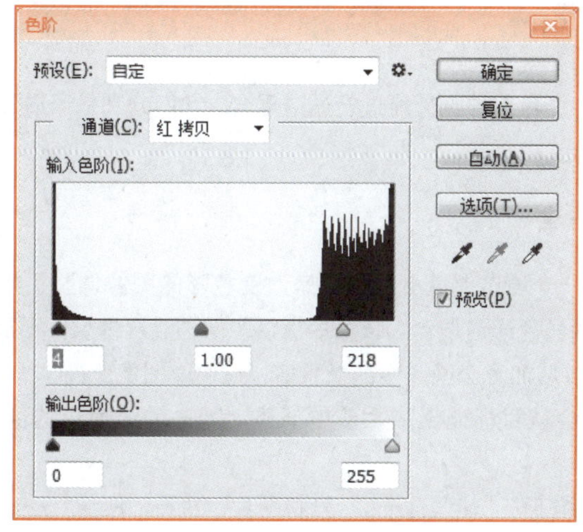

图 7-22
“色阶”对话框

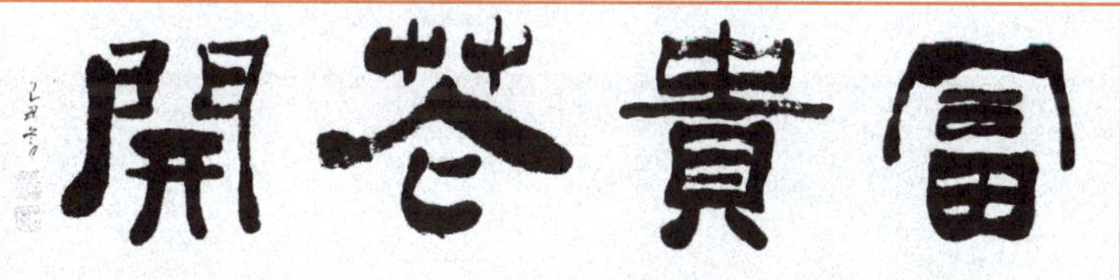

图 7-23
调整色阶后效果

⑤ 按<Ctrl+I>快捷键将“红 拷贝”通道进行反相处理，得到如图 7-24 所示的效果。

图 7-24
反相后效果

⑥ 按住<Ctrl>键单击“红 副本”通道（或者单击“通道“面板下方的“将通道作为选区载入”按钮），将通道转换为选区，接下来切换至“图层”面板中单击背景图层。

⑦ 应用<Ctrl+J>快捷键对选区内的书法进行复制并粘贴成为新图层，隐藏背景图层，形成如图 7-25 所示的效果图。

图 7-25
调整后书法效果图

⑧ 接下来，在 Photoshop 中打开“山水画”素材图片，将已做好的“富贵花开”书法拖动到本素材文件中，使用“自由变换”工具调整其大小，并拖放到图像的左上角，最终效果如图 7-18 所示。

7.3　通道混合

在 Photoshop 中，有 3 种工具能进行通道混合，它们分别是通道混合器、“应用图像”命令和“计算”命令。

7.3.1　通道混合器

通道混合器是一个通过调整颜色通道来改变色彩的图像调整工具。它能够让任意一个颜色通道与所需的颜色通道混合。该命令提供了两种混合模式：相加和相减。

- 相加模式可以增加两个通道中的像素值，使通道图像变亮。
- 相减模式则会从目标通道中相应的像素上减去源通道中的像素值，使通道图像变暗。

在 Photoshop 中打开“热气球.jpg”素材图片，执行“图像”→“调整”→“通道混合器”菜单命令，打开“通道混合器”对话框。需要调整哪个通道，就在“输出通道”下拉列表中选择这一通道。这里选择“蓝”通道，如图 7-26 所示。

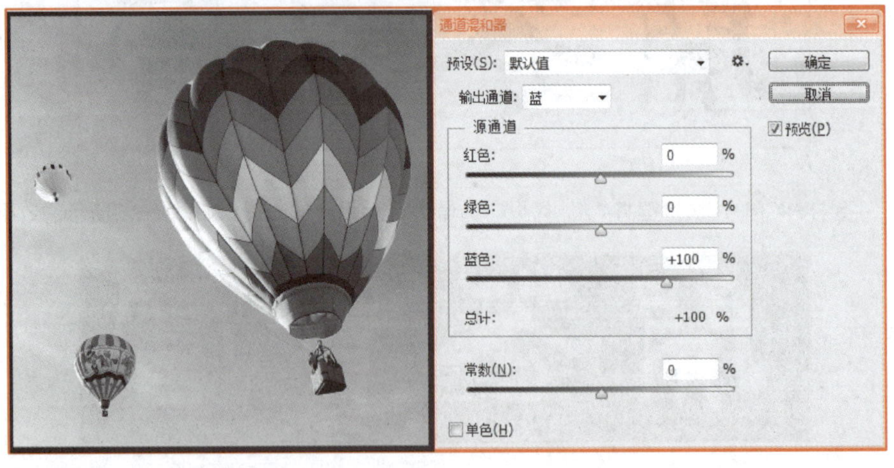

图 7-26
选择“蓝”通道

在图 7-26 中，拖动红色滑块，Photoshop 就会用该滑块所代表的红通道与蓝通道（输出通道）混合。向右侧拖动滑块，红通道会采用“相加”模式与蓝通道混合，这样蓝通道变亮，画面中的蓝色得到增强，如图 7-27 所示。

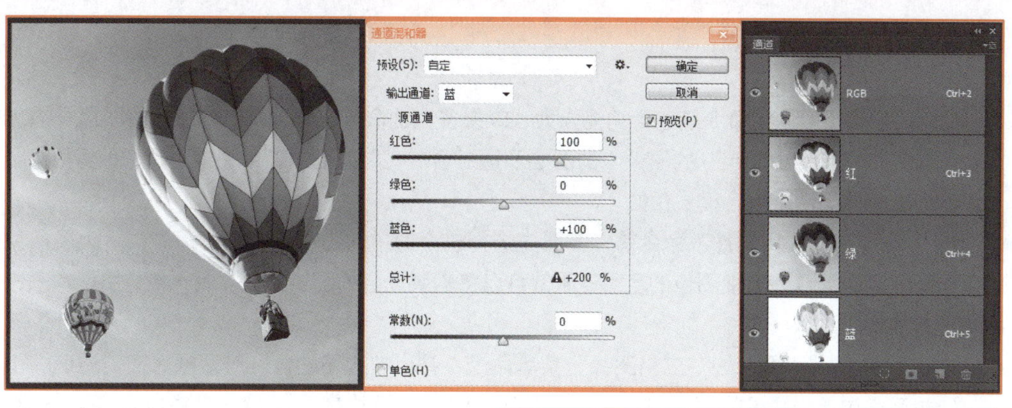

图 7-27 红通道以“相加”模式与蓝通道混合

向左侧拖动滑块，红通道会采用“相减”模式与蓝通道混合，这样蓝通道变暗，画面中的蓝色得到减少，如图 7-28 所示。

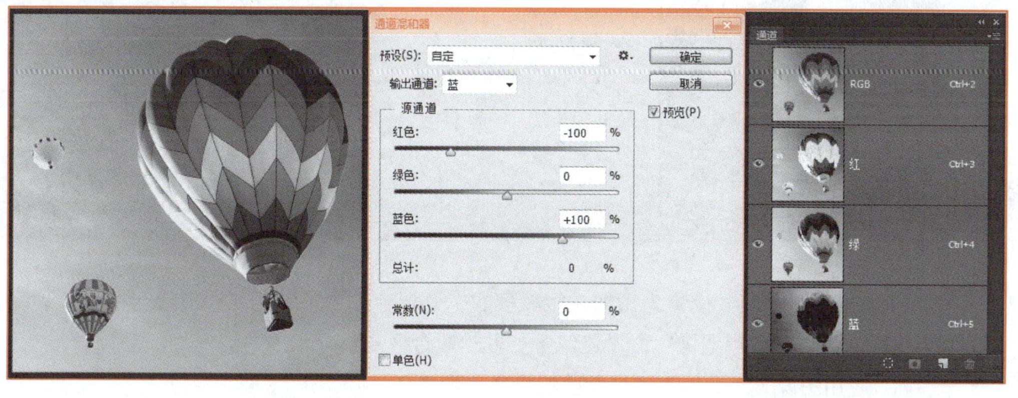

图 7-28 红通道以“相减”模式与蓝通道混合

如果不调整任何颜色通道滑块，而是拖动下方的“常数”滑块，则可以直接调整输出通道（蓝通道）的灰度值，但该通道不会与其他通道混合。这种调整方式就类似使用“色阶”或“曲线”调整某个颜色通道一样。

当“常数”为正值时，会在通道中增加白色；为负值时增加更多的黑色。取之范围为“-200%~+200%”，该值为+200%时通道会变成全白，如图 7-29 所示，该值为-200%时通道会变成全黑。

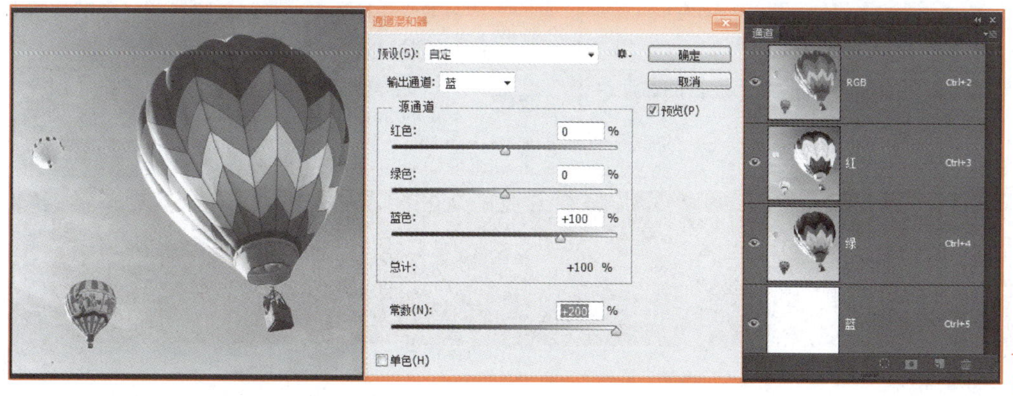

图 7-29 “常数”值为+200%时蓝通道会变成全白

7.3.2 “应用图像”命令

微课 7-7
应用图像命令

“应用图像”命令是一个功能强大、效果多变的命令，可以将一个图像的图层及通道与另一幅具有相同尺寸的图像中的图层及通道合成。“应用图像”命令提供了 20 多种混合模式，其与图层混合模式相似。

使用“应用图像”命令前，需要先选择一个通道作为被混合的目标对象。为了避免颜色通道混合后改变图像的色彩，通常可以将需要混合的图像通道复制一份，用副本来进行操作。

执行“图像”→“应用图像”菜单命令，弹出“应用图像”对话框。在“通道”下拉列表中选择“绿”通道，在“混合”模式中选择“正片叠底”，绿通道将会与“蓝 拷贝”通道混合，如图 7-30 所示。

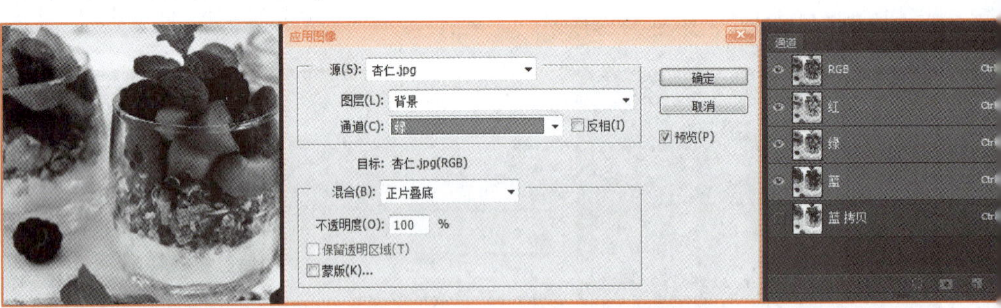

图 7-30
绿通道以“正片叠底”模式混合到蓝通道中

如果将混合模式设置为相加或相减模式，则混合效果与使用“通道混合器”处理完全相同。不过“应用图像”命令还包含更多的混合模式。

“应用图像”对话框中各个选项的含义见表 7-2。

表 7-2 “应用图像”对话框的选项及含义

选项	含义	选项	含义
源	选择一个当前打开的图像与当前操作的图像进行混合	混合	选择用于制作混合模式效果的混合模式
图层	选择要进行混合模式的源图层	不透明度	设置源图像在混合时的不透明度
通道	选择用于混合的通道	保留透明区域	当目标图像存在透明像素时，该选项被激活，选中后，目标图像透明区域不与源图像混合
反相	该选项可以将所选的用于混合的通道反相后再进行混合	蒙版	选择此项后，出现“扩展”对话框，该对话框显示有关蒙版的参数

注意

使用“应用图像”命令合成图像需要注意的是，进行混合的两幅图像必须具有相同的尺寸（宽度、高度、分辨率），且其颜色模式应该为 RGB、CMYK、LAB 或灰度颜色模式中的一种。

7.3.3 “计算”命令

在通道混合中“计算”命令最灵活。从效果方面看，它包含与“应用图像”命令完

全相同的 20 多种混合模式，因此，二者的混合效果是相同的。但是，“计算”命令所生成的混合结果不像“应用图像”命令那样会直接修改通道，它会将混合结果保存到新的通道中，也可以将其创建为选区，或者生成一个黑白图像文件。

在 Photoshop 中打开“花茶.jpg”素材图片，原图像如图 7-31 所示，执行“图像”→“计算”菜单命令，图 7-32 所示为红色通道与其自身混合可生成新通道（Alpha1）。

图 7-31
原图像与其通道

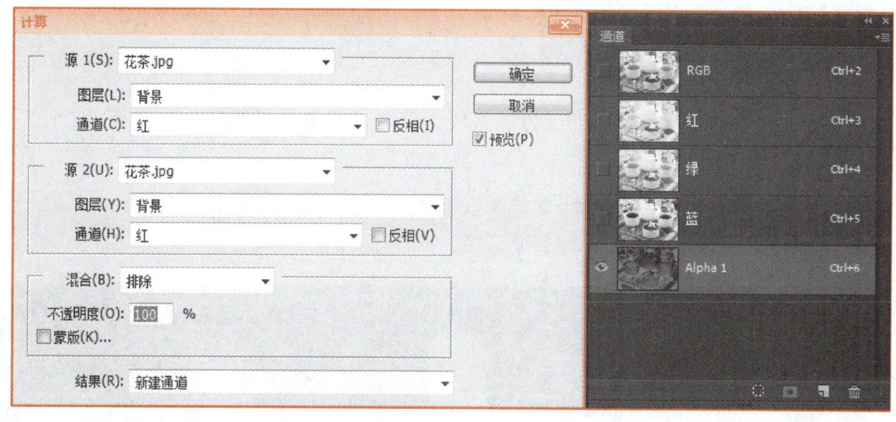

图 7-32
红色通道与其自身混合可生成新通道

7.3.4 案例：应用通道与钢笔抠婚纱

本例使用钢笔工具选择不透明区域，用通道制作半透明婚纱区域，效果如图 7-33 所示。

图 7-33
案例效果图

案例实现过程如下。

① 打开 Photoshop，按<Ctrl+N>快捷键新建一个文档，打开素材文件夹中的“婚纱照.jpg”，如图 7-34 所示。使用钢笔工具，在“路径”模式下沿着选择人物轮廓，如图 7-35 所示。

图 7-34
“婚纱照”素材图像

图 7-35
钢笔选取人物轮廓

② 绘制路径时，避开半透明部分的区域，使用“减去顶层形状”模式减去右臂下侧的白透明区域，如图 7-36 所示。

③ 按<Ctrl+Enter>快捷键将路径转换为选区，单击“通道”面板下方的“将选区存储为通道”工具按钮，将选区保存到通道中，如图 7-37 所示。

图 7-36
钢笔选取轮廓

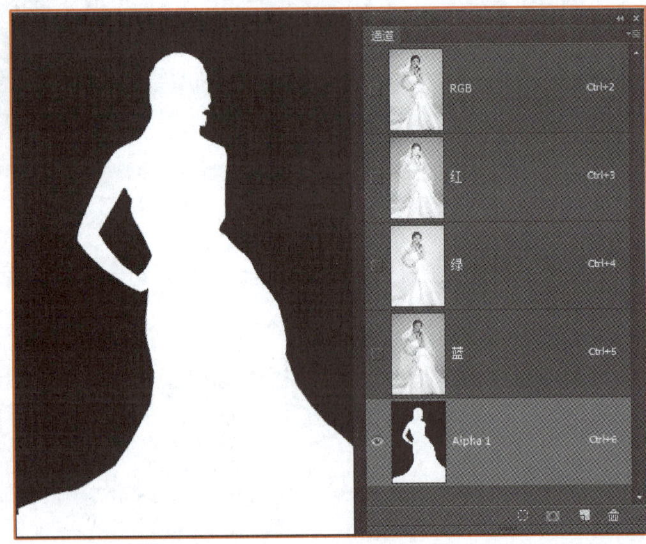

图 7-37
将选区存储为通道的通道面板

④ 将绿通道拖动到“创建新通道”按钮上复制一个“蓝 拷贝”通道，如图 7-38 所示，使用这个“蓝 拷贝”通道来制作半透明选区。使用魔棒工具，设置容差为“10”，按住<Shift>键在人物的背景上单击选择背景，效果如图 7-39 所示。

图 7-38
复制蓝通道

图 7-39
选取背景

⑤ 将前景色设置为黑色，按<Alt+Delete>快捷键在选区内填充黑色，如图 7-40 所示，然后按<Ctrl+D>快捷键取消选区，如图 7-41 所示。

图 7-40
填充“蓝 拷贝”通道
选区中背景为黑色

图 7-41
蓝通道填充黑色后的效果

⑥ 现在，已经得到了两个选区，第一个选区中包含了人物的身体（即完全不透明的区域），第二个选区中包含了半透明的婚纱。如果运用选区运算，将合成一个完整的人物婚纱选区。执行“图像”→“计算”菜单命令，打开“计算”对话框，让“蓝 拷贝”通道与 Alpha1 通道采用“相加”模式混合，如图 7-42 所示。

⑦ 单击“确定”按钮，得到一个新的“计算”后的 Alpha2 通道，如图 7-43 所示。

⑧ 按<Ctrl>键单击 Alpha2 通道，即可载入婚纱选区，按<Ctrl+2>快捷键返回到 RGB 混合通道，显示彩色图像，如图 7-44 所示，按<Ctrl+C>快捷键复制人物与婚纱，打开素材文件夹中的“树林.jpg”，按<Ctrl+V>快捷键将复制的人物与婚纱粘贴到“树林”图像中，如图 7-45 所示。

⑨ 打开素材文件夹中的“花草.jpg”，将复制的人物与婚纱粘贴到“花草”图像中，如图 7-33 所示。

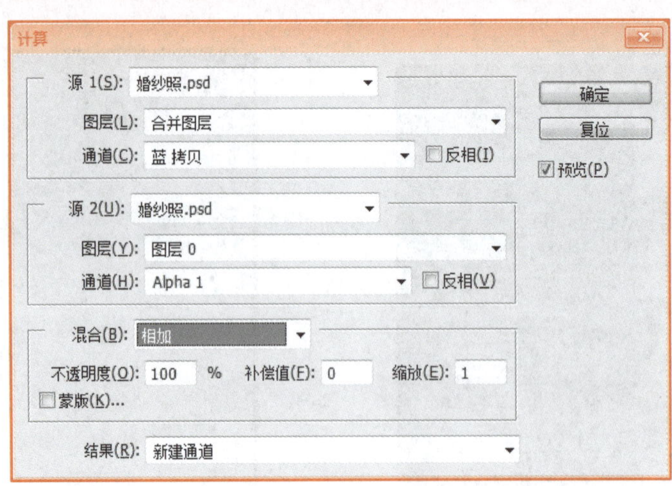

图 7-42

通道采用“相加”计算后的效果

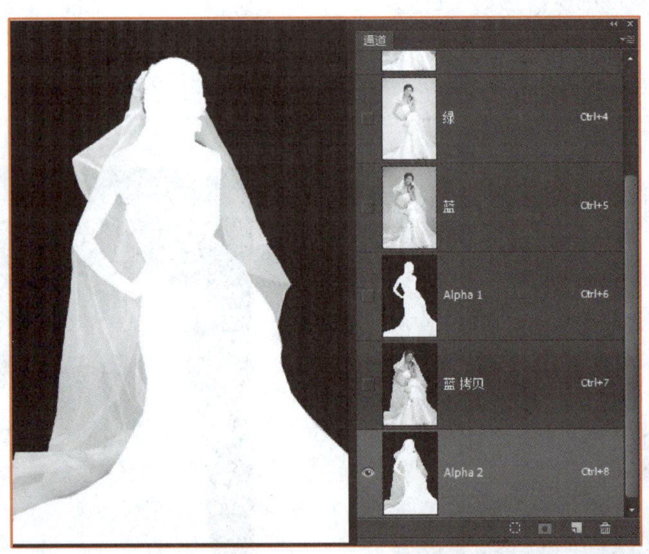

图 7-43

计算后的通道效果

图 7-44

选择人物与婚纱

图 7-45

合成效果

7.4 综合案例：赛会入场券制作

7.4.1 效果展示

微课 7-8
赛会入场券制作

本案例通过通道特殊的应用方式，将各颜色通道的图像依次抠出，并以合并的方式组合，实现赛会入场券，效果如图 7-46 所示。

图 7-46
赛会入场券效果

7.4.2 实现过程

火焰效果由于边缘有烟雾，边缘比较淡，并非实体，其层次性不明显，使用常用的调整色阶、曲线等手段很难较好地抠出火焰图像，在本案例中主要应用分层抠图、最终合并的方式实现火焰的抠图。

整个项目的实现过程如下。

① 在 Photoshop 中打开“烈火骏马”素材图片（如图 7-47 所示），并双击“图层”面板中素材所在的背景图层，在弹出的对话框中单击“确定”按钮，将素材的背景图层转化为普通图层。

② 在制作入场券时，需要将马的素材从图像中抠出来，如果使用普通的方式建立选区然后创建通道，很难将马从图像中抠出。在此，依次利用“红”“绿”“蓝”分层抠图方式实现。单击“通道”面板，依次复制一红色通道“红 拷贝”、一绿色通道“绿 拷贝”、一蓝色通道“蓝 拷贝”，如图 7-48 所示。

图 7-47
烈火骏马素材图片

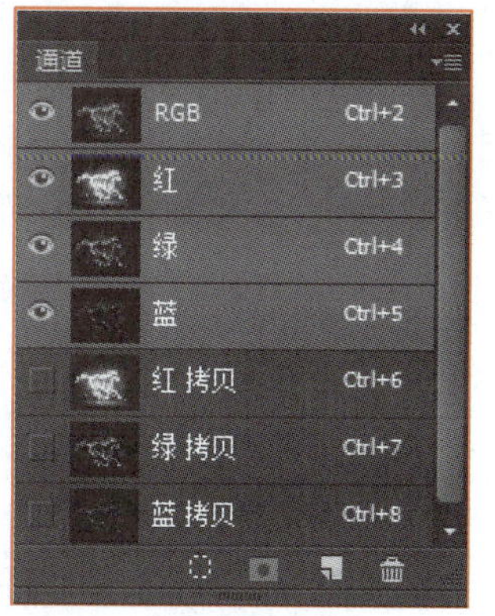

图 7-48
复制后的通道面板

③ 按住<Ctrl>键单击“红 拷贝”通道的缩览图，将该通道转化为选区。进入“图层”面板，创建一个新图层，并命名为“红色”，设置前景色为红色（#FF0000），在“红色”图层中填充选区。隐藏素材图片层效果如图 7-49 所示。

④ 回到“通道”面板中，按住<Ctrl>键单击“绿 拷贝”通道缩览图，将该通道转化为选区，继续进入到“图层”面板，创建一个新图层，命名为“绿色”，将工具箱中的前景色设置为绿色（#00FF00），利用油漆桶工具将“绿色”图层进行填充，隐藏其他图层后效果如图 7-50 所示。

图 7-49
填充红色后效果

图 7-50
填充绿色后效果

⑤ 继续回到“通道”面板，采用与前两步骤相同的方式，将“蓝 副本”通道转化为选区，并在“图层”面板中创建一新的“蓝色”图层，将前景色设置为蓝色（#0000FF），利用油漆桶工具将“蓝色”图层的选区填充，隐藏其他图层形成如图 7-51 所示的效果。

⑥ 这是依次分离各色后填充的效果。要想真正得到烈马的素材图像，需要将各图层合并形成统一的效果。接下来，在“图层”面板中将“绿色”“蓝色”图层的混合模式都设置为“滤色”，如图 7-52 所示。

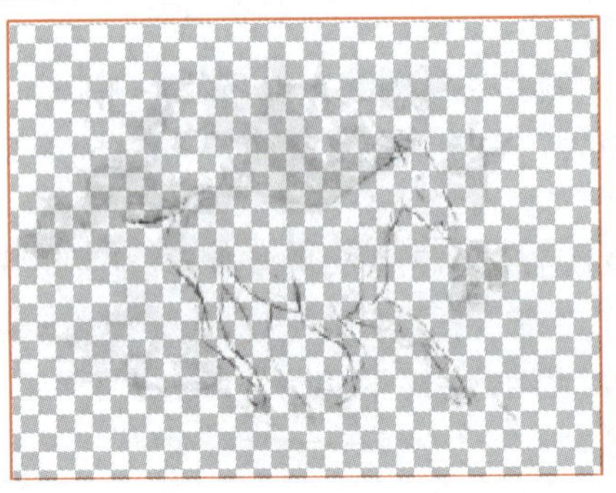

图 7-51
填充蓝色后效果

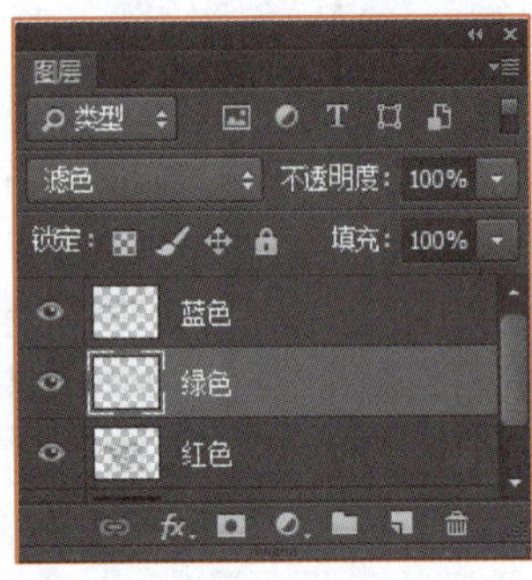

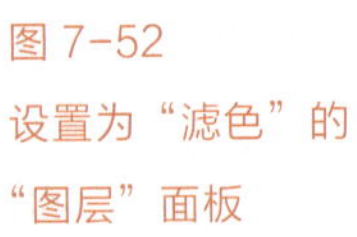

图 7-52
设置为“滤色”的“图层”面板

⑦ 将填充为三基色的“红色”“绿色”“蓝色”3 个图层显示出来，其他图层全部隐藏。单击“图层”面板右上角的三角形，在弹出的菜单中选择“合并可见图层”命令，将 3 个图层合并，形成一幅完整的图像，如图 7-53 所示。至此，烈火骏马的图像完全被抠出。

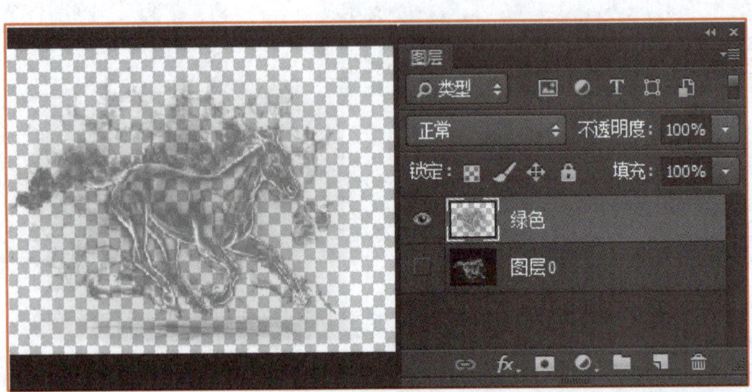

图 7-53
合并图层后的效果

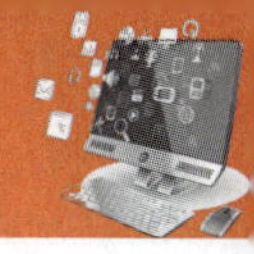

⑧ 在 Photoshop 中，新建一个宽为 1 050 像素、高为 420 像素的文档，并依次导入“背景”“副券”“商标”素材。调整各素材的大小及位置，将“商标”素材图片中商标的边缘图像利用魔棒工具选出，并删除，继续利用文字工具在商标下方输入举办单位，效果如图 7-54 所示。

图 7-54
新画布中素材效果

⑨ 将抠出的烈马素材图片拖动到新创建的文件中，调整其位置及大小，放置于场景的左下方，效果如图 7-55 所示。

图 7-55
放置烈马素材后效果

⑩ 利用单列选框工具，在副券与正券的边缘位置绘制一条分隔线，并将其填充为白色，正券的右下角利用文字工具输入券的价格，形成如图 7-46 所示的效果。

任务实施：企鹅保护宣传页制作

1. 任务分析

在使用“应用图像”和“计算”命令时，通常使用两个通道的混合，可以使用选区作为通道来使用，充分利用好图像中的选区，为抠图找到更多的解决办法。本例就是使用通道和选区混合，抠取一个晶莹剔透的冰雕，结合企鹅背景，配合文字来达到企鹅保护宣传的效果。

2. 技能要点

核心技能要点：选区的应用、通道的使用、“计算”命令、蒙版的使用，核心要点是使用调整通道时控制好灰色的深浅。

3. 实现过程

本案例操作步骤如下。

① 打开 Photoshop，打开素材文件“冰雕.jpg”，如图 7-56 所示，可以看出这个冰雕表面光滑，造型不规则，可以使用钢笔工具选出轮廓，冰雕的内部可以使用通道进行选取。

② 在“通道”面板中查看“绿”通道的轮廓比较清晰，效果如图 7-57 所示。

图 7-56
冰雕素材

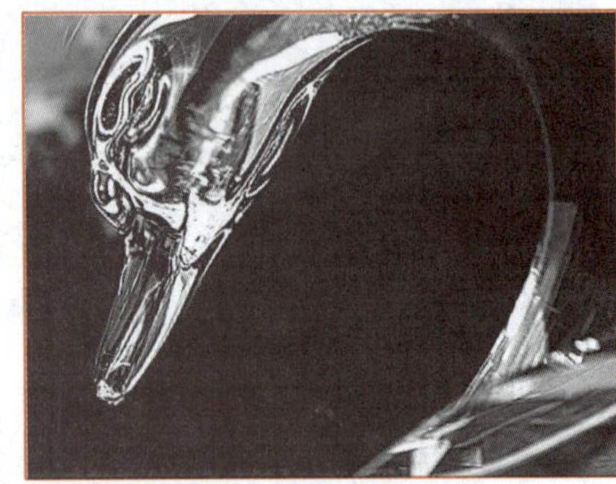

图 7-57
绿通道

③ 单击“绿”通道，使用钢笔工具，选择“路径”模式，绘制路径的轮廓，如图 7-58 所示，按<Ctrl+Enter>快捷键将路径转换为选区，效果如图 7-59 所示。

图 7-58
绘制路径

图 7-59
路径转换为选区

④ 执行“图像”→“计算”菜单命令，打开“计算”对话框，如图 7-60 所示，将“源 1”设置为“选区”，“源 2”设置为通道“红”，“混合”模式设置为“正片叠底”，“结果”设置为“新建通道”，单击“确定”按钮，将混合为一个新的 Alpha1 通道，如图 7-61 所示。

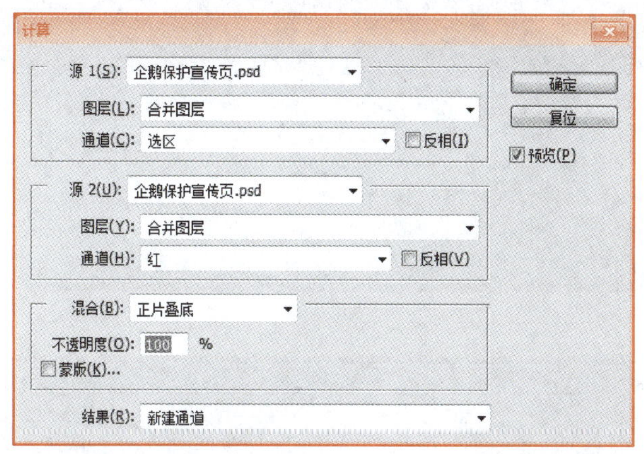

图 7-60
“计算”对话框

图 7-61
“计算”命令
运用后的效果

注意

之所以选择“红”通道，是因为“红”通道中包括的图像细节最多，因此，在“计算”命令中使用了“红”通道与选区进行计算，而选区又将计算的范围限定在冰雕中，这样，冰雕以外的背景就不会参与计算。Photoshop 会用黑色填充没有计算的区域，背景色就会变成黑色。“正片叠底”模式使得通道内的图像变暗，在选取冰雕后，背景图像对冰雕的影响就会变小。

⑤ 按住<Alt>键双击“背景”图层，将它转换为普通图层，它的名称会变为“图层 0”，如图 7-62 所示。

⑥ 单击“图层”面板下方的“添加蒙版”按钮，用蒙版遮盖背景图像，如图 7-63 所示。

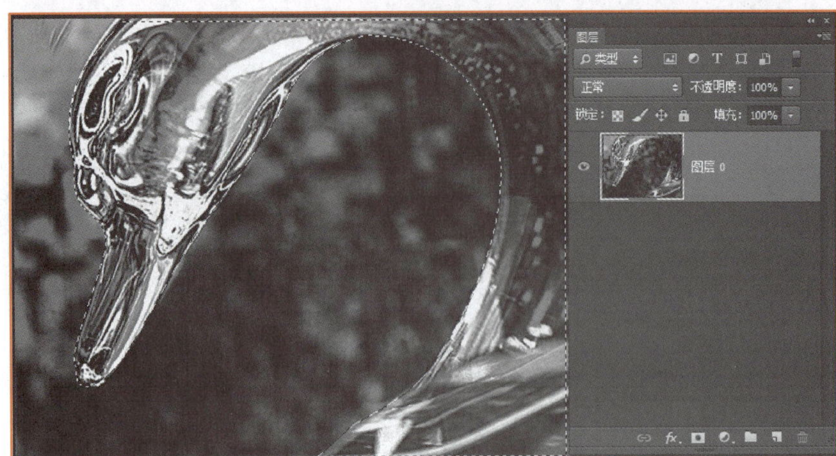

图 7-62
修改图层

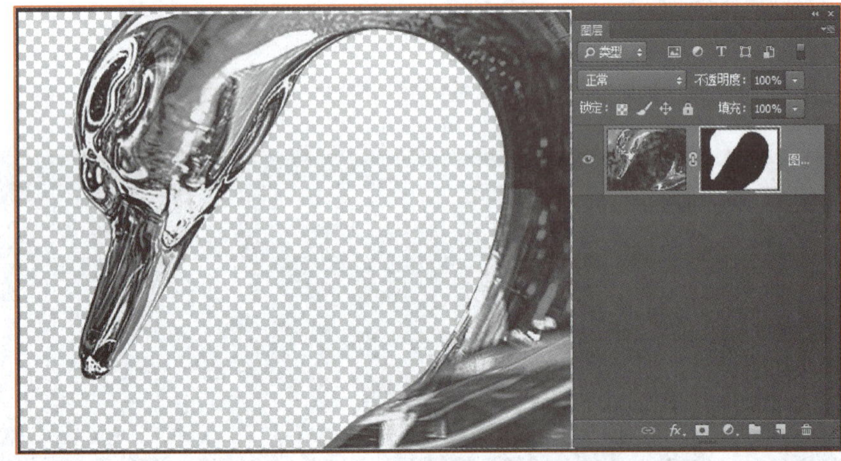

图 7-63
添加蒙版的效果

⑦ 新建一个图层，在图层中填充蓝色（#0e9ef1），设置该图层的混合模式为“颜色”，如图 7-64 所示，该模式可以将当前图层的色相与饱和度应用到下一图层的冰雕图像中，但冰雕图像的亮度保持不变，这样就可以实现为冰雕着色了，蓝色会突出冰雕晶莹剔透的质感。

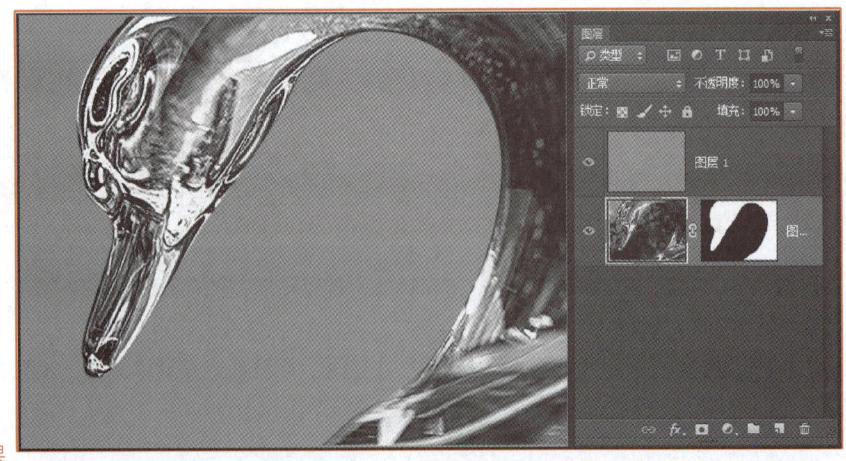

图 7-64
运用蓝色与背景进行“颜色”混合模式后的效果

⑧ 打开素材文件“企鹅.jpg”，如图 7-65 所示，将其复制到文档中，调整大小与位置，效果如图 7-66 所示。

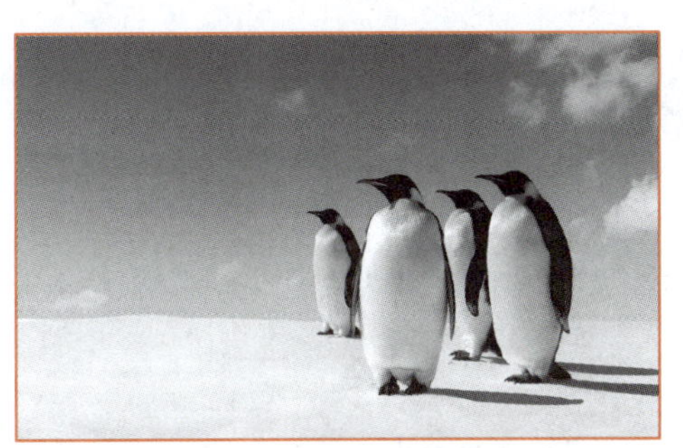

图 7-65
企鹅素材

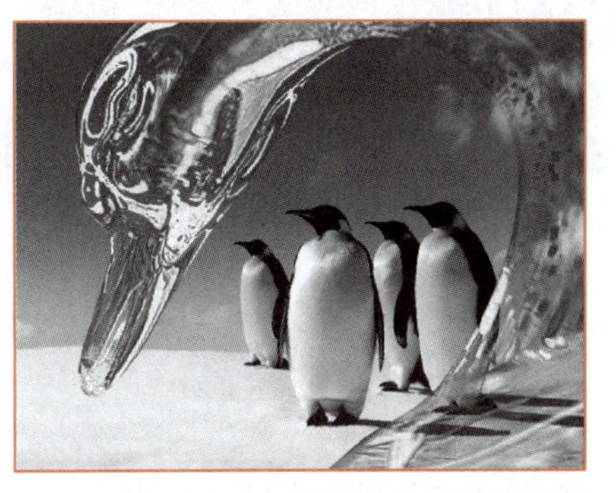

图 7-66
合成后效果

⑨ 使用文字工具输入文本“企鹅是人类的朋友”，设置字体为“汉真广标”、文字大小为“48 像素”，为文字设置相关的“描边”样式，如图 7-67 所示。设置“渐变叠加”样式，参数设置如图 7-68 所示，最终效果如图 7-1 所示。

描边
结构
大小(S):
2
像素
位置(P): 外部
混合模式(B): 正常
不透明度(O):
100
%
填充类型(F): 颜色
颜色:
设置为默认值
复位为默认值

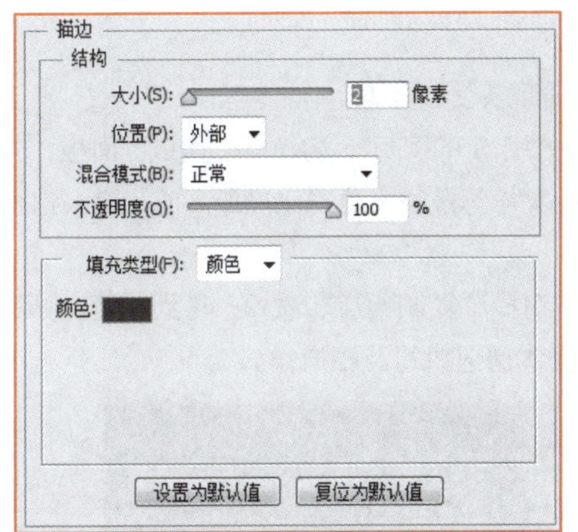

图 7-67
设置“描边”样式

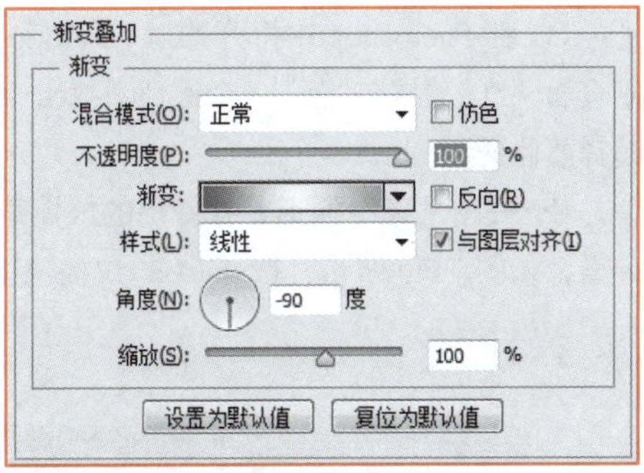

渐变叠加
渐变
混合模式(O): 正常
仿色
不透明度(P):
100
%
渐变:
反向(R)
样式(L): 线性
与图层对齐(I)
角度(N):
-90
度
缩放(S):
100
%
设置为默认值
复位为默认值

图 7-68
设置“渐变叠加”样式

任务拓展

1. 通道的应用技巧

在使用 Photoshop 通道时，有很多技巧，如果能熟练掌握，就能大大提高工作效率。

技巧 1：

按住<Ctrl>键单击层的图标（在“层”面板上）可载入它的透明通道，再按住<Ctrl+Alt+Shift>键单击另一层，为选取两个层的透明通道相交的区域。

技巧 2：

若要将彩色图片转为黑白图片，可先将颜色模式转化为 Lab 模式，然后选取“通道”面板中的明度通道，再执行“图像”→“模式”→“灰度”菜单命令，由于 Lab 模式的色域更宽，这样转化后的图像层次感更丰富。

技巧 3：

如果是在含有两个或者两个以上的图层文档中删除原色通道，Photoshop 会提示将图层合并，否则将

无法删除。

技巧 4:

因为 Alpha 通道中只有黑、白、灰 3 种颜色，如果双击工具箱中的“前景色”或“背景色”色块选择其他颜色，那么得到的是不同程度的灰色。

技巧 5:

使用专色通道时，如果选择了颜色，则印刷服务供应商可以更容易地提供合适的油墨以重现图像，所以最好在“颜色库”中选择颜色。

技巧 6:

要将图像转为“双色调”模式，必须先将图像转为“灰度”模式，图像只有在灰度模式下才能转换为“双色调”模式。

技巧 7:

与“专色通道选项”对话框中的“密度”选项不同，绘画或编辑工具选项中的“不透明度”选项决定于打印输出的实际油墨浓度。

技巧 8:

因为在新建通道中可以任意选择原色通道，所以合并 RGB 通道图像时，可以合并 6 幅不同颜色的图像。

2. 结合通道抠取头发

本例将结合“通道”与“色阶”等命令来实现头发的抠取。

① 在 Photoshop 中打开素材“人物.jpg”，如图 7-69 所示，切换至“通道”面板，分别查看“红”“绿”“蓝”3 个通道，找出一个头发与背景的亮度对比度最高的通道，这里选择蓝色通道。

② 右击“蓝”通道，在弹出的快捷菜单中选择“复制通道”命令，得到“蓝 拷贝”通道，如图 7-70 所示，按<Ctrl+I>快捷键将该副本通道执行反相操作。

图 7-69
素材图片

图 7-70
“蓝 拷贝”通道

③ 按<Ctrl+L>快捷键应用“色阶”命令，利用黑色滴管继续吸取图像中的头发部分，使用白色滴管吸取素材画面中背景颜色，以此调节画面中人物头发与背景的对比度，更加方便地将头发选取出来，效果如图 7-71 所示。

④ 在实际应用中，选取头发只是工作的一重要部分，更重要的是将整个人物选取出来。而在通过“色阶”命令调整后的图像中，可以看出人物的一部分图像未被选取出来，执行“图像”→“调整”→“反相”菜单命令，然后将前景色设置为白色，使用画笔工具

将画面中需要选取的黑色区域涂抹成白色，如图 7-72 所示。

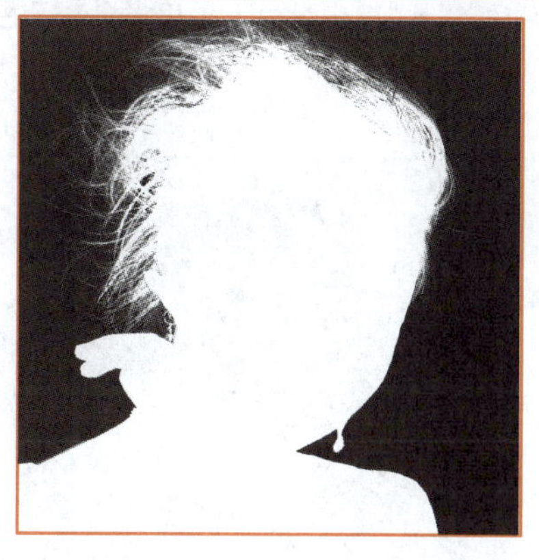

图 7-71
应用“色阶”后效果

图 7-72
涂抹后效果

⑤ 通过调整，可以看出人物头发的边缘仍然存在灰色区域，这也影响了人物选区的建立，接下来继续使用“色阶”命令，如图 7-73 所示，将头发的边缘与背景更加明显的分离出来，如图 7-74 所示。

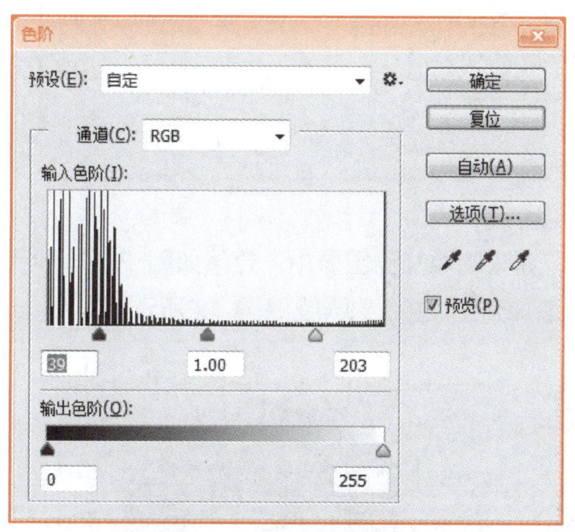

图 7-73
“色阶”对话框

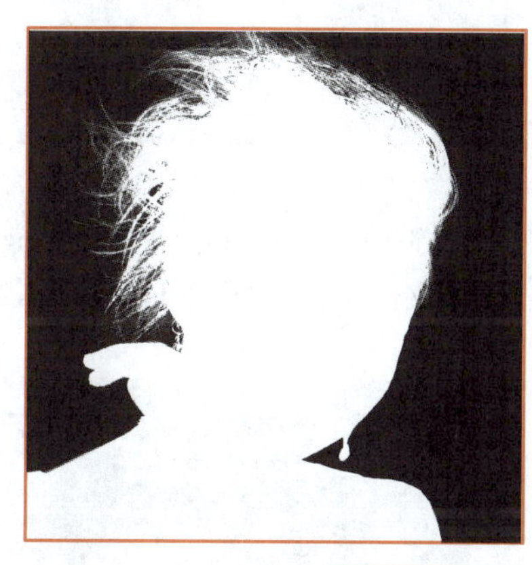

图 7-74
应用“色阶”后效果

⑥ 这时可以看出人物的轮廓更加清晰，按住<Ctrl>键单击“蓝 拷贝”通道的缩览图，将通道转化为选区，切换至“图层”面板，单击人物所在的图层将其激活。

⑦ 按<Ctrl+J>快捷键执行“通过拷贝的图层”操作，从而将选区中的图像拷贝至新图层中。将其他图层隐藏，其效果如图 7 75 所示。

图 7-75
选出的人物效果图

⑧ 如果在抠出的图像中头发的边缘存在杂色，可在将通道建立选区前，执行“滤镜”→“杂色”→“减少杂色”菜单命令将杂色去掉，如图 7-76 所示。

图 7-76
“减少杂色”对话框

⑨ 打开素材文件夹中的“花草.jpg”，将人物添加到图像中，效果如图 7-77 所示，打开素材文件夹中的“绿草.jpg”，将人物添加到图像中，效果如图 7-78 所示。

图 7-77
合成后的效果 1

图 7-78
合成后的效果 2

项目实训：使用通道抠取透明玻璃杯

根据已学习的通道的相关理论与操作，结合钢笔工具、通道蒙版以及通道，使用“红酒杯子.jpg”素材（如图 7-79 所示），将图像中的透明酒杯与红酒抠取出来，放置到素材“背景.jpg”中（如图 7-80 所示），最终效果如图 7-81 所示。

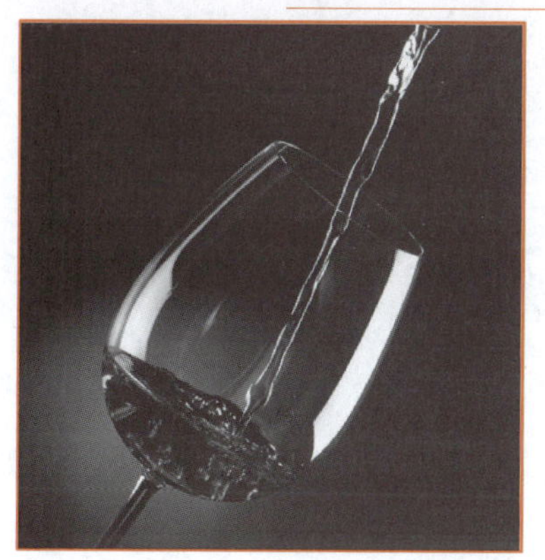

图 7-79
“红酒杯子.jpg”素材

图 7-80
“背景.jpg”素材

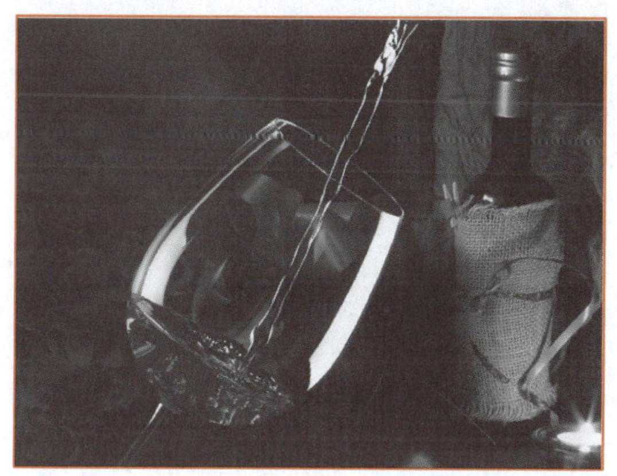

图 7-81
抠取合成后的效果

第8章 滤镜的应用

滤镜主要是用来实现图像的各种特殊效果。滤镜源于摄影，通过它可以模拟一些特殊的光照效果，或是带有装饰性的纹理效果。Photoshop 提供了多种滤镜效果，且功能强大，被广泛应用于各种领域，合理地应用滤镜可以使用户在处理图像时，能轻而易举地制作出绚丽的图像效果。

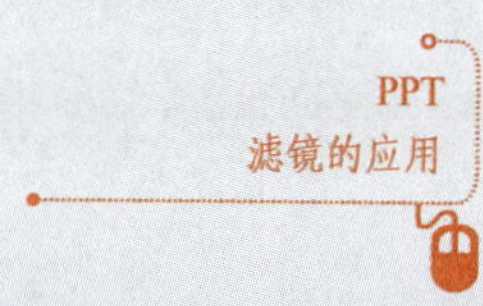

教学导航

教学目标	（1）了解滤镜的概念与原理 （2）了解滤镜的分类 （3）掌握滤镜使用原则与操作方法 （4）掌握常用滤镜的使用方法 （5）掌握特殊滤镜的使用方法
本单元重点	（1）滤镜使用原则与操作方法 （2）常用滤镜的使用
本单元难点	（1）特殊滤镜的使用 （2）滤镜的综合使用
教学方法	任务驱动法、讲授法、演示操作法
建议课时	4 课时

任务展示：大理石纹理石材壁纸的制作

日常生活中，人们会见到很多具有天然大理石纹理的室内装饰，如高端酒店内部墙面、地面，往往采用比较高端的大理石铺设。滤镜主要是用来实现图像的各种特殊效果，它在 Photoshop 中具有非常神奇的作用。本节通过运用滤镜来制作大理石纹理石材壁纸，效果如图 8-1 所示。

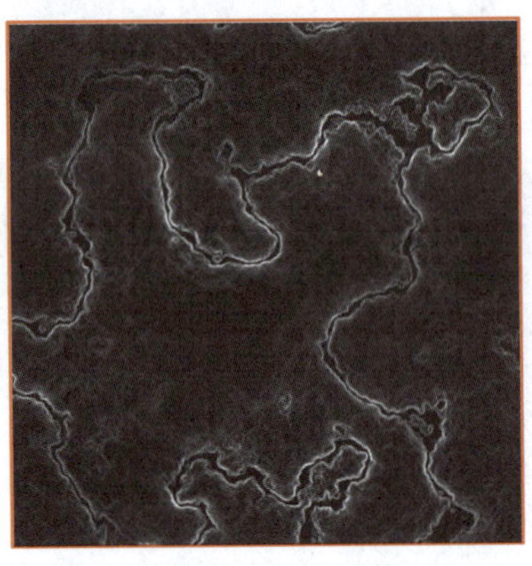

图 8-1
大理石纹理石材壁纸效果

知识准备

8.1　滤镜简介

8.1.1　认知滤镜

滤镜主要是用来实现图像的各种特殊效果，它在 Photoshop 中具有非常神奇的作用。滤镜的操作非常简单，但是真正用起来却很难恰到好处。滤镜通常需要同通道、图层等联

合使用，才能取得较好的艺术效果。如果想合适地应用滤镜，除了平常的美术功底之外，还需要用户对滤镜的熟练操控能力，以及很丰富的想象力。这样，才能有的放矢地应用滤镜，发挥出艺术才华。

现在有许多滤镜软件可以在智能手机上使用，这些软件使滤镜变得更简单，只需一键就能达到美化效果，如美颜相机、MIX 滤镜大师、Faceu 激萌、美人相机、美妆相机、美图秀秀等。

Photoshop 中的滤镜是一种插件模块，它们能够操纵图像中的像素。位图是由像素构成的，每一个像素都有自己的位置和颜色值，滤镜就是通过改变像素的位置或颜色来生成各种特殊的效果。

8.1.2 滤镜的分类与用途

滤镜分为内置滤镜和外挂滤镜两大类。内置滤镜就是 Photoshop 自身提供的各种滤镜，外挂滤镜则是由其他厂商开发的滤镜，它们需要安装在 Photoshop 中才能使用。

所有的 Photoshop 都按分类放置在“滤镜”菜单中，如图 8-2 所示，使用时只需要从该菜单中执行相关命令即可。

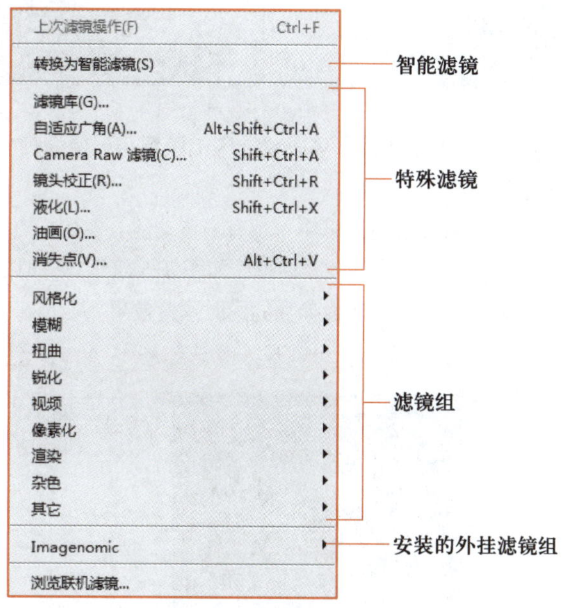

图 8-2
“滤镜”菜单

Photoshop 的内置滤镜主要有以下两种用途。

- 第一类是用于创建具体的图像特效，如可以生成粉笔画、图章、纹理、波浪等各种特殊效果。此类滤镜的数量最多，且绝大多数都在“风格化”“素描”“纹理”“像素化”“渲染”“艺术效果”等滤镜组中，除了“扭曲”以及其他少数滤镜外，基本上都是通过“滤镜库”来管理和应用。
- 第二类主要是用于编辑图像，如减少杂色、提高清晰度等，这些滤镜在“模糊”“锐化”“杂色”等滤镜组中。此外，“液化”“消失点”“镜头矫正”也属于此类滤镜。这 3 种滤镜比较特殊，它们功能强大，并且有自己的工具和独特的操作方法，更像是独立软件。

8.1.3 滤镜的基本操作

微课 8-1
滤镜的基本操作

Photoshop 本身带有许多滤镜，其功能各不相同，但是所有滤镜都有相同的特点，只有遵循这些规则，才能准确有效地使用滤镜功能。

首先是 Photoshop 会针对选区范围进行滤镜处理，打开素材文件夹中的“玫瑰.jpg”图片，当绘制圆形选区时，执行“滤镜”→“扭曲”→“水波”菜单命令，设置数量为“30”、起伏为“5”、样式为“水池波纹”，效果如图 8-3 所示，针对选区的只对该选区起作用。如果图像中没有选区，则对整个图像进行处理，效果如图 8-4 所示。

图 8-3
滤镜应用到选区内的图像效果

图 8-4
滤镜应用整幅图像的效果

在只对局部图像进行滤镜处理时，可以将选区范围羽化，使处理的区域与原图像能自然的结合，减少突兀的感觉。

在 Photoshop 的绝大多数滤镜对话框中，都有预览功能。例如，执行“滤镜”→“扭曲”→“水波”菜单命令，弹出“水波”对话框，如图 8-5 所示，有时执行滤镜需要花费一些时间，使用预览功能可以在设置滤镜参数的同时预览效果。

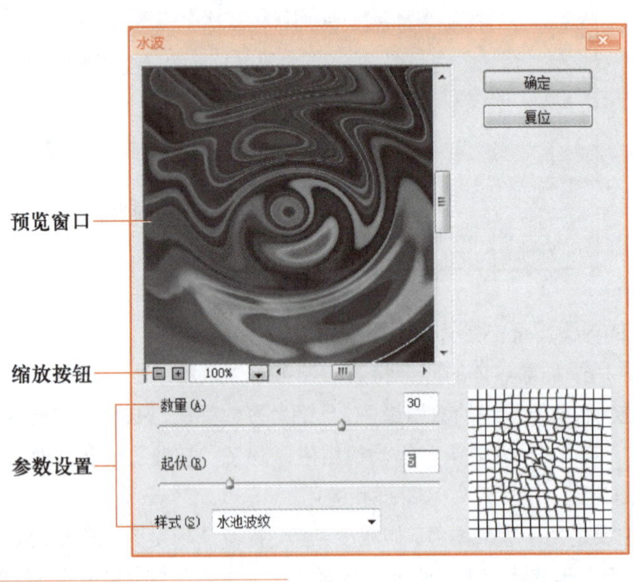

图 8-5
“水波”对话框

将鼠标指针指向预览框后，指针变成手形，这时单击并拖动鼠标即可在预览框中移动图像。如果图像尺寸过大，还可以将指针指向图像，当指针变成方框后再单击，预览框内立刻显示该图像。

如果对文本图层或者形状图层滤镜执行滤镜时，Photoshop 会提示先转换为普通图层（或者栅格化）后再执行滤镜命令。

8.1.4 滤镜的使用原则

所有的滤镜效果都有相同之处，用户遵守这些基本的使用原则，才能准确、有效地使用各种滤镜功能。

掌握滤镜的使用原则是必不可少的，具体内容如下。

- 滤镜处理图像时，可应用于当前选择选区范围、当前图层、图层蒙版或通道，若需要将滤镜应用于整个图层，则不要选择任何图像区域或图层。值得注意的是，如果创建了选区，滤镜只处理选区内的图像，如图 8-3 就是只作用于白圈内的区域。只有“云彩”滤镜可以应用在没有像素的区域，其他滤镜都必须应用在包含像素的区域，否则不能使用，但外挂滤镜除外。
- 滤镜可以处理图层蒙版、快速蒙版和通道。
- 滤镜的处理效果是以像素为单位来进行计算的，因此，相同的参数处理不同分辨率的图像，其效果也会不同。
- 有些滤镜只对 RGB 颜色模式图像起作用，而不能将滤镜应用于位图模式或索引模式图像，也有些滤镜不能应用于 CMYK 颜色模式图像。
- 有些滤镜完全是在内存中进行处理的，因此在处理高分辨率图像时，非常消耗内存。
- 上次使用的滤镜显示在“滤镜”菜单顶部，按<Ctrl + F>组合键，可再次以相同参数应用上一次的滤镜，按<Ctrl + Alt + F>组合键，可再次打开相应的滤镜对话框。

8.1.5 混合滤镜的使用效果

通过执行“编辑”→“渐隐”菜单命令，即可将应用滤镜后的图像与原图像进行混合。

微课 8-2
混合滤镜

混合滤镜效果的具体使用步骤如下。

① 打开素材图片文件夹中的“荷花.jpg”文件，按快捷键<Ctrl + J>复制图层，如图 8-6 所示。

图 8-6
“荷花.jpg”素材图像

② 执行“滤镜”→“滤镜库”菜单命令，在弹出的对话框中选择“扭曲”→“玻璃”选项，设置扭曲度为“5”、纹理为“磨砂”、平滑度为“2”、缩放为“80%”，如图 8-7 所示。

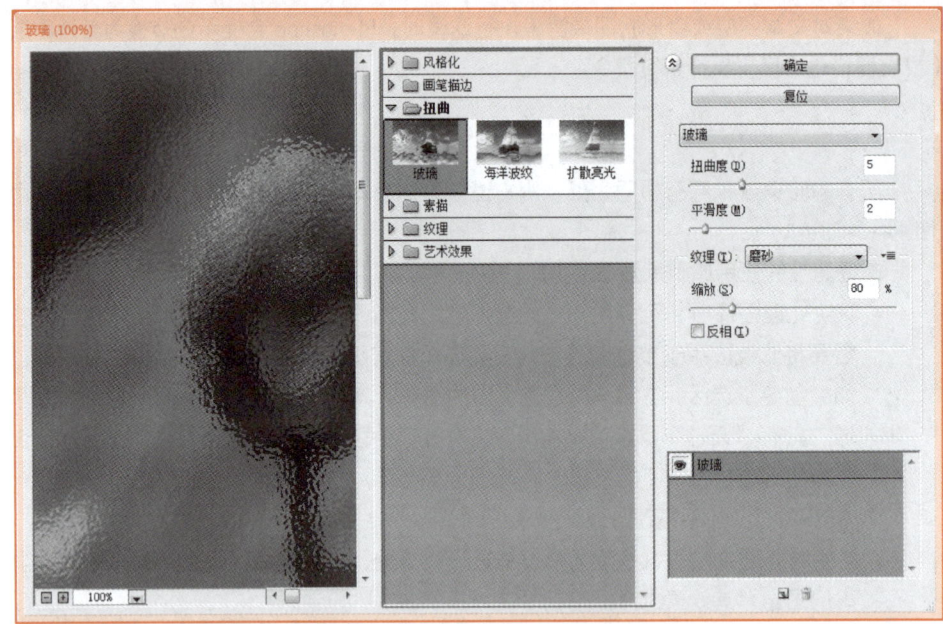

图 8-7
“玻璃”滤镜对话框

③ 单击“确定”按钮，即可应用玻璃滤镜效果，如图 8-8 所示。

④ 执行“编辑”→“渐隐玻璃”菜单命令，弹出“渐隐”对话框，设置“不透明度”为 80%、混合模式为“滤色”，单击“确定”按钮，即可制作出混合滤镜效果，如图 8-9 所示。

图 8-8
应用玻璃滤镜后的效果

图 8-9
混合滤镜

8.2　使用智能滤镜的方法

智能滤镜指的是应用于智能对象的滤镜，应用智能滤镜，可以将滤镜的参数和设置进行保存，但图像所应用的滤镜效果不会被保存。

智能滤镜可以无损编辑图片，是很受欢迎的方式，还可以不断调整滤镜效果。

微课 8-3
智能滤镜

8.2.1　创建智能滤镜

当所选择的图层转换为智能对象时，才能应用智能滤镜，“图层”面板中的智能对象可以直接将滤镜添加到图像中，但不破坏图像本身的像素。

创建智能滤镜的具体步骤如下。

① 打开素材图片文件夹中的“蜜蜂.jpg”文件，如图 8-10 所示。

② 执行“滤镜”→“转换为智能滤镜”菜单命令，弹出信息提示框，单击“确定”按钮，即可将“背景”图层转换为智能对象，且图层缩览图的右下角将显示一个智能图标，如图 8-11 所示。

图 8-10
“蜜蜂.jpg”素材图像

图 8-11
转换为智能滤镜

③ 使用椭圆选取工具，创建中间“蜜蜂”的选区，执行“选择”→“反向”菜单命令，使选择区进行反向，执行“选择”→“修改”→“羽化”菜单命令，在弹出的“羽化选区”对话框中设置“羽化半径”为 3 像素，如图 8-12 所示。

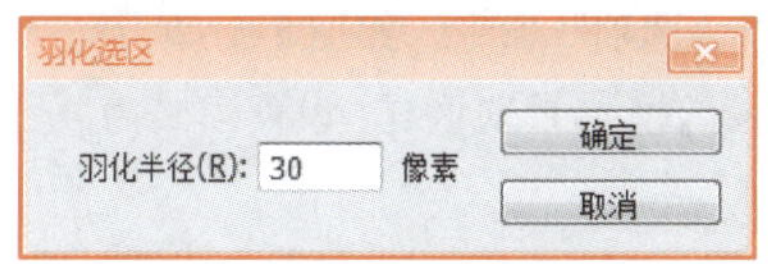

图 8-12
“羽化选区”对话框

④ 单击“确定”按钮，即可将选择区进行羽化，效果如图 8-13 所示。

⑤ 执行“滤镜”→“模糊”→“径向模糊”菜单命令，在弹出的“径向模糊”对话框中设置数量为“20”，选中“旋转”和“最好”单选按钮，如图 8-14 所示。

图 8-13
羽化选区

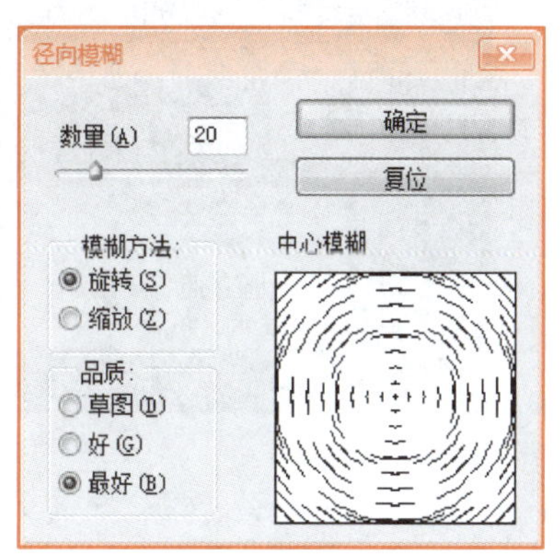

图 8-14
“径向模糊”对话框

⑥ 单击“确定”按钮，即可对选区中的图像进行径向模糊，效果如图 8-15 所示，所应用的滤镜效果图层也以“智能滤镜”的名称显示。

图 8-15
应用智能滤镜最终效果

8.2.2　编辑智能滤镜

用户对图像创建智能滤镜后，若对滤镜的参数设置或效果不满意，则可以根据需要对智能滤镜进行相应属性的更改。编辑智能滤镜的具体步骤如下。

① 在图 8-15 的基础上，在“径向模糊”子图层上单击鼠标右键，在弹出的快捷菜单中选择“编辑智能滤镜混合选项”命令，如图 8-16 所示。

② 弹出“混合选项（径向模糊）”对话框，设置模式为“正片叠底”、不透明度为 60%，如图 8-17 所示。

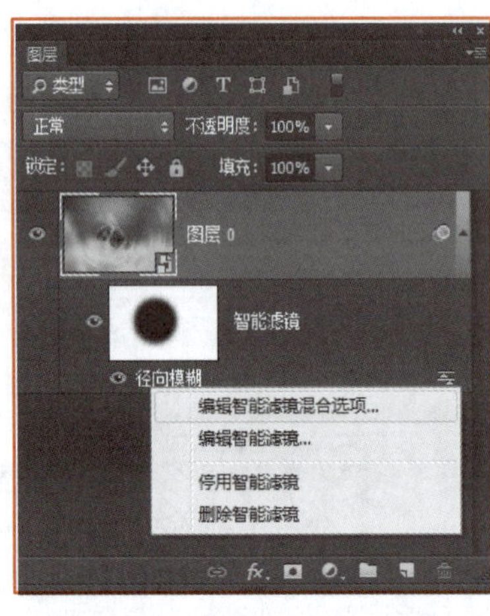

图 8-16
“图层”面板

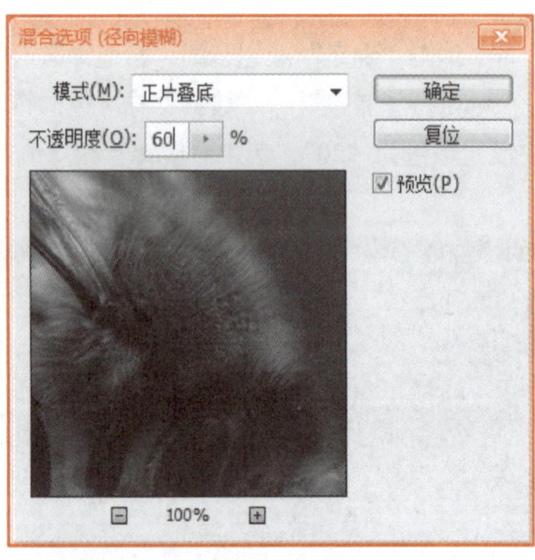

图 8-17
“混合选项（径向模糊）”对话框

③ 单击“确定”按钮，即可更改图像使用智能滤镜的效果，如图 8-18 所示。

④ 参照步骤 1 的操作方法，在“径向模糊”子图层上单击鼠标右键，在弹出的快捷菜单中选择“编辑智能滤镜”命令，弹出“径向模糊”对话框，设置数量为“80”、模糊方法为“缩放”，单击“确定”按钮，即可更改图像使用智能滤镜的效果，如图 8-19 所示。

图 8-18
设置混合选项后的效果

图 8-19
修改“径向模糊”参数后的效果

8.3　常用滤镜

在 Photoshop CC 中有很多常用的滤镜，如“像素化”滤镜、“扭曲”滤镜、“杂色”滤镜等，下面将介绍基本滤镜的应用。

8.3.1　“像素化”滤镜

“像素化”滤镜主要是按照指定大小的点或块，对图像进行平均分块或平面化处理，从而产生特殊的图像效果。“像素化”滤镜主要包括“彩块化”“彩色半调”“点状化”“晶格化”“马赛克”“碎片”“铜板雕刻”等功能。现以“彩块化”与“马赛克”为例，讲解“像素化”滤镜的使用方法。

微课 8-4
像素化滤镜

① 打开素材图片文件夹中的“樱花.jpg”文件，执行“滤镜”→“像素化”→“彩色半调”菜单命令，弹出“彩色半调”对话框，参数设置如图 8-20 所示，单击“确定”按钮，即可将“彩色半调”滤镜应用于图像中，效果如图 8-21 所示。

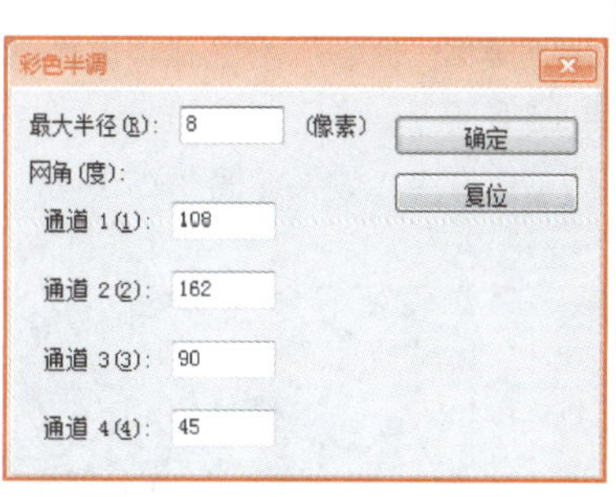

图 8-20
“彩色半调”对话框

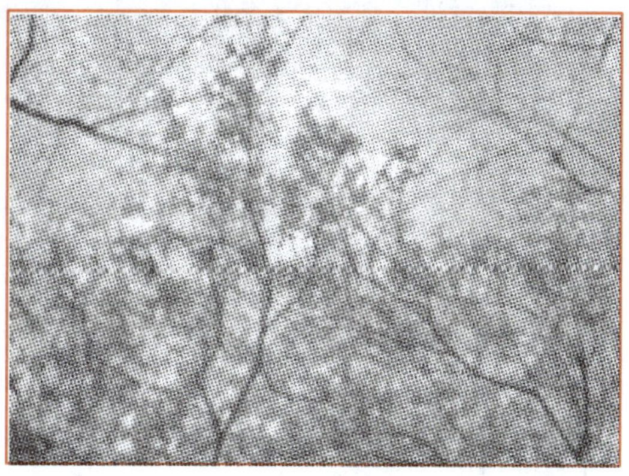

图 8-21
彩色半调滤镜效果

② 执行“滤镜”→“像素化”→“点状化”菜单命令，弹出“点状化”对话框，设置单元格大小为“5”，如图 8-22 所示。

③ 单击“确定”按钮，即可将“点状化”滤镜应用于图像中，效果如图 8-23 所示。

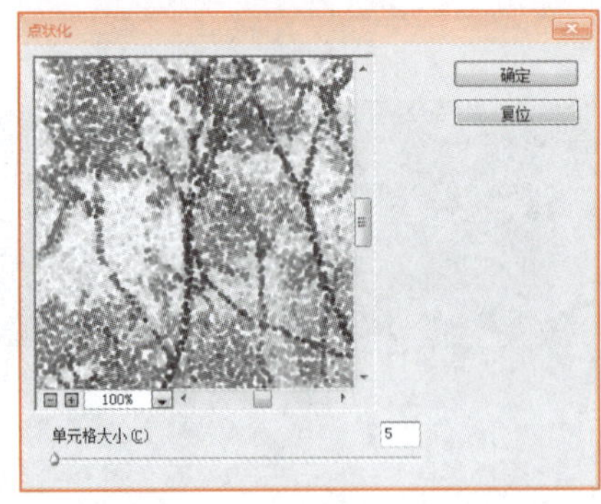

图 8-22
“点状化”对话框

图 8-23
应用“点状化”滤镜后的图像效果

8.3.2 “扭曲”滤镜

微课 8-5
扭曲滤镜

“扭曲”滤镜的主要作用是将图像按照一定的方式在几何意义上进行扭曲，使用该滤镜可以模拟产生水波、镜面、球面等效果。“扭曲”滤镜有“波浪”“玻璃”“极坐标”“球面化”等功能，应用“扭曲”滤镜的操作步骤如下。

① 打开素材图片文件夹中的“雪山.jpg”文件，如图 8-24 所示。

② 选取椭圆选框工具，在图像编辑窗口中绘制一个大小合适的椭圆选区，执行“选择”→“修改”→“羽化”菜单命令，在弹出的对话框中设置羽化半径为“20”，单击“确定”按钮，羽化选区，效果如图 8-25 所示。

图 8-24
“雪山.jpg”素材图像

图 8-25
羽化选区

③ 执行“滤镜”→“扭曲”→“水波”菜单命令，弹出“水波”对话框，设置数量为“80”、起伏为“12”、样式为“水池波纹”，如图 8-26 所示。

④ 单击“确定”按钮，即可将“水波”滤镜应用于图像中，效果如图 8-27 所示。

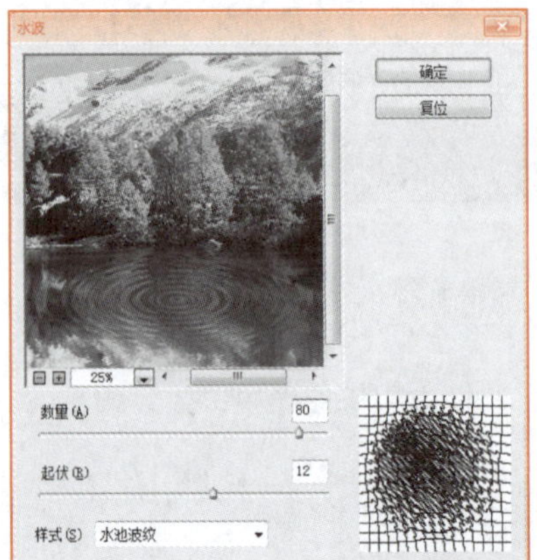

图 8-26
“水波”对话框

图 8-27
添加“水波”滤镜后的图像效果

8.3.3 “杂色”滤镜

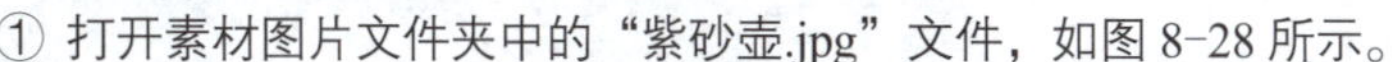

应用“杂色”滤镜可以减少图像中的杂点，也可以增加杂点，从而使图像混合时产生色彩漫散的效果。“杂色”滤镜具体的操作步骤如下。

微课 8-6
杂色滤镜

① 打开素材图片文件夹中的“紫砂壶.jpg”文件，如图 8-28 所示。

② 执行“滤镜”→“杂色”→“添加杂色”菜单命令，弹出“添加杂色”对话框，设置数量为“8%”、分布为“高斯分布”，选择“单色”复选框，单击“确定”按钮，效果如图 8-29 所示。

图 8-28
“紫砂壶.jpg”素材图像

图 8-29
添加杂色后的图像效果

8.3.4 “模糊”滤镜

应用“模糊”滤镜，可以使图像中清晰或对比度较强烈的区域，产生模糊的效果。模糊滤镜的具体操作如下。

微课 8-7
模糊滤镜

① 打开素材图片文件夹中的“汽车.jpg”文件，如图 8-30 所示。

② 选取椭圆选框工具，将鼠标指针移至图像编辑窗口中的合适位置，创建一个与汽车一样大小的选区；执行“选择”→“反向”菜单命令，使选区进行反向，执行“选择”→“修改”→“羽化”菜单命令，在弹出的对话框中设置羽化半径为“10”，单击“确定”按钮，羽化选区，效果如图 8-31 所示。

图 8-30
“汽车.jpg”素材图像

图 8-31
羽化选区

③ 执行“滤镜”→“模糊”→“径向模糊”菜单命令，弹出“径向模糊”对话框，设置数量为“30”，选中“缩放”和“最好”单选按钮，如图 8-32 所示。

④ 单击“确定”按钮，即可将“径向模糊”滤镜应用于图像中，效果如图 8-33 所示。

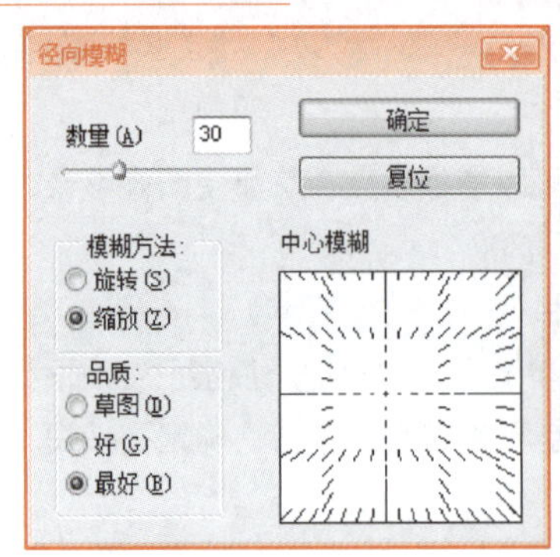

图 8-32
“径向模糊”对话框

图 8-33
应用“径向模糊”滤镜后的图像效果

8.3.5 “渲染”滤镜

微课 8-8
渲染滤镜

应用“渲染”滤镜组中的滤镜可以制作出照明、云彩图案、折射图案和模拟光的效果，其中，分层云彩和云彩效果的图案是根据前景色和背景色进行变换的。渲染滤镜的具体操作如下。

① 打开素材图片文件夹中的“相机.jpg”文件，如图 8-34 所示。

② 执行“滤镜”→“渲染”→“镜头光晕”菜单命令，弹出“镜头光晕”对话框，设置亮度为“160%”，选中“35 毫米聚焦”单选按钮，如图 8-35 所示。

图 8-34
“相机.jpg”素材图像

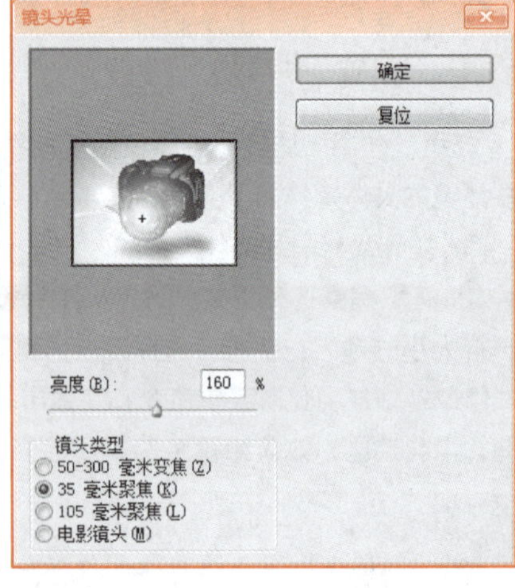

图 8-35
“镜头光晕”对话框

③ 单击“确定”按钮，即可将“镜头光晕”滤镜应用于图像中，效果如图 8-36 所示。

图 8-36
添加镜头光晕的图像效果

8.3.6 “画笔描边”滤镜

微课 8-9
画笔描边滤镜

通过应用“画笔描边”滤镜组中不同的画笔或油墨描边，可以在图像中增加颗粒、线条、杂色、锐化细节等效果，从而制作出形式不同的绘画效果。“画笔描边”滤镜的具体操作如下。

① 打开素材图片文件夹中的“小汽车.jpg”文件，如图 8-37 所示。

② 执行“滤镜”→“画笔描边”→“阴影线”菜单命令，弹出“阴影线”对话框，设置描边长度为“25”、锐化程度为“5”、强度为“2”。

③ 单击“确定”按钮，即可将“阴影线”滤镜应用于图像中，效果如图 8-38 所示。

图 8-37
“小汽车.jpg”素材图像

图 8-38
添加阴影线的图像效果

8.3.7 “素描”滤镜

微课 8-10
素描滤镜

“素描”滤镜组中，除了“水彩画纸”滤镜是以图像的色彩为标准外，其他滤镜都是用黑、白、灰来替换图像中的色彩，从而产生多种绘画效果。“素描”滤镜的具体操作如下。

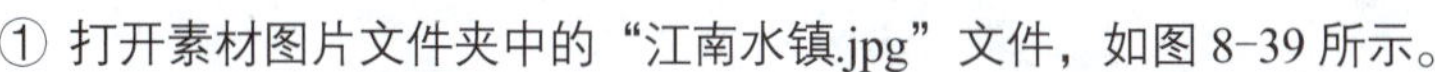

① 打开素材图片文件夹中的“江南水镇.jpg”文件，如图 8-39 所示。

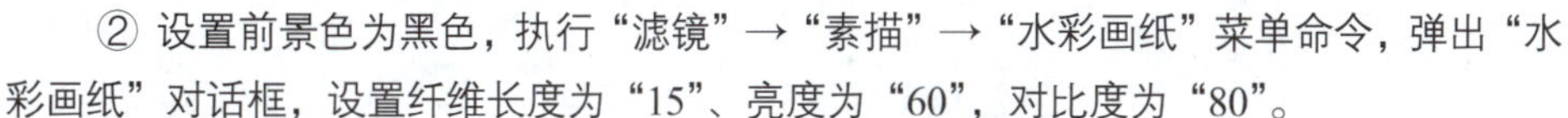

② 设置前景色为黑色，执行“滤镜”→“素描”→“水彩画纸”菜单命令，弹出“水彩画纸”对话框，设置纤维长度为“15”、亮度为“60”，对比度为“80”。

③ 单击“确定”按钮，即可将“影印”滤镜应用于图像中，效果如图 8-40 所示。

图 8-39
“江南水镇.jpg”素材图像

图 8-40
图像效果

8.3.8 “纹理”滤镜

微课 8-11
纹理滤镜

使用“纹理”滤镜可以为图像添加各式各样的纹理图案，通过设置各个选项的参数值或选项，可以制作出深度或材质不同的纹理效果。“纹理”滤镜的具

体操作如下。

① 打开素材图片文件夹中的“跑车.jpg”文件，如图 8-41 所示。

② 选取磁性套索工具，沿着敞篷车创建选区，执行“选择”→“反向”菜单命令，使选区进行反向；执行“选择”→“修改”→“羽化”菜单命令，在弹出的对话框中设置羽化半径为“10”，单击“确定”按钮，羽化选区，效果如图 8-42 所示。

图 8-41
“跑车.jpg”素材图像

图 8-42
羽化选区

③ 执行“滤镜”→“滤镜库”→“纹理”→“马赛克拼贴”菜单命令，弹出“马赛克拼贴”对话框，设置拼贴大小为“12”、缝隙宽度为“3”、加亮缝隙为“9”，如图 8-43 所示。

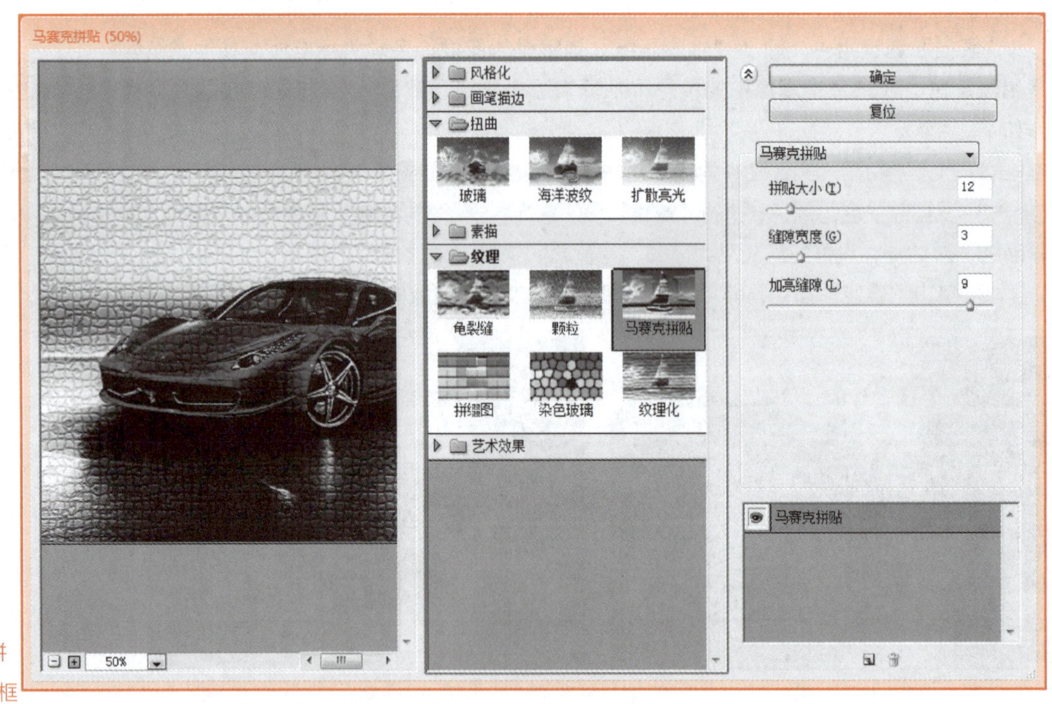

图 8-43
“马赛克拼贴”对话框

④ 单击“确定”按钮，即可将“马赛克拼贴”滤镜应用于图像中，效果如图 8-44 所示。

图 8-44
应用“马赛克拼贴”滤镜图像效果

8.3.9 “艺术效果”滤镜

“艺术效果”滤镜是模拟素描、蜡笔、水彩、油画及木刻石膏等手绘艺术的特殊效果，将不同的滤镜运用于不同的平面作品中，可以使图像产生不同的艺术效果。“艺术效果”滤镜的具体操作如下。

微课 8-12
艺术效果滤镜

① 打开素材图片文件夹中的“古镇.jpg”文件，如图 8-45 所示。

② 执行“滤镜”→“艺术效果”→“粗糙蜡笔”菜单命令，弹出“粗糙蜡笔”对话框，并设置描边长度为“3”、描边细节为“3”、纹理为“画布”、缩放为“80%”、凸显为“20”。

③ 单击“确定”按钮，即可将“粗糙蜡笔”滤镜应用于图像中，效果如图 8-46 所示。

图 8-45
“古镇.jpg”素材图像

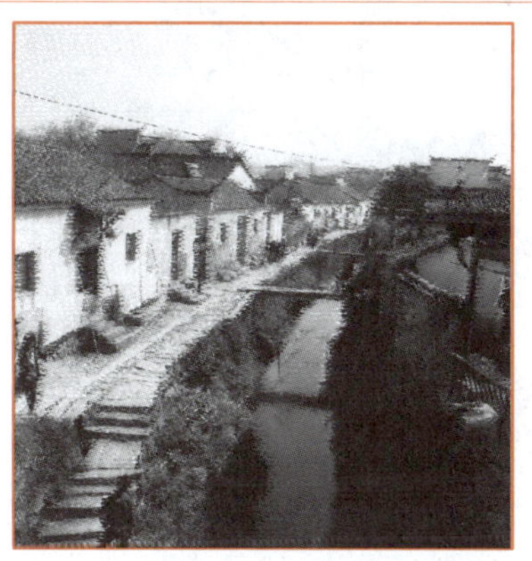

图 8-46
应用“粗糙蜡笔”滤镜后的图像

8.3.10 “锐化”滤镜

“锐化”滤镜可以通过增加图像相邻像素之间的对比度，使图像变得清晰，该滤镜可以拥有处理因摄影及扫描等原因而造成模糊的图像。“锐化”滤镜的具体操作如下。

微课 8-13
锐化滤镜

① 打开素材图片文件夹中的“火焰字.jpg”文件，如图 8-47 所示。

② 执行“滤镜”→“锐化”→“USM 锐化”菜单命令，弹出“USM 锐化”对话框，设置数量为“200%”、半径为“5”、阈值为“5”。

③ 单击“确定”按钮，即可将“USM 锐化”滤镜应用于图像中，效果如图 8-48 所示。

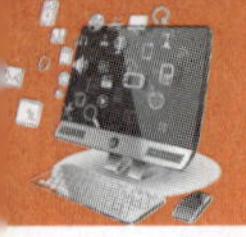

图 8-47
“火焰字.jpg”
素材图像

图 8-48
应用“USM 锐化”
滤镜后的图像效果

8.3.11 “风格化”滤镜

微课 8-14
风格化滤镜

“风格化”滤镜可以将选区中的图像像素进行移动，并提高像素的对比度，从而产生印象派等特殊风格的图像效果。“风格化”滤镜的具体操作如下。

① 打开素材图片文件夹中的“帆船.jpg”文件，如图 8-49 所示。

② 执行“滤镜”→“风格化”→“查找边缘”菜单命令，即可将“查找边缘”滤镜应用于图像中，效果如图 8-50 所示。

图 8-49
“帆船.jpg”素材图像

图 8-50
应用“查找边缘”
滤镜后的图像效果

8.4　特殊滤镜的使用

特殊滤镜对于众多滤镜组中的滤镜而言，功能相对强大且独立，使用频率较高。Photoshop 中的特殊滤镜主要有“镜头校正”滤镜、“液化”滤镜和“消失点”滤镜。

8.4.1 “镜头校正”滤镜

微课 8-15
镜头校正滤镜

“镜头校正”滤镜是 Photoshop 中新增的一个滤镜效果，可以用于对失真或倾斜的图像进行校对，还可以对图像调整扭曲、色差、晕影和变换效果，使图像恢复至正常状态。具体步骤如下。

① 打开素材图片文件夹中的“车.jpg”文件，执行“滤镜”→“镜头校正”菜单命令，弹出“镜头校正”对话框，选中对话框左侧的移去扭曲工具，将鼠标指针移至预览框中的图像中央，按住鼠标左键并拖曳，效果如图 8-51 所示。

② 单击“确定”按钮，即可对图像进行镜头校正，效果如图 8-52 所示。

图 8-51
调整图像

图 8-52
镜头校正后的效果

8.4.2 “液化”滤镜

使用“液化”滤镜可以逼真地模拟液体流动的效果，用户可以对图像设置弯曲、旋转、扩展和收缩等效果，但是该滤镜不能在索引模式、位图模式和多通道色彩模式的图像中使用。

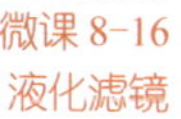

微课 8-16
液化滤镜

① 打开素材图片文件夹中的“火龙.jpg”文件，如图 8-53 所示。

图 8-53
“火龙.jpg”素材图像

② 执行“滤镜”→“液化”菜单命令，弹出“液化”对话框，如图 8-54 所示，选取向前变形工具，将鼠标指针移至图像预览框的合适位置，按住鼠标左键并拖曳，即可使图像变形。

图 8-54
“液化”对话框

③ 用与上面同样的方法，在图像预览框中对图像的其他区域进行液化变形，例如，使用“膨胀工具”将左侧龙字中的“月”字变形，效果如图 8-55 所示。

图 8-55
液化变形图像

④ 单击“确定”按钮，即可将预览框中的液化变形应用到图像编辑窗口的图像上，效果如图 8-56 所示。

图 8-56
应用“液化”滤镜后的图像

8.4.3 “消失点”滤镜

应用“消失点”滤镜时，用户可以自定义透视参考线，从而将图像复制、转换或移动到透视结构上。对图像进行透视校正后，将通过消失点在图像中指定平面，并应用绘画、仿制、粘贴及变换等操作，对图像进行编辑。具体操作如下。

微课 8-17
消失点滤镜

① 打开素材图片文件夹中的“广场.jpg”文件，如图 8-57 所示。

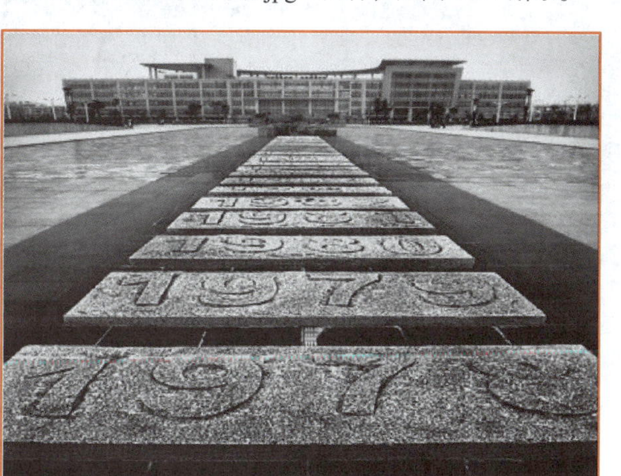

图 8-57
“广场.jpg”素材图像

② 执行“滤镜”→“消失点”菜单命令，弹出“消失点”对话框，单击“创建平面工具”按钮，在图像编辑窗口的合适位置，连续单击鼠标左键，创建一个透视矩形框，并适当地调整透视矩形框，如图 8-58 所示。

③ 单击“选框工具”按钮，在透视矩形框中按住鼠标左键并拖曳，创建一个透视矩形选框，按住<Alt>键的同时，向下拖曳鼠标，效果如图 8-59 所示。

图 8-58
创建透视矩形选框

图 8-59
移动矩形选框

④ 单击“确定”按钮，即可为图像添加消失点滤镜效果，如图 8-60 所示。

图 8-60
应用“消失点”滤镜

8.5 综合案例：液体巧克力制作

8.5.1 效果展示

本节通过应用 Photoshop 滤镜制作液体巧克力，效果如图 8-61 所示。

微课 8-18
液体巧克力制作

图 8-61
巧克力效果图

8.5.2 实现过程

具体实现步骤如下。

① 执行“文件”→“新建”菜单命令（或按<Ctrl+N>快捷键）新建一个文件，命名为“液体巧克力.psd”，设置宽度为 600 像素、高度为 600 像素、背景为黑色的正方形。

② 执行“滤镜”→“渲染”→“镜头光晕”菜单命令，保持默认设置，效果如图 8-62 所示。

③ 然后进一步执行“滤镜”→“滤镜库”→“画笔描边”→“喷色描边”菜单命令，在弹出的对话框中设置描边长度为“20”、喷色半径为“20”，单击“确定”按钮后，效果如图 8-63 所示。

图 8-62
镜头光晕效果

图 8-63
喷色描边效果

④ 继续执行“滤镜”→“扭曲”→“波浪”菜单命令，在弹出的“波浪”对话框中设置生成器数为“20”、波长最小值为“20”、波长最大值为“120”、波幅最小为“5”、波幅最大为“35”、比例水平为“100%”、比例垂直为“100%”，具体参数如图 8-64 所示，单击“确定”按钮后，效果如图 8-65 所示。

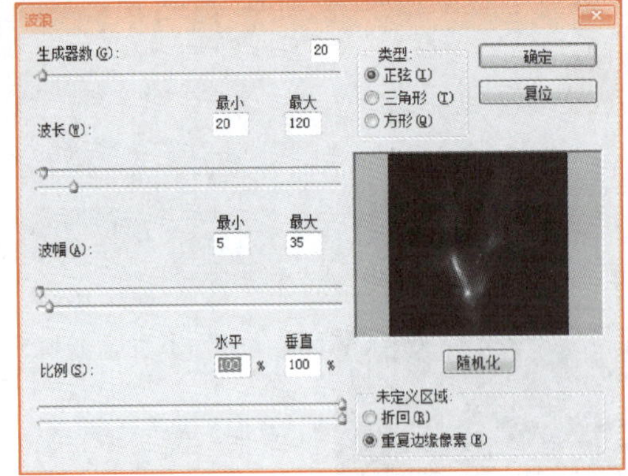

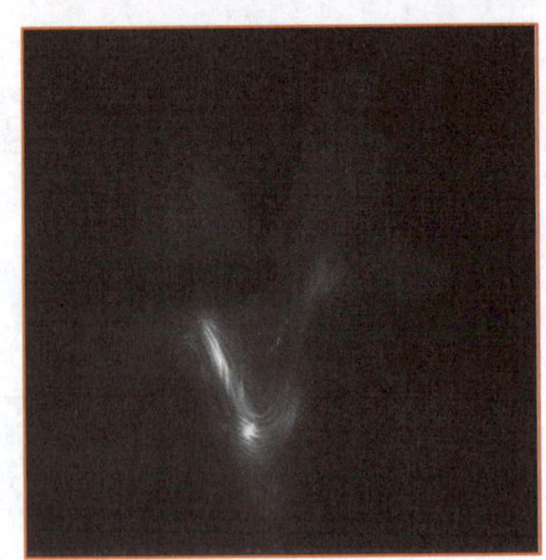

图 8-64
“波浪”对话框

图 8-65
“波浪”滤镜应用后的效果

⑤ 执行“滤镜”→“滤镜库”菜单命令，在弹出的对话框中选择“素描”→“铬黄渐变”选项，设置细节为“4”、平滑度为“7”，单击“确定”按钮后，效果如图 8-66 所示。

⑥ 通过上面的步骤可以看到颜色为黑色，尚不能出现金黄色的效果，因此要给图像进行上色。执行“图像”→“调整”→“色彩平衡”菜单命令，将会弹出“色彩平衡”对话框，调整 3 种颜色的具体参数，如图 8-67 所示。

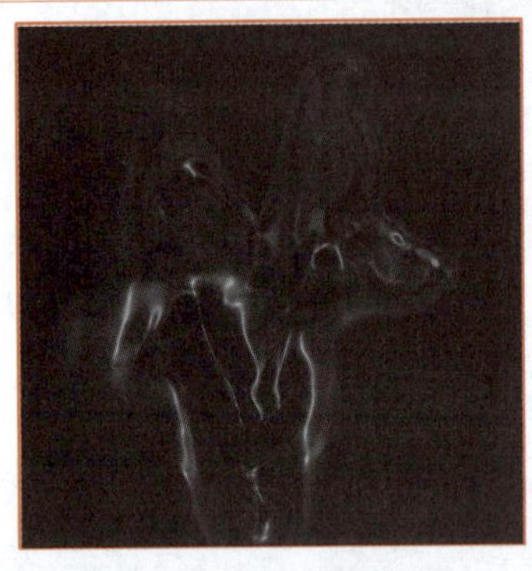

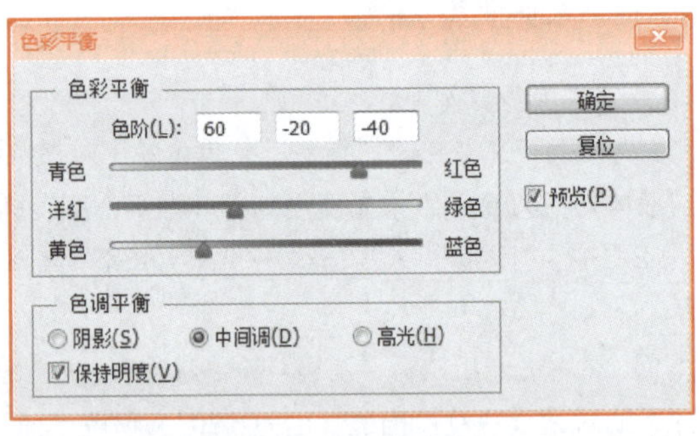

图 8-66
铬黄后效果

图 8-67
“色彩平衡”对话框

⑦ 单击“确定”按钮，“色彩平衡”后的效果如图 8-68 所示。

⑧ 为了实现巧克力的搅拌效果，继续执行“滤镜”→“扭曲”→“旋转扭曲”菜单命令，在弹出的“旋转扭曲”对话框中设置角度参数为“350”，如图 8-69 所示，单击“确定”按钮，图像的效果如图 8-61 所示。

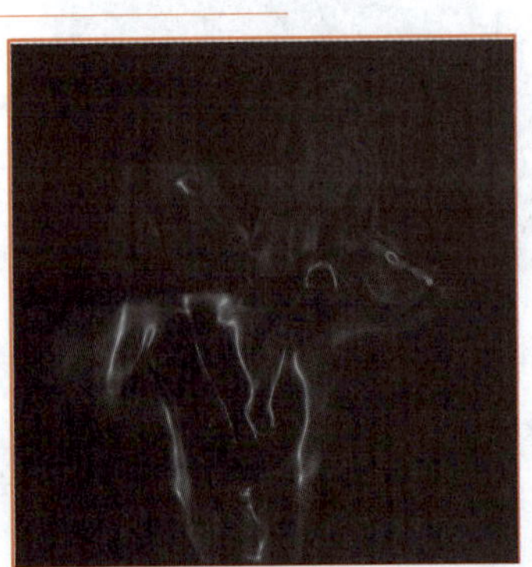

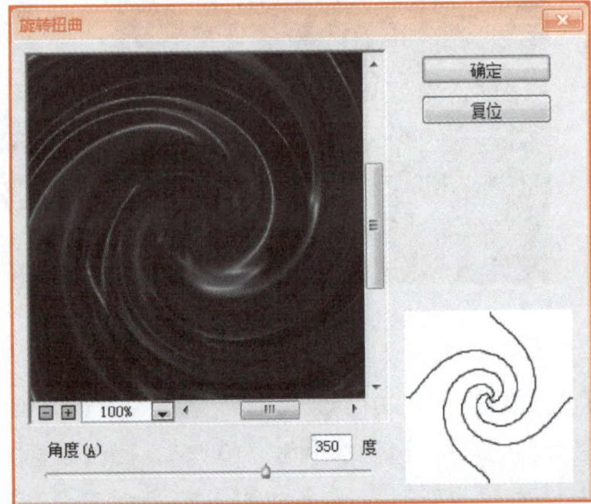

图 8-68
色彩调整后的效果

图 8-69
旋转滤镜设置

任务实施：大理石纹理石材壁纸的制作

1. 任务分析

大理石纹理石材壁纸的模拟就是使用滤镜表现质感的运用，由于很多滤镜是随机产生的，每次操作不尽相同，效果也略有些不同。在一些外形或边缘使用一般工具不能实现自然纹理效果时，滤镜就能体现出它的强大作用，产生的效果非常自然。滤镜在制作质感的时候大多需要组合使用，石材纹理主要通过滤镜获得纹理的形状，加以调色产生大理石的效果。

2. 技能要点

核心技能要点：“渲染”滤镜里面的分层云彩、云彩等滤镜，图层的混合模式、饱和度的调整等。

微课 8-19
大理石纹理石材壁纸的制作

3. 实现过程

本案例操作步骤如下。

① 执行“文件”→“新建”菜单命令（或按<Ctrl+N>快捷键），新建一个文件，命名为“大理石纹理石材壁纸.psd”，设置宽度为 600 像素、高度为 600 像素、背景为黑色的正方形。

② 执行“滤镜”→“渲染”→“分层云彩”菜单命令，再次或多次执行“分层云彩”滤镜，以获得形成近似大理石的纹理效果，效果如图 8-70 所示。

③ 执行“图像”→“调整”→“色阶”菜单命令，调整参数，如图 8-71 所示，从而达到增加对比度的效果，单击“确定”按钮，效果如图 8-72 所示。

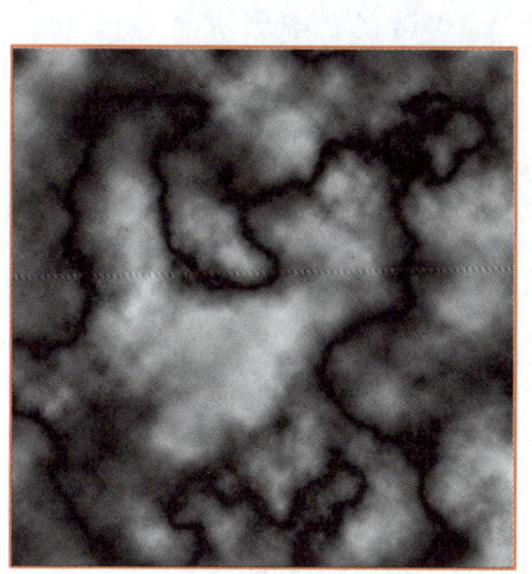

图 8-70 应用分层云彩后的效果

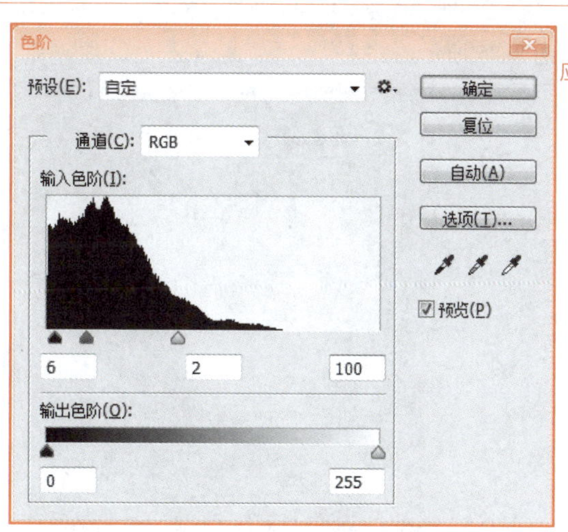

图 8-71 “色阶”对话框

④ 新建一个图层，执行“滤镜”→“渲染”→“云彩”菜单命令，把图层混合模式更改为“正片叠底”，调整色阶，将图像调亮，效果如图 8-73 所示。

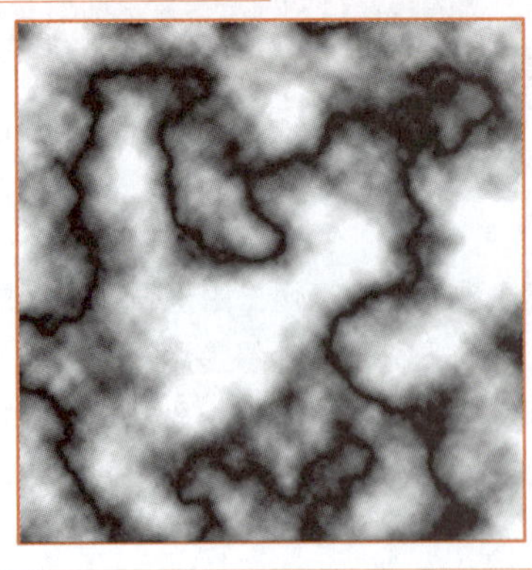

图 8-72
色阶调整后的图像效果

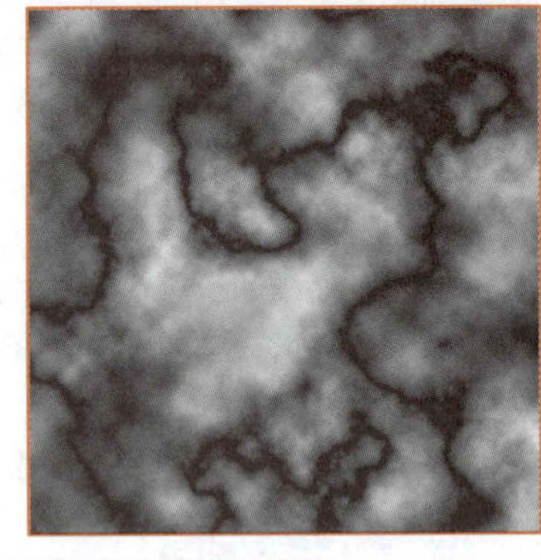

图 8-73
增加图层混合模式后的效果

⑤ 双击“背景”图层，弹出“新建图层”对话框，单击“确定”按钮，解除图层锁定，对图层最下方“新建图层 2”，填充大理石颜色，如图 8-74 所示。

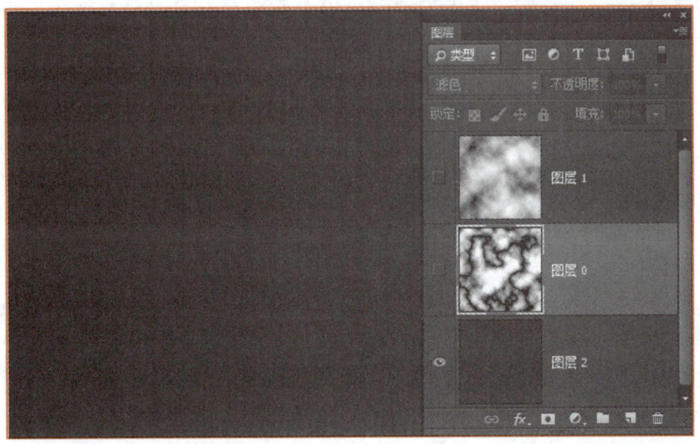

图 8-74
增加背景颜色后的效果

⑥ 把“图层 0”的“混合模式”设置为“滤色”，使裂纹渗透到下面的图层，如图 8-75 所示。

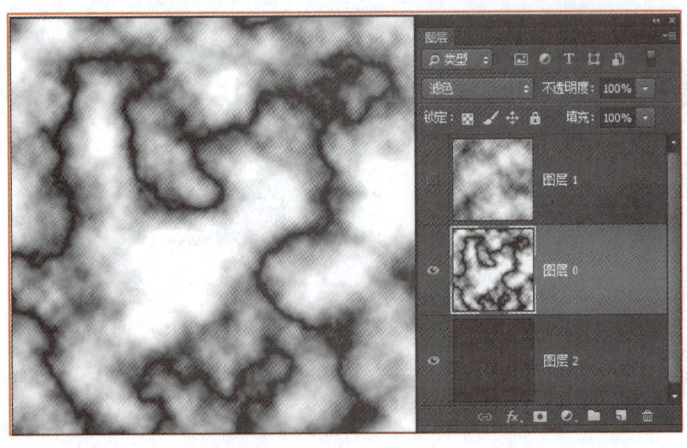

图 8-75
设置“图层 0”为“滤色”后的效果

⑦ 选择“图层 1”，然后执行“图层”→“向下合并”菜单命令，将“图层 1”与“图层 0”合并。

⑧ 执行“滤镜”→“风格化”→“查找边缘”菜单命令，风格化滤镜应用后的效果如图 8-76 所示。

⑨ 执行“图像”→“调整”→“反相”菜单命令，反相后的效果如图 8-77 所示。

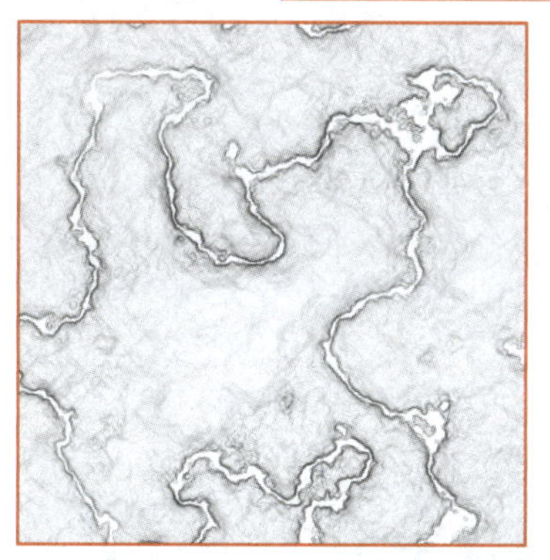

图 8-76
“风格化”滤镜后的效果

图 8-77
“反相”后的效果

⑩ 最后，根据需要可以增加“色相饱和度”调整图层，调整大理石的颜色部分，效果如图 8-1 所示。

任务拓展

1. 滤镜的应用技巧

在使用 Photoshop 滤镜时，有很多技巧，如果能熟练掌握，就能大大提高工作效率。

技巧 1:

当再次应用刚使用过的滤镜时的快捷键为<Ctrl+F>；用新的选项应用刚使用过的滤镜的快捷键为<Ctrl+Alt+F>；返回上次用过的滤镜或调整的效果或改变合成模式的快捷键为<Ctrl+Shift+F>。

技巧 2:

在滤镜窗口里，按<Alt>键，“取消”按钮会变成“复位”按钮，可还原初始状况。想要放大在“滤镜”对话框中图像预览的大小，可以直接按住<Ctrl>键，单击预览区域即可放大；反之，按住<Alt>键单击，则预览区内的图像便缩小。

技巧 3:

在“图层”面板上可对已运行滤镜后的效果调整不透明度和色彩混合等。

技巧 4:

对选取的范围进行羽化，能递减突兀的感觉。

技巧 5:

在应用“滤镜”→“渲染”→“云彩”滤镜时，若要产生更多明显的云彩图案，可先按住<Alt>键后再执行该命令；若要生成低漫射云彩效果，可先按住<Shift>键后再执行命令。

技巧 6:

在应用“滤镜”→“渲染”→“光照效果”滤镜时，若要在对话框中拷贝光源，可先按住<Alt>键后再拖动光源即可实现拷贝。

技巧 7:

针对所选取的区域停止处理。假如没有选定区域，则对整个图像做处理；假如只选中某一层或某一通道，则只对当前的层或通道起作用。

技巧 8:

滤镜的处理效果以像素为单位，即相同的参数处理不一样分辨率的图像，效果会不一样。RGB 模式中，能够对图形应用全部的滤镜，文本一定要转换为图形才能用滤镜。

2. 制作水墨风格画

本例将结合滤镜实现水墨风格画效果。

① 在 Photoshop 中打开素材“古镇.jpg”，如图 8-78 所示，复制图层，生成“背景 副本”图层，执行“图像”→“调整”→“去色”菜单命令，去除“背景 副本”的颜色，执行“滤镜”→“模糊”→“高斯模糊”菜单命令，设置半径为“5 像素”，单击“确定”按钮，效果如图 8-79 所示。

图 8-78
素材“古镇.jpg”

图 8-79
去色与高斯模糊后的效果

② 执行“滤镜”→“滤镜库”菜单命令，在弹出的对话框中选择“画笔描边”组中的“喷溅”效果，如图 8-80 所示。

③ 然后再执行“滤镜”→“其他”→“最小值”菜单命令，设置半径为“2 像素”，效果如图 8-81 所示。

图 8-80
喷溅滤镜效果

图 8-81
最小值滤镜效果

④ 然后复制“背景 副本”图层，生成“背景 副本 2”图层，设置其混合模式为“柔光”，效果如图 8-82 所示。

⑤ 复制“背景 副本”图层，生成“背景 副本 3”图层，移至最顶层，同样执行高斯模糊滤镜，然后设置混合模式为“柔光”、不透明度为“50%”，效果如图 8-83 所示。

图 8-82
复制图层设置柔光效果

图 8-83
最终水墨风格效果

项目实训：应用滤镜制作图像特效

1. 利用素材图片“荷花.jpg”（如图 8-84 所示），借助滤镜的其他工具特效模拟制作水墨画，效果如图 8-85 所示。

图 8-84
“荷花.jpg”素材

微课 8-20
运用滤镜实现
水墨荷花效果

图 8-85
滤镜应用后的水墨效果

2. 利用滤镜实现“强国有我”“不负韶华”火焰字的两种效果，如图 8-86 和图 8-87 所示。

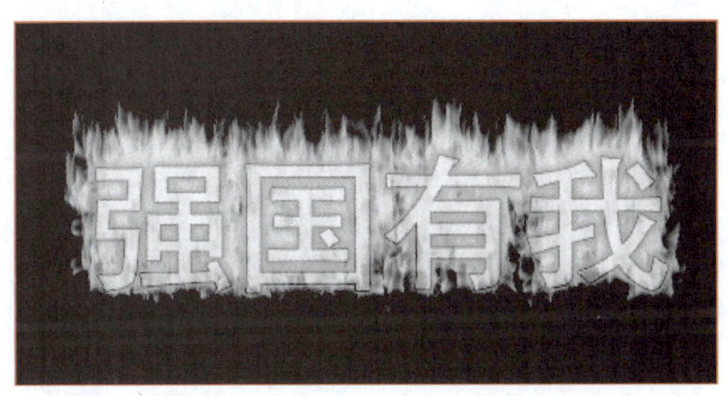

微课 8-21
“强国有我”火焰字
制作方式

图 8-86
“强国有我”火焰字效果

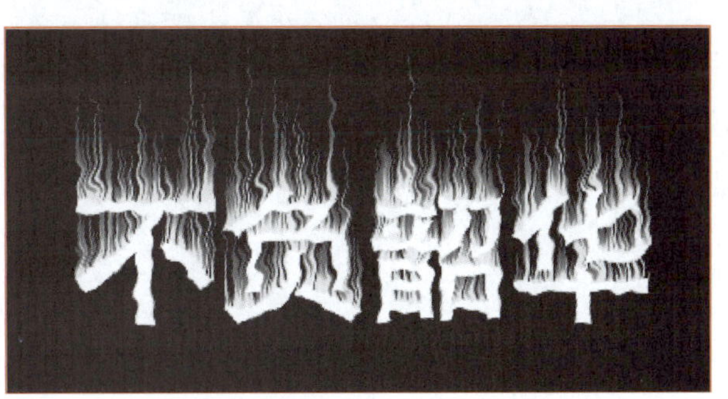

微课 8-22
“不负韶华”火焰字
制作方式

图 8-87
“不负韶华”火焰字效果

第 9 章

动画、动作自动化命令的应用

Photoshop 中的动作为用户提供了一条大幅度提高工作效率的捷径，通过应用动作，能够让 Photoshop 按预定的顺序执行已经设计的数个甚至数十个操作步骤，从而提高工作效率，通过制作动画，可以增添图像的动感和趣味。

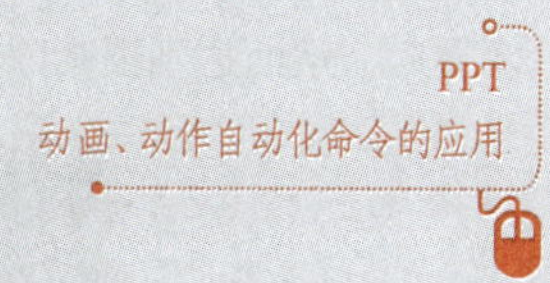

教学导航

教学目标	（1）了解动画、动作的概念与原理 （2）掌握动画的制作方法 （3）掌握创建与录制的方法 （4）掌握批处理的操作过程
本单元重点	（1）动画的制作方法 （2）动作的创建、录制、应用方法 （3）批处理图像的方法
本单元难点	（1）动作的创建、录制、应用 （2）批处理命令的使用
教学方法	任务驱动法、讲授法、演示操作法
建议课时	4 课时

任务展示：香扇的设计与制作

用户在使用 Photoshop 处理图像的过程中，有时需要对许多图像进行相同的效果处理。若是重复操作，将会浪费大量时间，为了提高设计效率，用户可以通过 Photoshop 提供的自动化功能，将编辑图像的许多步骤简化为一个动作。本节通过利用动作功能制作檀木香扇，从而达到提高效率和减轻劳动强度的功能，效果如图 9-1 所示。

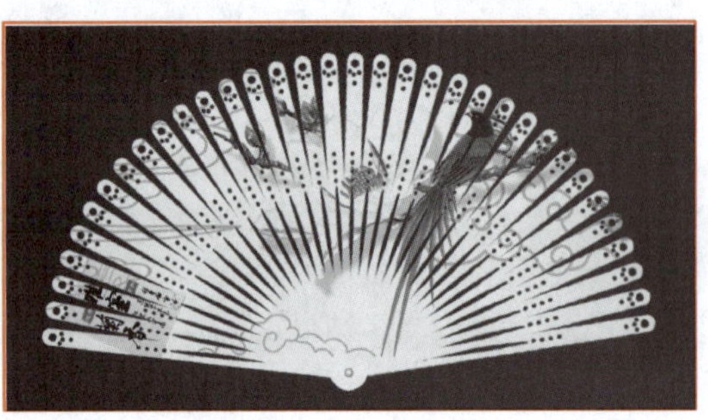

图 9-1
香扇的设计效果

知识准备

9.1　动画简介

9.1.1　动画的原理

动画是利用人的“视觉暂留”特性，连续播放一系列画面，给视觉造成连续变化的图画，如图 9-2 所示。它的基本原理与视频一样，都是视觉原理。

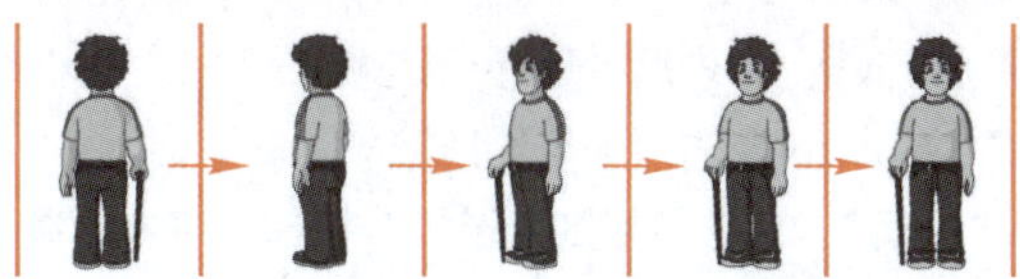

图 9-2
连续画面

“视觉暂留”特性是人的眼睛看到一幅画或一个物体后，在 1/24 秒内不会消失。利用这一原理，在一幅画还没有消失前播放出下一幅画，就会给人造成一种流畅的视觉变化效果。

9.1.2 认识“时间轴”面板

打开素材文件夹中的素材“动画 1.png”，执行“窗口”→“时间轴”菜单命令，打开“时间轴”面板，如图 9-3 所示。

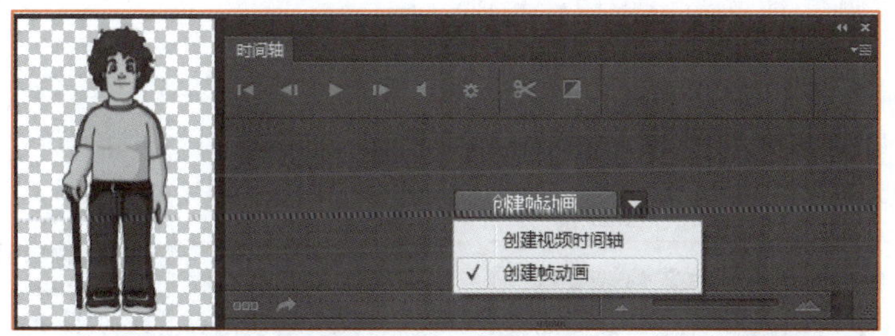

图 9-3
“时间轴”面板

单击“创建帧动画”按钮，即可进入创建“帧动画”模式，如图 9-4 所示。

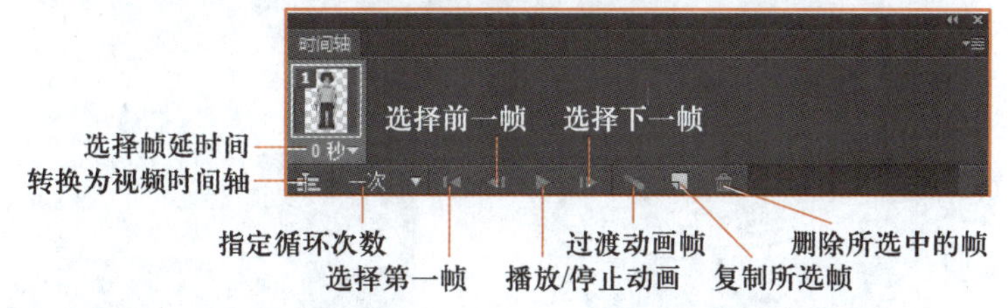

图 9-4
动画“时间轴”面板

- “选择帧延时间”按钮：设置每一帧的播放时间。
- “转换为视频轴动画”按钮：单击后，动画面板会由“帧”切换到“视频时间轴”状态。
- “指定循环次数”下拉框：动画执行的循环次数，默认为一次。单击该按钮，将弹出一个子菜单，其中包括“一次”“3 次”“永远”和“其他”4 个选项。

a. 一次：选择此项后，动画只播放一次。

b. 3 次：表示循环 3 次。

c. 永远：选择此项后，动画将不停地连续播放。

d. 其他：选择此项后，将弹出“设置循环次数”对话框，用户可以自定义动画的播放次数。

- “选择第一帧”按钮：单击后返回到第一帧的状态。
- “选择前一帧”按钮：单击后返回到前一帧的状态。
- “播放动画”按钮：单击后播放动画，播放后会有“停止”按钮出现；单击“播放”按钮后测试动画。
- “选择下一帧”按钮：单击后进入下一帧的状态。
- “过渡动画帧”按钮：单击后会弹出“过渡”对话框，下面配合帧与图层的显示来制作一个过渡动画。

- "删除所选帧"按钮：单击后会删除所选帧。
- "复制所选帧"按钮：单击后会复制所选帧。

设置循环次数为"永远"，单击"复制所选帧"按钮，将会复制所选帧，再次单击将会再次复制，连续单击"复制所选帧"按钮后的效果如图 9-5 所示。

图 9-5
设置循环次数与单击"复制所选帧"按钮的效果

9.1.3　案例：冰墩墩剪纸说话动画

微课 9-1
GIF 动画的制作

① 执行"文件"→"新建"菜单命令新建一文件，命名为"冰墩墩剪纸说话动画.psd"，设置宽度为 340 像素、高度为 340 像素、背景内容为"透明"。

② 打开素材文件夹中的"状态 1.png"，将其复制到文档中，如图 9-6 所示。

图 9-6
插入"状态 1"素材

③ 打开素材文件夹中的"状态 2.png"，将其复制到文档中，如图 9-7 所示。

图 9-7
插入"状态 2"素材

④ 执行“窗口”→“时间轴”菜单命令，打开“时间轴”面板，单击“创建帧动画”按钮，即可进入创建“帧动画”模式。

⑤ 单击“复制所选帧”按钮将会复制所选帧，如图 9-8 所示。

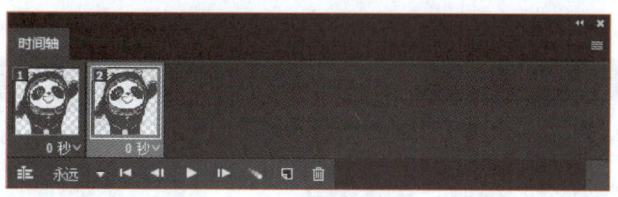

图 9-8
复制当前第 1 帧后的效果

⑥ 由于“复制所选帧”后，两帧的内容是一样的，所以无法实现动画效果，下面来修改帧的显示内容。选择“第 1 帧”，在“图层”面板中单击“图层 2”前方的“指示图层可见性”按钮，将显示按钮关闭，显示为关闭状态。此时，图层、画面与时间轴如图 9-9 所示。

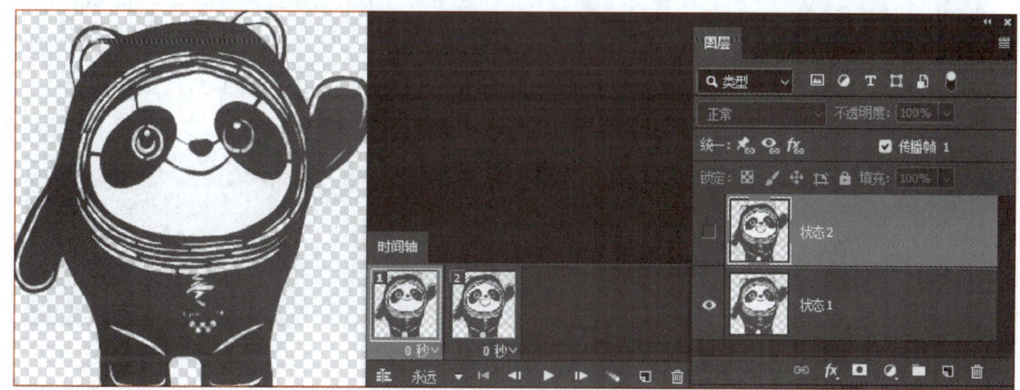

图 9-9
设置第 1 帧的图层显示状态

⑦ 选择“第 2 帧”，在“图层”面板中单击“图层 2”前方的“指示图层可见性”按钮，将关闭状态，修改为显示状态，同时设置“图层 1”前方的“指示图层可见性”按钮，将显示按钮关闭，显示为关闭状态。图层、画面与时间轴如图 9-10 所示。

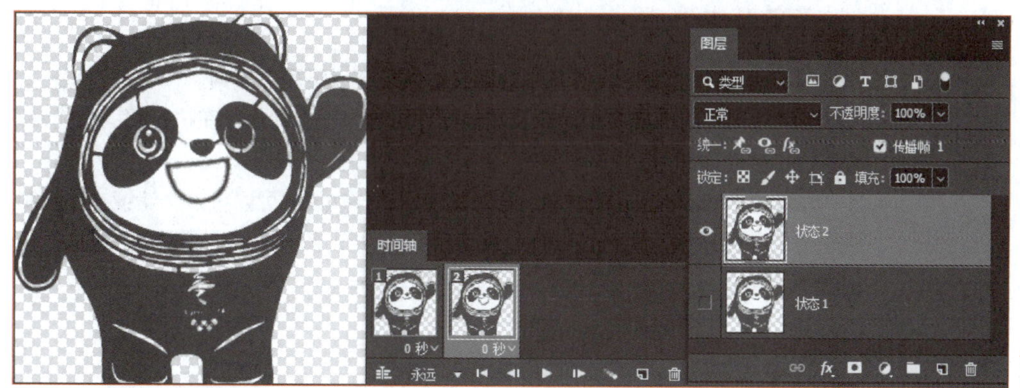

图 9-10
设置第 2 帧的图层显示状态

⑧ 单击“播放动画”按钮，测试动画，发现人物说话速度太快，而且动画只执行 1 次，所以单击“选择帧延时间”按钮 0 秒，将“0 秒”修改为“0.2 秒”，单击“指定循环次数”下拉框 一次，设置为“永远”。再次单击“播放动画”按钮，动画播放正常。

⑨ 执行“文件”→“存储为 Web 所用格式”菜单命令，弹出“存储为 Web 所用格式”对话框，如图 9-11 所示，默认参数即可输出 Gif 动画，单击“存储”按钮，保存名称为“冰墩墩剪纸说话动画.gif”，选择保存路径即可。

图 9-11
“存储为 Web 所用格式”对话框

生成的“人物说话动画.gif”动画可以应用到网络，或者插入 PPT 中都可以使用。

9.2　动作的使用

9.2.1　动作的基本功能

“动作”实际上是一组命令，其基本功能具体体现在以下两个方面。

- 一方面将常用的两个或多个命令及其他操作组合为一个动作，在执行相同操作时，直接执行该动作即可。
- 另一方面对于 Photoshop 的滤镜，若对其使用动作功能，可以将多个滤镜操作录制成一个单独的动作。执行该动作，就像执行一个滤镜一样，可对图像快速执行多种滤镜的处理。

9.2.2　“动作”面板

“动作”面板是创建、编辑和执行动作的主要场所，执行“窗口”→“动作”菜单命令（或按快捷键<Alt+F9>），即可打开“动作”面板。

“动作”面板以标准模式（如图 9-12 所示）和按钮模式（如图 9-13 所示）存在。

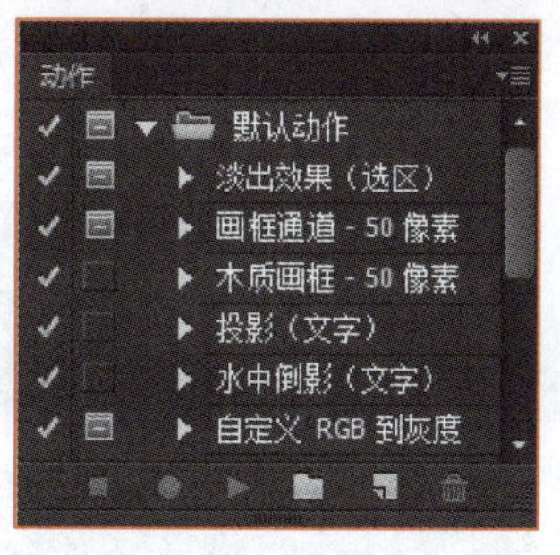

图 9-12 “动作”面板标准模式

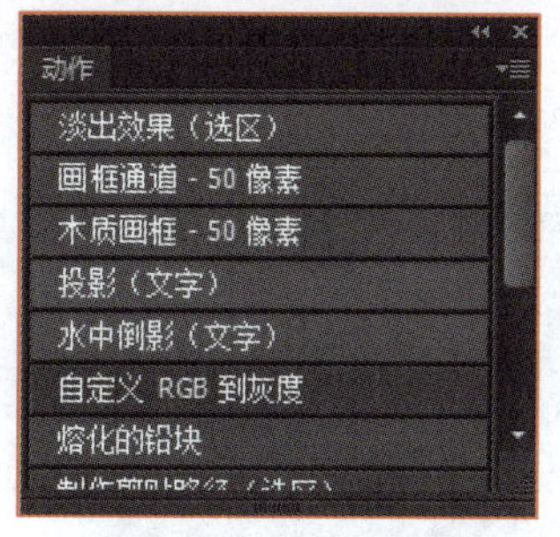

图 9-13 “动作”面板按钮模式

要切换标准模式与按钮模式，可以单击“动作”面板右上角的小三角按钮，在弹出的“动作”面板菜单中选择“标准模式”或“按钮模式”选项即可。

“动作”面板中的主要选项含义如下。

- “切换对话开/关”图标：当面板中出现这个图标时，表示该动作执行到该步时会暂停。
- “切换项目开/关”图标：可以设置允许/禁止执行动作组中的动作、选定动作或动作中的命令。
- “展开/折叠”图标：单击该图标可以展开/折叠动作组，以便存放新的动作。
- “创建新动作”按钮：单击该按钮，可以创建一个新动作。
- “删除”按钮：单击该按钮，在弹出的信息提示框中单击“确定”按钮，即可删除当前选择的动作。
- “创建新组”按钮：单击该按钮，可以创建一个新的动作组。
- “开始记录”按钮：单击该按钮，可以开始录制动作。
- “播放选定的动作”按钮：单击该按钮，可以播放当前选择的动作。
- “停止播放/记录”按钮：该按钮只有在记录动作或播放动作时才可以使用，单击该按钮，可以停止当前的记录或播放操作。

9.2.3 创建与录制动作

微课 9-2 创建与录制动作

使用动作之前，需要对动作进行创建和录制动作，具体操作步骤如下。

① 执行“窗口”→“动作”菜单命令，打开“动作”面板，如图 9-14 所示，单击面板底部的“创建新组”按钮。

② 弹出“新建组”对话框，在“名称”文本框中输入“组 1”，如图 9-15 所示。

图 9-14 “动作”面板

图 9-15 “新建组”对话框

③ 单击“确定”按钮，即可创建一个名为“组 1”的新组，如图 9-16 所示。

④ 执行“文件”→“打开”菜单命令，打开素材文件夹中的“沙滩.jpg”素材，如图 9-17 所示。

图 9-16
“动作”面板

图 9-17
“沙滩.jpg”素材图像

⑤ 展开“动作”面板，选择“自定义动作”组，单击面板底部的“创建新的动作”按钮，弹出“新建动作”对话框，设置“名称”为“图像色彩调整”，单击“记录”按钮，即可开始录制动作，如图 9-18 所示。

⑥ 执行“图像”→“调整”→“亮度/对比度”菜单命令，弹出“亮度/对比度”对话框，设置各选项，如图 9-19 所示。

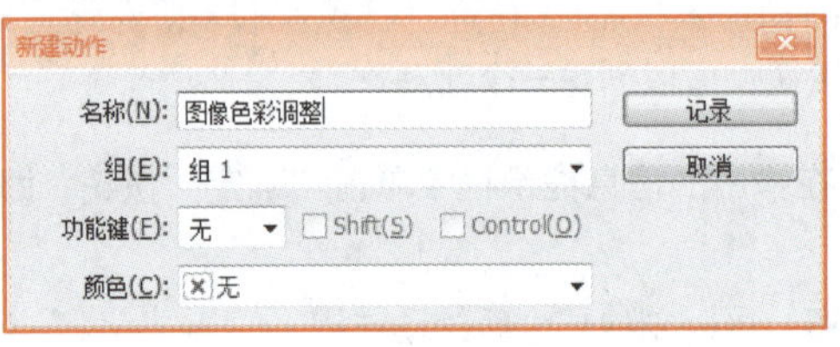

图 9-18
“新建动作”对话框

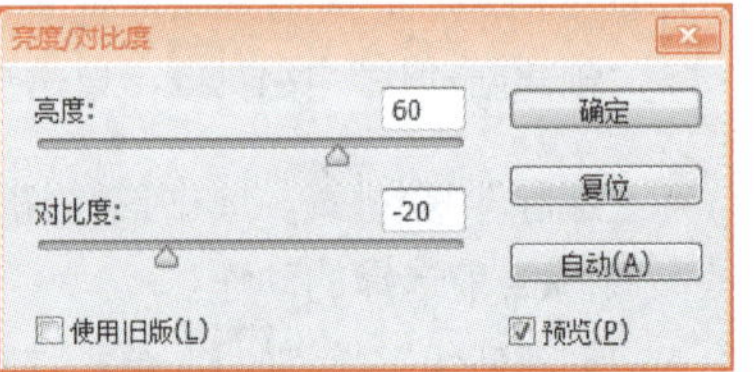

图 9-19
“亮度/对比度”对话框

⑦ 执行“图像”→“调整”→“色相/饱和度”菜单命令，弹出“色相/饱和度”对话框，设置色相为“10”、饱和度为“-30”、明度为“-10”，如图 9-20 所示。

⑧ 单击“动作”面板底部的“停止播放/记录”按钮，完成新动作的录制，新建的动作组与动作如图 9-21 所示。

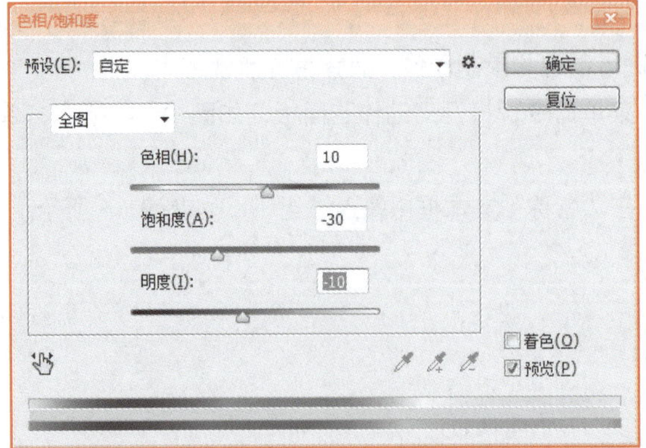

图 9-20
“色相/饱和度”对话框

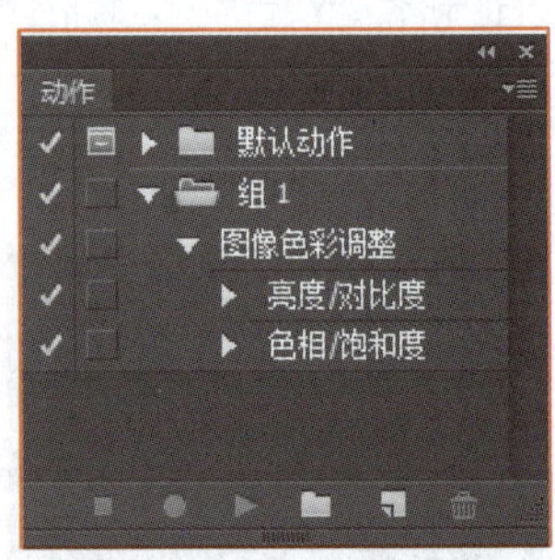

图 9-21
新建后的“动作”面板

微课 9-3
播放动作

9.2.4　播放动作

用户可以播放“动作”面板中自带的动作，用于快速处理图像，具体操作步骤如下。

① 执行“文件”→“打开”菜单命令，打开素材文件夹中的“瀑布.jpg”素材，如

图 9-22 所示。

② 单击“动作”面板右上角的小三角按钮，在弹出的菜单中选择“图像效果”命令，执行该命令后“动作”面板中会显示“图像效果”效果，如图 9-23 所示。

图 9-22
“瀑布.jpg”素材图像

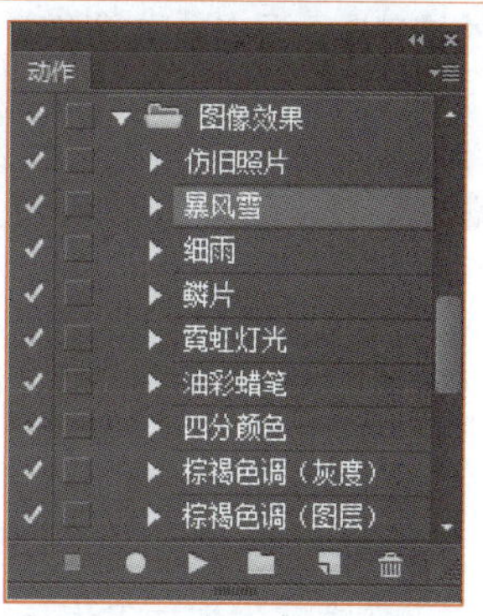

图 9-23
选择“图像效果”选项

③ 选择“图像效果”中的“暴风雪”动作，单击“动作”面板底部的“播放动作”按钮，即可播放动作，效果如图 9-24 所示。

图 9-24
播放“暴风雪”动作后的效果

9.2.5　复制和删除动作

进行动作操作时，有些动作是相同的，可以将其复制，节省时间，提高工作效率，在编辑动作时，用户也可以删除不需要的动作。

微课 9-4
复制和删除动作

复制动作的具体操作步骤如下。

① 在“动作”面板中选择“淡出效果（选区）”动作，如图 9-25 所示。

② 单击面板右上方的三角形按钮，在弹出的面板菜单中选择“复制”选项，即可复制动作，如图 9-26 所示。

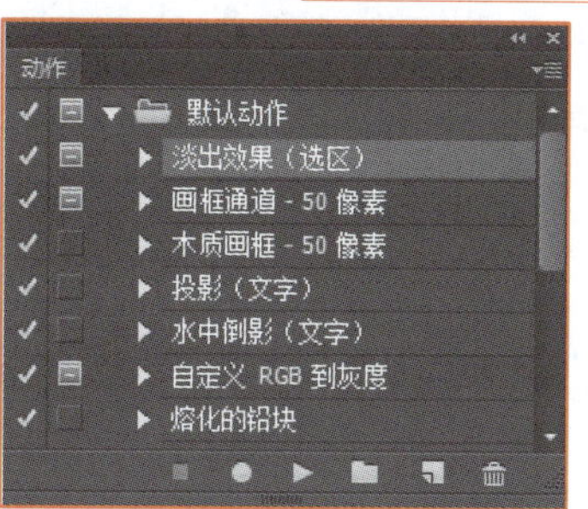

图 9-25
选择“淡出效果（选区）”选项

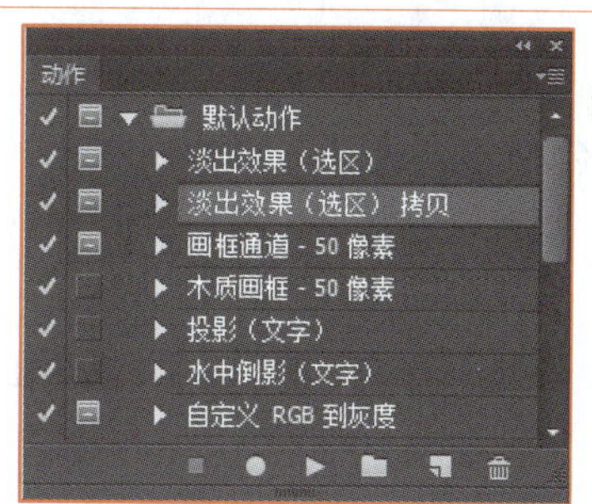

图 9-26
复制动作

删除动作的具体操作步骤如下。

① 在“动作”面板中选择“淡出效果（选区）拷贝”动作，如图 9-26 所示。

② 单击面板右上方的三角形按钮，在弹出的面板菜单中选择“删除”选项，在弹出的信息提示框中单击“确定”按钮，即可删除动作。

9.3　批处理

自动化功能是 Photoshop 为用户提供的快速完成工作任务、大幅度提高工作效率的功能。自动化功能包括批处理、创建快捷批处理、更改条件模式、限制图像等。

9.3.1　批处理图像

批处理就是指一个指定的动作应用于某文件夹下的所有图像或当前打开的多幅图像，从而大大节省时间。批处理图像的具体操作步骤如下。

微课 9-5
批处理图像

① 执行“文件”→“自动”→“批处理”菜单命令，弹出“批处理”对话框，设置各选项。在“播放”选项区域中将“组”设置为“图像效果”、“动作”设置为“暴风雪”，将“源”文件夹设置为 C 盘下的“批处理图像”文件夹，“目标”文件夹设置为 C 盘下的“批处理图像输出”文件夹，如图 9-27 所示。

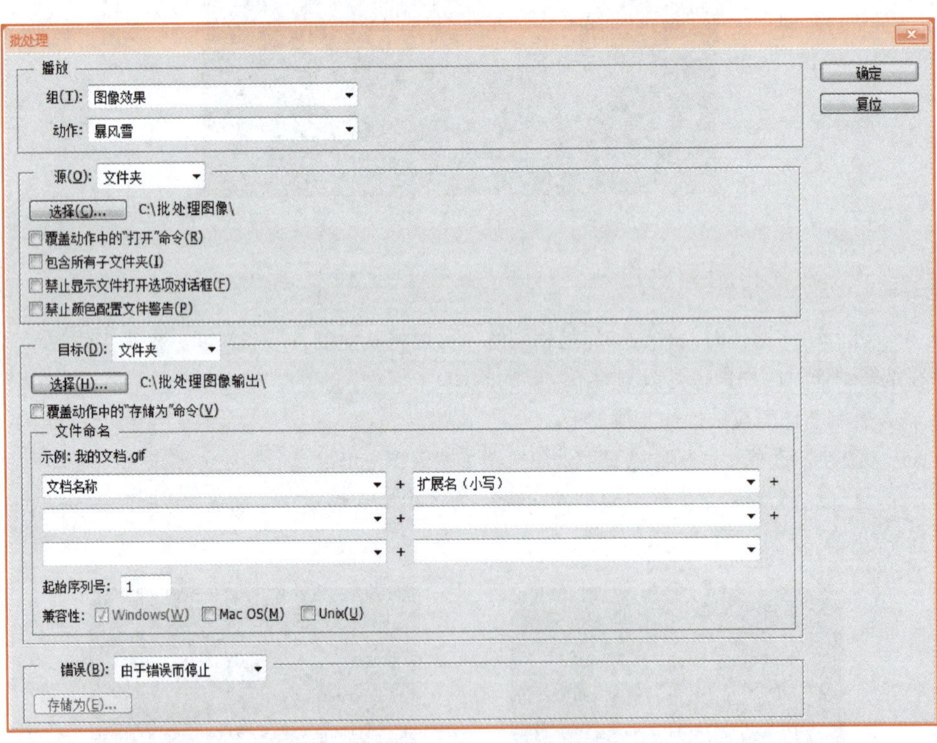

图 9-27
“批处理”对话框

② 单击“确定”按钮，即可批处理相同文件夹中的图像，效果如图 9-28 所示。

(a) 草原

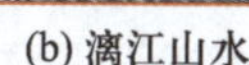

(b) 漓江山水

(c) 沙漠

(d) 沙滩

图 9-28
批处理“暴风雪”后的效果

“批处理”命令是以一个动作为根据，对指定的图层进行处理的智能化命令，使用“批处理”命令，用户可以对多幅图像执行相同的动作，从而实现图像的自动化。在执行自动化之前，应先确定要处理的图像文件。

9.3.2 裁剪并修齐图片

在扫描图片时，同时扫描多张图片可以通过“裁剪并修齐照片”命令，将扫描的图片分隔出来，并生成单独的图像文件。裁剪并修齐照片，具体步骤如下。

打开素材图像“城市.jpg”，如图 9-29 所示。执行“文件”→“自动”→“裁剪并修齐照片”菜单命令，即可自动裁剪并修齐图像，效果如图 9-30 所示。

图 9-29
“城市.jpg”素材图像

图 9-30
裁剪并修齐后的照片

使用“裁剪并修齐照片”命令可以将一次扫描的多幅图像分成多个单独的图像文件，但需要注意，扫描的多幅图像之间应该保持 1/8 英寸的间距，并且背景应该是均匀的单色。

9.4　综合案例：自动无缝拼接照片

9.4.1　效果展示

用数码相机分多次拍摄一幅较大幅面的彩色图像（如图 9-31 所示），然后使用 Photoshop 中的自动命令将其拼接成一幅完整的图像，并将完成后的图像保存输出，如图 9-32 所示。

(a) 素材图1

(b) 素材图2

(c) 素材图3

图 9-31
拼接图像素材

图 9-32
图像拼接后的效果

9.4.2　实现过程

具体实现步骤如下。

① 执行“文件”→“自动”→“Photomerge...”菜单命令，打开“Photomerge”对话框，如图 9-33 所示。

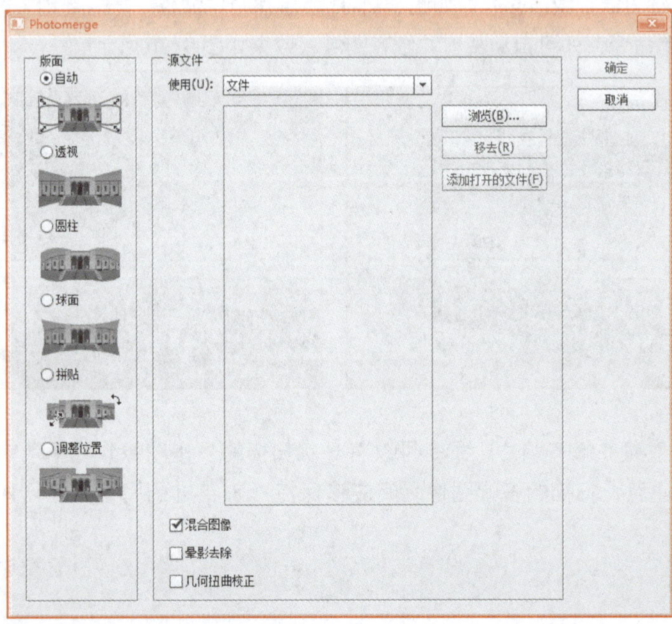

图 9-33
“Photomerge”对话框

② 单击“浏览”按钮，弹出“打开”对话框，选择素材文件夹中的 3 幅素材图片“素材 1.tif”“素材 2.tif”“素材 3.tif”，单击“确定”按钮，如图 9-34 所示。

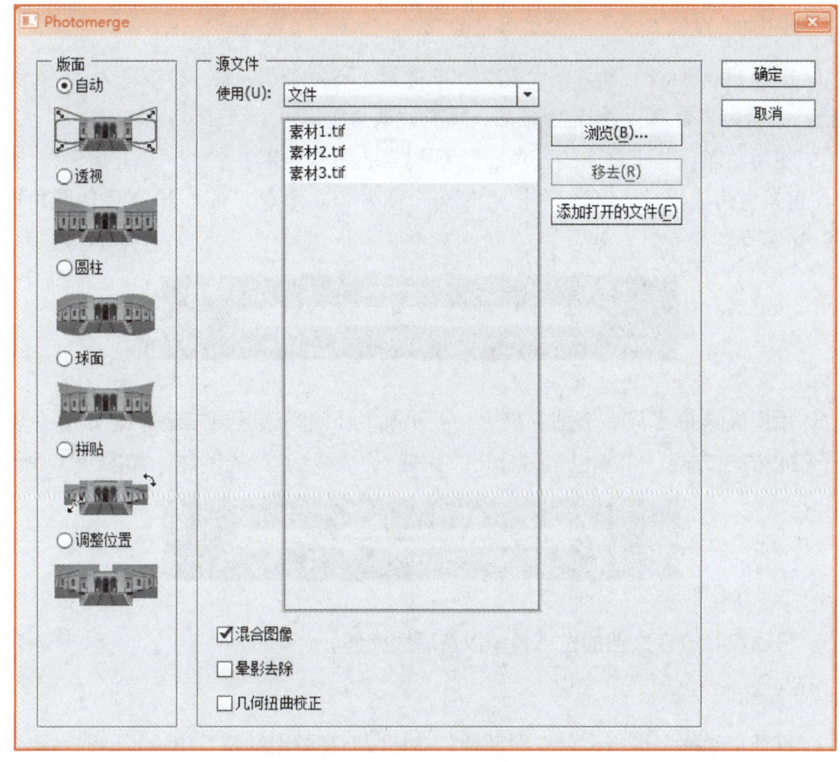

图 9-34
“Photomerge”对话框的变化

③ 系统将依次打开“素材 1.tif”“素材 2.tif”“素材 3.tif”这 3 幅素材图片，然后 Photoshop 会自动完成拼接，效果如图 9-35 所示。

图 9-35
图像拼接后的初步效果

④ 使用裁剪工具将多余部分进行剪切，即可生成一幅完美的拼合图像，效果如图 9-32 所示，如果对色调不满意，可以通过色调调整命令进行调整。

任务实施：香扇的设计与制作

1. 任务分析

香扇的设计与制作主要分为 3 步完成：扇叶的制作、动作的录制、动作的应用，同时在完成后，可以美化添加背景衬托。

2. 技能要点

核心技能要点：形状工具的使用、动作的录制与应用、变形工具的使用、混合模式等。

3. 实现过程

（1）扇叶的制作

微课 9-6
香扇的设计与制作

① 打开 Photoshop，新建一个宽为 800 像素、高为 430 像素、分辨率为 72 像素/英寸的文档，命名为“香扇”，创建完成后，填充背景为深褐色（#531005）。

② 使用“形状”工具中的圆角矩形工具，设置绘制方式为“填充像素”、圆角半径 15、前景色为浅橙色（#faecb9），绘制一个宽为 380 像素、高为 20 像素的圆角矩形，如图 9-36 所示。

图 9-36
扇叶的基本形状绘制

③ 用椭圆选框工具在该图上打上一些小孔（画椭圆选区再按删除键），并在用以制作扇子轴心的地方画一个褐色圆形标记，完成一片扇叶雏形的制作，如图 9-37 所示。

图 9-37
在扇叶形状上打孔

④ 移动扇叶放在文档的左下角，以备后续操作。

（2）动作的录制

① 打开“动作”面板，单击“新建”按钮，在弹出的窗口中设置动作名称为“香扇”，快捷键为<F2>，按回车键准备录制。

② 回到“图层”面板，拖动图层 1 到“新建图层”按钮上，完成对图层 1 的复制。

③ 按<Ctrl+T>快捷键调出变形工具，将其变形中心移动到变形工具右边的中心控制点，并按住< Ctrl+Shift+Alt>快捷键（锁定中心等比例扭曲缩放），拖动工具右上角的调节点至如图 9-38 所示的位置。把变形工具的中心移动到扇叶的轴心，再在顶部参数栏的角度“旋转”框中输入 5，如果调整出的扇叶与第一个扇叶的间隔太大或太小，适当调整一下这个角度值，但最好能整除 180，以便做出对称的扇形。

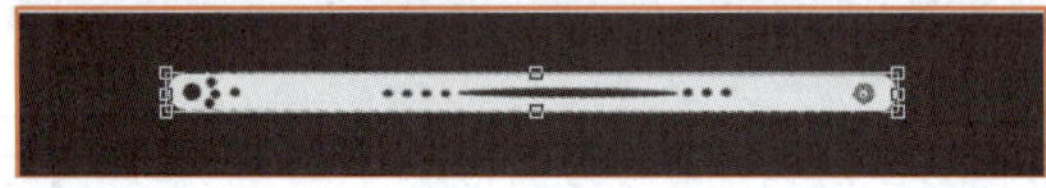

图 9-38
扇叶的基本形状绘制与变形

④ 回到“动作”面板，单击“停止录制”按钮，完成此次录制。此时动作记录中有两条新增步骤。

（3）动作的应用

① 回到“动作”面板，单击“播放选定的动作”按钮，Photoshop 将自动对最上端的图层进行复制并相对于被复制的图形有 5 度的旋转。

② 反复单击“播放选定的动作”按钮，但不要太快，继续复制出其他扇叶，直到制作出一把半圆形扇子为止。为了美观，在最顶层新建一个图层，制作一个轴心，最终效果如图 9-39 所示。

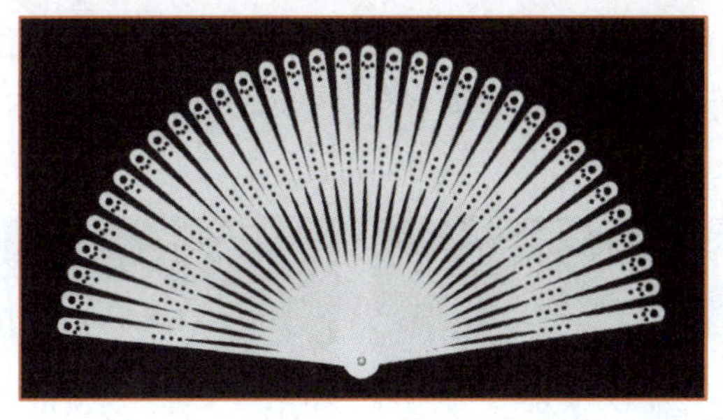

图 9-39
扇叶的基本形状绘制与变形

（4）美化提升

按<Ctrl+Shift+Alt+E>快捷键产生盖印图层，打开素材文件夹中的“兰香雅室.jpg”，将其复制到文档中，调整大小与位置，设置混合模式为“深色”，页面效果如图 9-1 所示。

任务拓展

1. 动作的应用技巧

在使用 Photoshop 动作时，有很多技巧，如果能熟练掌握，则能大大提高工作效率。

技巧 1:

要仅播放一个动作中的一个步骤，可以选择步骤，并按住<Ctrl>键单击“播放”按钮，或单击“动作”面板下方的“播放选定的动作”按钮。要改变一个特定命令步骤的参数，只需要双击这个步骤，显示出相关的对话框：任何输入的新的值都会被自动记录下来。

技巧 2:

要想从某个指定的步骤返回播放，只需要选中需要开始播放的步骤，接着单击“动作”面板下方的“播放选定的动作”按钮即可。

技巧 3:

如果正在记录下的一个动作可能会被用于不同的画布大小，那么可以将标尺单位转变为百分比。这样就可以确保所有的命令和画笔描边能够按相关的画布大小记录，而不是基于特定的像素坐标。

技巧 4:

按住<Alt>键将一个“动作”面板中的动作步骤进行拖动，就能够复制它。

技巧 5:

若要在一个动作中的一条命令后新增一条命令，可以先选中该命令，然后单击调板上的“开始记录”按钮，选择要增加的命令，再单击“停止记录”按钮即可。

技巧 6:

先按住<Ctrl>键，在“动作”面板上双击所要执行的动作名称，即可执行整个动作。

技巧 7:

若要一起执行多个动作，可以先增加一个动作，然后录制每一个所要执行的动作。

技巧 8:

若要在一个动作中的某一命令后新增一条命令，可以先选中该命令，然后单击调色板上的“开始录制”图标，选择要增加的命令，再单击“停止录制”图标即可。

2. 制作其他风格的扇面效果

按<Ctrl+Shift+Alt+E>快捷键产生盖印图层，然后打开素材文件夹中的“烙画 1.jpg”，将其复制到文档中，调整大小与位置，设置混合模式为“变暗”，页面效果如图 9-40 所示。

打开素材文件夹中的“烙画 2.jpg”，将其复制到文档中，调整大小与位置，设置混合模式为“深色”，页面效果如图 9-41 所示。

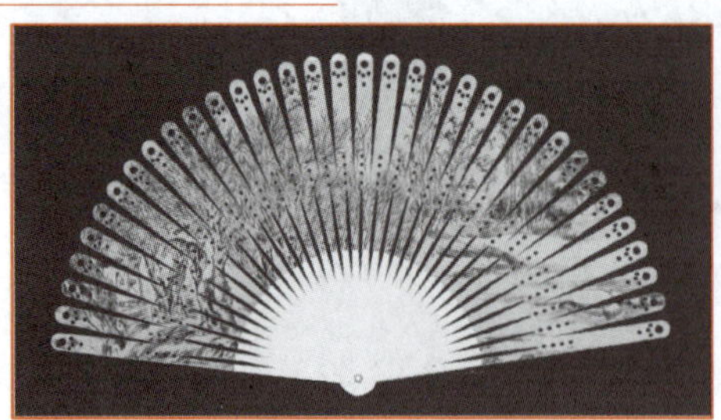

图 9-40
烙画 1 作为图案的扇面效果

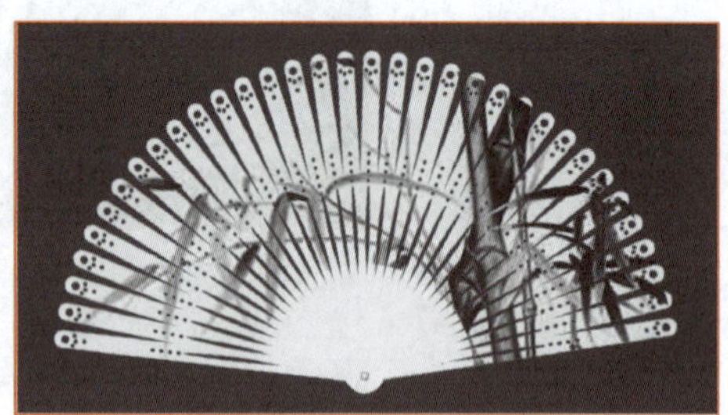

图 9-41
烙画 2 作为图案的扇面效果

项目实训：动画与图案制作

1. 利用“旋转的人物”素材文件夹中的 5 张序列图片（如图 9-42 所示），制作人物旋转的动画效果。

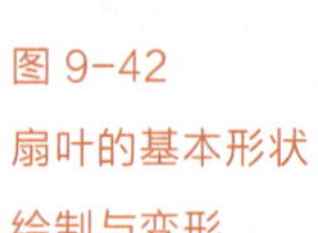

图 9-42
扇叶的基本形状绘制与变形

2. 利用钢笔工具绘制路径，使用动作生成如图 9-43 所示的路径，使用路径描边生成如图 9-44 所示的图案，使用路径作为矢量蒙版生成如图 9-45 所示的图案。

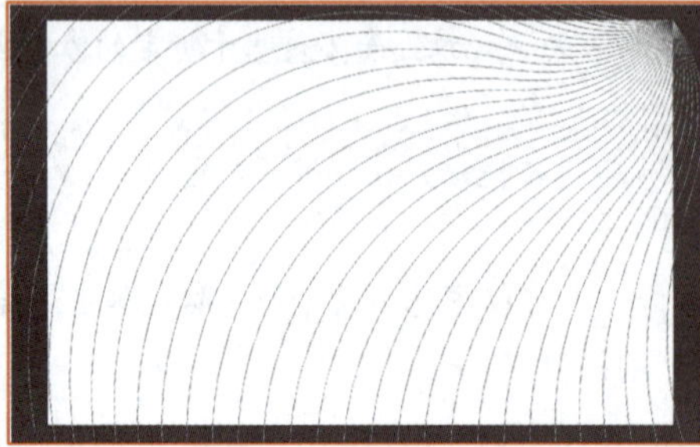

图 9-43
路径形状

图 9-44
绘制图案 1

图 9-45
绘制图案 2

第10章 综合实战训练

Photoshop 主要应用在图像、图形、文字、视频、出版等各方面。在学习了图像处理相关理论的基础上，结合 Photoshop 中基本工具的使用、图层的应用、色彩色调的调整、路径、蒙版、通道、滤镜等功能的应用，本章将综合应用相关技术来制作企业网站效果图、处理婚纱照、设计制作菜单封面。

教学导航

教学目标	（1）运用图像处理相关理论的基础 （2）项目需求的分析与理解 （3）综合应用基本工具、图层、色彩色调的调整、路径、蒙版、通道、滤镜等技术
本单元重点	（1）项目的规范应用 （2）项目的分析与策划 （3）综合应用 Photoshop 各项技能的能力
本单元难点	（1）Photoshop 各项技能技巧的熟练应用 （2）项目的优化与评价
教学方法	项目教学法
建议课时	14 课时

项目 1：企业网站效果图制作

10.1　项目展示

依据基本信息的分析，最终设计的淮安蒸丞文化传媒有限公司网站效果如图 10-1 所示。

图 10-1
网站页面效果图展示

10.2 项目分析

淮安蒸丞文化传媒有限公司是一家做文化活动策划、会议策划；灯光、音响、舞台的设计与设备租赁；影视广播设备的租赁及技术开发，礼仪庆典舞台艺术造型，会议服务，承办展览展示，为婚庆、演出、会议、展览提供室内外 LED 显示屏、LED 彩幕及其他特效设备和技术服务的公司。企业尊崇“踏实、拼搏、责任”的企业精神，并以“诚信、共赢”开创经营理念，创造良好的企业环境，以全新的管理模式、完善的技术、周到的服务、卓越的品质为生存根本，始终坚持客户至上，用心服务于客户，坚持用自己的服务去打动客户。

该企业网站的结构导航为：首页、业务范围、公司简介、设备租赁、经典案例、优势展示、行业资讯、联系我们等栏目。

打开百度网，输入“文化传媒有限公司”或“文化传媒公司”关键字，然后开始搜索，搜索结果举例如下。

- 中国对外文化集团公司网址：http://www.caeg.cn/。
- 同力成传媒网址：http://www.tonglicheng.com/。
- 深圳森威文化传媒有限公司网址：http://www.chinaotttv.com/。
- 山东中动文化传媒有限公司网址：http://www.zdcgi.com/。
- 北京冰封传媒有限公司网址：http://www.likemusic.cn/index.html。

依据项目需求和同类网站的参考，本网站草图设计如图 10-2 所示。

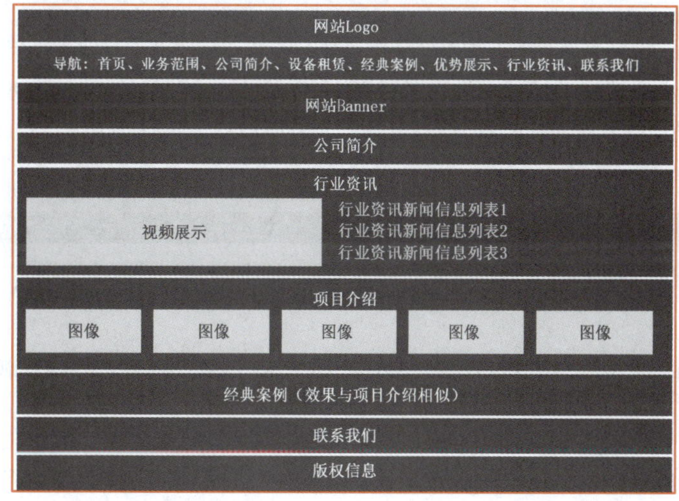

图 10-2
网站草图设计

10.3 项目实施

本效果设计图中用到的主要知识有：图像的抠取、辅助线的应用、图层样式的应用、图层混合模式的应用、蒙版的应用等。

10.3.1 网站首部与导航栏的制作

① 打开 Photoshop 软件，新建一个文件，命名为“蒸丞文化.psd”，设置宽为 1 280 像素、高为 3 000 像素、背景色为“#f2f2f2”，执行“视图”→“新建参考线”菜单命令，

添加两条垂直辅助线（依次为 140 像素、1 140 像素），添加两条水平辅助线（依次为 100 像素、150 像素），在“图层”面板中单击“创建新组”按钮，命名为“top 与 nav”，新建一个图层，然后使用矩形选框工具，选中顶部区域，将其填充为白色，如图 10-3 所示。

图 10-3
网站首部与导航栏网辅助线分布

② 执行“选择”→“取消选择”菜单命令（或按快捷键<Ctrl+D>），取消白色区域的选区蚂蚁线，执行“文件”→“置入嵌入的智能对象”菜单命令，选择“素材”文件夹下的“logo.png”图片，调整其位置，效果如图 10-4 所示。

图 10-4
置入网站的 Logo 图标

③ 使用横排文字工具，输入“咨询热线：0517-88888888”，设置字体为“微软雅黑”、字体大小为“15 像素”，设置“咨询热线”为黑色、“0517-88888888”为深红色（#c20e0e），同样的方法添加文本“联系电话：13888888888”和“联系电话：18881234567”，效果如图 10-5 所示。

图 10-5
添加右侧资讯热线的效果

④ 新建一个图层，命名为“导航背景”，使用矩形选框工具，选中两条水平辅助线（100 像素、150 像素）之间的区域，使用快捷键<Alt+Delete>将其填充为深红色（#9f2b2d），执行“选择”→“取消选择”菜单命令（或按快捷键<Ctrl+D>）取消白色区域的选区蚂蚁线，使用横排文字工具输入“首页”，设置字体为“微软雅黑”、字体大小为“16 像素”，然后再次使用横排文字工具依次输入“公司简介”“业务范围”“设备租赁”“经典案例”“优势展示”“行业资讯”“联系我们”，设置与“首页”相同的格式，如图 10-6 所示。

图 10-6
添加导航后的页面效果

⑤ 使用移动工具，调整“首页”和“联系我们”两个文本框的位置，然后在“图层”面板中，按住<Shift>键，依次选择所输入的导航文本图层，单击“图层”面板下方的“链接图层”按钮，如图 10-7 所示，选择移动工具，分别执行顶端对齐和水平居中分布即可，如图 10-8 所示，调整后的效果如图 10-9 所示。

图 10-7 链接图层

图 10-8 设置顶端对齐与水平居中分布

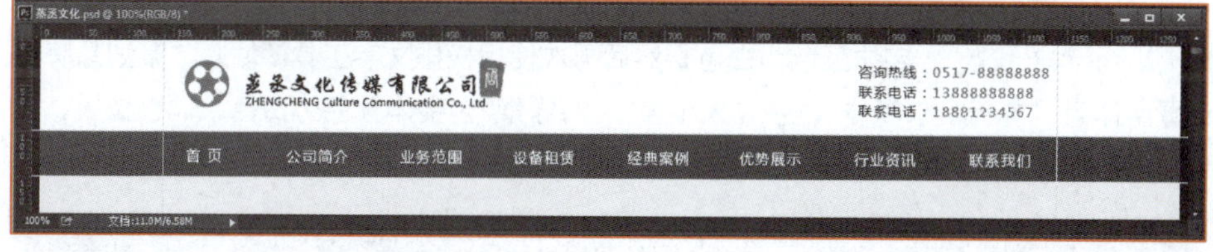

图 10-9 添加导航后的页面效果

10.3.2 网站 Banner 区域的制作

① 在“图层”面板中单击“创建新组”按钮，命名为“Banner”，添加一条水平辅助线（450 像素），新建一个图层，然后使用矩形选框工具选中 Banner 区域，设置前景色为淡黄色（# fce699）、背景色为橙色（#f96503），使用渐变工具，选择“径向渐变”，把鼠标指针从屏幕中间向边缘拖动，即可实现径向渐变，如图 10-10 所示。

图 10-10 添加 Banner 区域的渐变背景

② 执行“选择”→“取消选择”菜单命令（或按快捷键<Ctrl+D>），取消 Banner 区域的选区蚂蚁线，执行“文件”→“打开”菜单命令，选择“素材”文件夹下的“摄像机.png”图片，按<Ctrl+A>快捷键全选摄像机图片，执行<Ctrl+C>快捷键，切换进入“蒸丞文化.psd”页面，执行<Ctrl+V>快捷键将“摄像机”图像粘贴进入新图层，执行“编辑”→“自由变换”菜单命令（或按快捷键<Ctrl+T>），调整其大小与位置，效果如图 10-11 所示。

图 10-11
添加摄像机图像

③ 在“图层”面板中，单击“添加图层样式”按钮，在弹出的菜单中选择“外发光”命令，如图 10-12 所示，在弹出的“图层样式”面板中设置“图素”的“扩展”为“15%”、“大小”为“54 像素”，如图 10-13 所示。

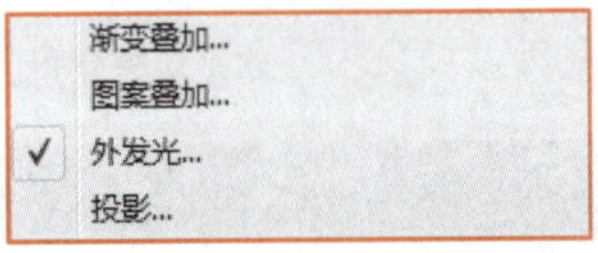

图 10-12
设置“外方光”样式

渐变叠加...
图案叠加...
✓ 外发光...
投影...

图 10-13
设置图素中的扩展与大小

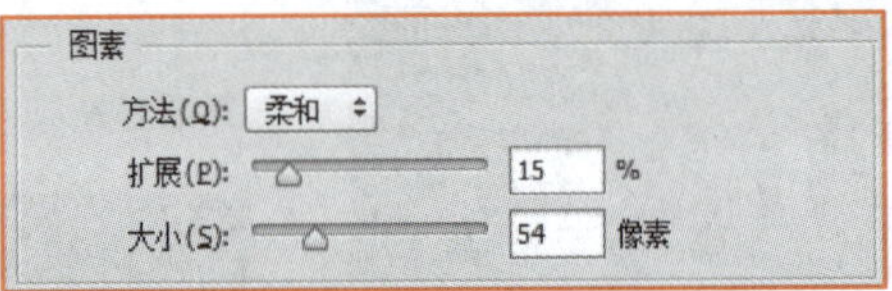

④ 使用横排文字工具输入“中小企业活动”，设置字体为“造字工房悦黑体”、字体大小为“48 像素”、字体颜色为白色，然后再次使用横排文字工具输入“策划品牌”，设置字体为“方正粗宋简体”、字体大小为“48 像素”、字体颜色为白色，调整位置，效果如图 10-14 所示。

图 10-14
Banner 页面效果

10.3.3　公司简介的制作

① 在“图层”面板中单击“创建新组”按钮，命名为“公司简介”，添加两条水平辅助线（530 像素、700 像素）和一条垂直辅助线（740 像素），使用横排文字工具输入“公司简介 Company Profile”，设置字体为“微软雅黑 Bold”、字体大小为“20 像素”、字体颜色为黑色，调整位置水平居中。

② 使用横排文字工具绘制一个文本输入框，输入“淮安蒸丞文化传媒有限公司是……”相关文本，设置字体为“微软雅黑”、字体大小为“14 像素”、字体颜色为黑色，调整位置，页面效果如图 10-15 所示。

图 10-15
插入文本后的公司简介的效果

③ 在“图层”面板中，新建一个图层，绘制一个矩形框（宽为 120 px、高为 30 px），执行“编辑”→“描边”菜单命令，弹出“描边”对话框，设置描边宽度为 1 像素、颜色为深灰色（#767676）、位置为内部，如图 10-16 所示。使用横排文字工具，输入文本“查看更多>>”，设置字体为“微软雅黑”、字体大小为 14 px、颜色为深灰色（#767676），调整位置，效果如图 10-17 所示。

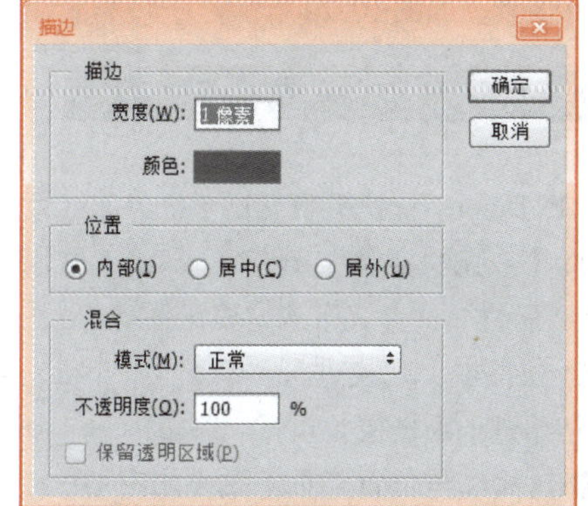

图 10-16
设置描边效果

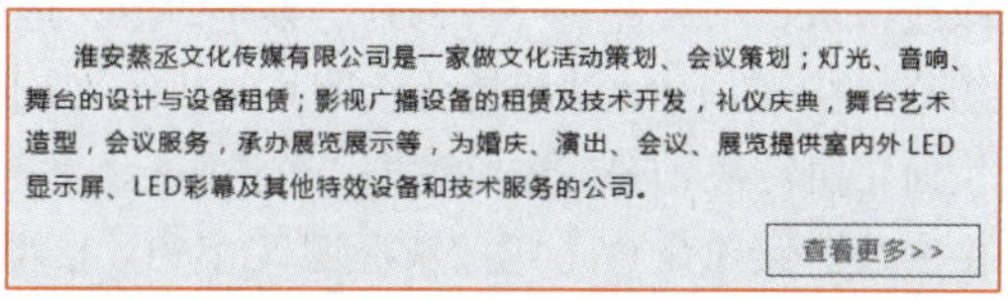

图 10-17
插入“查看更多>>”后的效果

④ 执行“文件”→“打开”菜单命令，选择“素材”文件夹下的“企业宣传.jpg”图片，按<Ctrl+A>快捷键全选图片，执行<Ctrl+C>快捷键，切换进入“蒸丞文化.psd”页面，执行<Ctrl+V>快捷键将“企业宣传”图像粘贴进入新图层，执行“编辑”→“自由变换”菜单命令（或按快捷键<Ctrl+T>），调整其大小与位置，效果如图 10-18 所示。

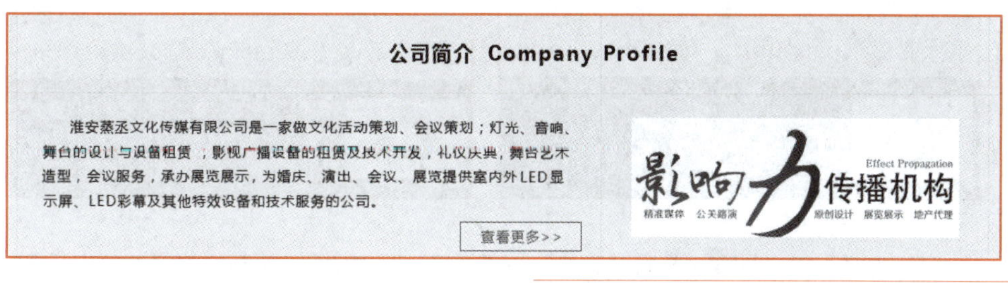

图 10-18
公司简介的效果

10.3.4 行业资讯的制作

① 在“图层”面板中单击“创建新组”按钮，命名为“行业资讯”，添加一条水平辅助线（1 100 像素），执行“文件”→“打开”菜单命令，选择“素材”文件夹下的“video.png”图片，按<Ctrl+A>快捷键全选图片，执行<Ctrl+C>快捷键，切换进入“蒸丞文化.psd”页面，执行<Ctrl+V>快捷键将“video.png”图像粘贴进入新图层，执行“编辑”→“自由变换”菜单命令（或按快捷键<Ctrl+T>），调整其大小与位置。使用横排文字工具，输入

"行业资讯 Industry Information"，设置字体为"微软雅黑 Bold"、字体大小为"20 像素"、字体颜色为橙色，调整位置，页面效果如图 10-19 所示。

图 10-19
行业资讯的视频展示与标题效果

② 在"图层"面板中，新建一个图层，使用矩形选框工具，在其工具选项栏中设置样式为"固定大小"、宽度为 375 像素、高度为 100 像素，如图 10-20 所示。

图 10-20
设置矩形选框工具

③ 在新图层上绘制固定大小的矩形，使用<Alt+Delete>快捷键填充矩形框为深红色（#9f2b2d），执行"选择"→"取消选择"菜单命令（或按快捷键<Ctrl+D>）取消选区蚂蚁线，执行"文件"→"打开"菜单命令，选择"素材"文件夹下的"资讯图标.jpg"图片，按<Ctrl+A>快捷键全选图片，执行<Ctrl+C>快捷键，切换进入"蒸丞文化.psd"页面，执行<Ctrl+V>快捷键将"资讯图标"图像粘贴进入新图层，执行"编辑"→"自由变换"菜单命令（或按快捷键<Ctrl+T>），调整其大小与位置，页面效果如图 10-21 所示。

④ 使用横排文字工具 T，绘制一个文本输入框，输入"今天，我们把注意力着重聚集在'展会'这样一个关键词上。众所周知，淮安每一年都会举办很多大大小小的展…"相关文本，设置字体为"微软雅黑"、字体大小为"14 像素"、字体颜色为白色，调整位置，页面效果如图 10-22 所示。

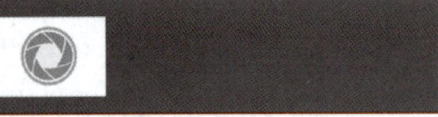

图 10-21
添加红框与图标

图 10-22
添加文本后的效果

⑤ 选择画笔工具，执行"窗口"→"画笔"菜单命令（或按快捷键<F5>），弹出"画笔"面板，调整画笔大小为"1px"、间距为"300%"，如图 10-23 所示，设置前景色为深灰色（#767676），新建一个图层，使用画笔工具，按住<Shift>键，绘制一条深灰色的虚线，切换为文本输入框，输入"活动策划人的成功靠脚而不是靠脑"文本，设置字体为"微软雅黑"、字体大小为"14 像素"、字体颜色为深灰色（#232323），调整位置。使用矩形选框工具，绘制一个宽和高都为 6 像素的正方形，执行快捷键<Ctrl+D>，使正方形旋转 45 度，调整位置。复制虚线，依次添加其他文字后，页面效果如图 10-24 所示。

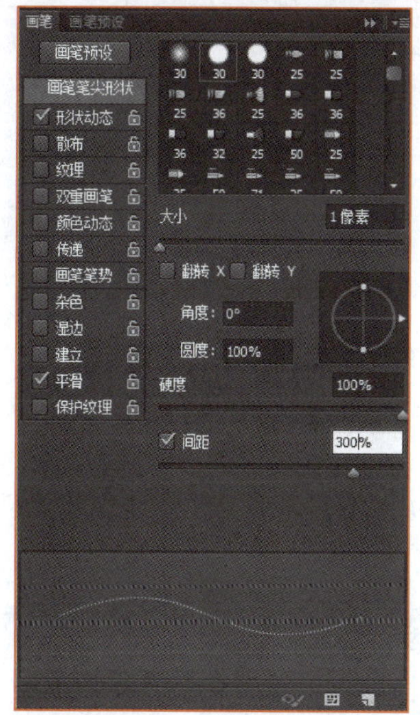

图 10-23
设置“画笔”面板

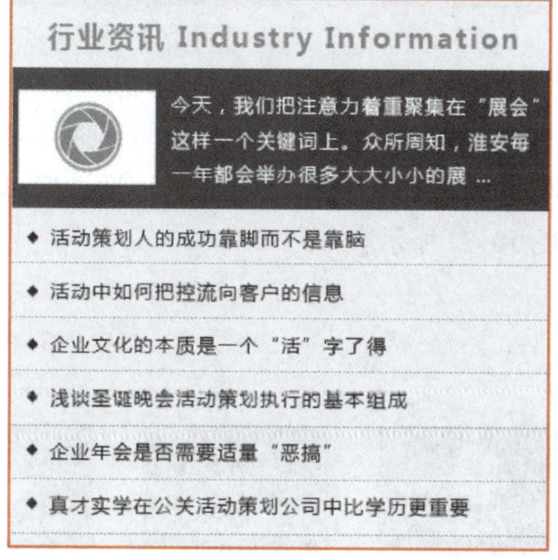

图 10-24
完成后的行业资讯效果

10.3.5 项目介绍的制作

① 在“图层”面板中单击“创建新组”按钮，命名为“项目介绍”，添加两条水平辅助线（1 180 像素、1 350 像素）和添加 3 条垂直辅助线（340 像素、540 像素、940 像素），使用横排文字工具输入“项目介绍 Project Introduction”，设置字体为“微软雅黑 Bold”、字体大小为“20 像素”、字体颜色为黑色，调整位置水平居中。

② 在“图层”面板中，新建一个图层，使用“矩形选框工具”，在其选项栏中设置样式为“固定大小”、宽度为 160 像素、高度为 110 像素，绘制矩形选区，使用<Alt+Delete>快捷键填充矩形框的颜色为白色，执行“编辑”→“描边”菜单命令，弹出“描边”对话框，设置描边宽度为 1 像素、颜色为深灰色（#767676）。

③ 执行“文件”→“打开”菜单命令，选择“素材”文件夹下的“图标 1.png”图片，按<Ctrl+A>快捷键全选图片，执行<Ctrl+C>快捷键，切换进入“蒸丞文化.psd”页面，执行<Ctrl+V>快捷键将“图标 1”图像粘贴进入新图层，执行“编辑”→“自由变换”菜单命令（或按快捷键<Ctrl+T>），调整其大小与位置，页面效果如图 10-25 所示。

图 10-25
项目介绍局部效果

④ 根据需要依次完成“商务会议”“设备租赁安装”“公关庆典”“演出服务”等其他几个模块，调整其大小与位置，页面效果如图 10-26 所示。

图 10-26
项目介绍的效果

⑤ 在“图层”面板中选择单击“项目介绍”，执行“图层”→“复制组”菜单命令，修改组名称为“项目介绍红色”，分别将背景颜色填充为深红色，将文本调整为白色，将图标执行“图像”→“调整”→“反相”菜单命令（或按快捷键<Ctrl+I>），页面效果如图 10-27 所示。

图 10-27
鼠标放置在图标上后的页面效果

10.3.6　经典案例的制作

① 在“图层”面板中单击“创建新组”按钮，命名为“经典案例”，添加 3 条水平辅助线（1 430 像素、1 500 像素、1 680 像素），使用横排文字工具输入“经典案例 Classic Case”，设置字体为“微软雅黑 Bold”、字体大小为“20 像素”、字体颜色为红色，调整位置水平居中。

② 使用横排文字工具绘制一个文本输入框，输入“我们做过的案例有：开幕式、文化节、音乐剧、话剧、企业年会……让客户省心、放心！”相关文本，设置字体为“微软雅黑”、字体大小为“14 像素”、字体颜色为黑色，调整位置，页面效果如图 10-28 所示。

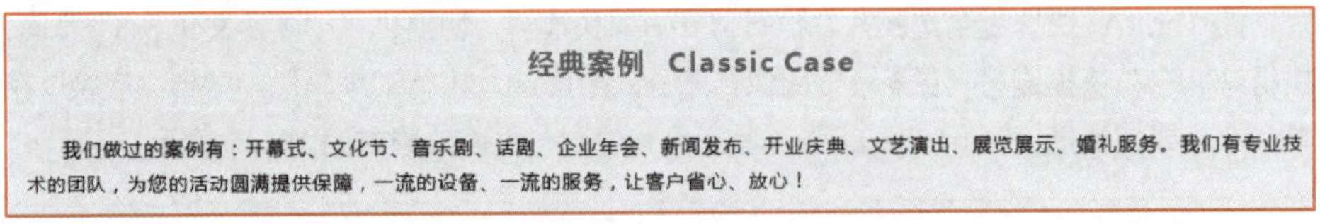

经典案例 Classic Case

我们做过的案例有：开幕式、文化节、音乐剧、话剧、企业年会、新闻发布、开业庆典、文艺演出、展览展示、婚礼服务。我们有专业技术的团队，为您的活动圆满提供保障，一流的设备、一流的服务，让客户省心、放心！

图 10-28
经典案例文本效果

③ 执行“文件”→“打开”菜单命令，选择“素材”文件夹下的“经典案例 1.jpg”图片，按<Ctrl+A>快捷键全选图片，执行<Ctrl+C>快捷键，切换进入“蒸丞文化.psd”页面，执行<Ctrl+V>快捷键将“图标 1”图像粘贴进入新图层，执行“编辑”→“自由变换”菜单命令（或按快捷键<Ctrl+T>），调整其大小与位置，依次将“经典案例 2.jpg”“经典案例 3.jpg”“经典案例 4.jpg”都放置到经典案例栏目，使用横排文字工具绘制一个文本输入框，输入“水城活动”“水上公园大型活动”“大会堂”“金色大厅”相关文本，设置字体为“微软雅黑”、字体大小为“16 像素”、字体颜色为黑色，调整位置，页面效果如图 10-29 所示。

经典案例　Classic Case

我们做过的案例有：开幕式、文化节、音乐剧、话剧、企业年会、新闻发布、开业庆典、文艺演出、展览展示、婚礼服务。我们有专业技术的团队，为您的活动圆满提供保障，一流的设备、一流的服务，让客户省心、放心！

水城活动

水上公园大型活动

大会堂

金色大厅

图 10-29
经典案例效果

10.3.7　联系我们的制作

① 在“图层”面板中单击“创建新组”按钮，命名为“联系我们”，添加 3 条水平辅助线（1 760 像素、1 810 像素、2 160 像素），使用横排文字工具输入“联系我们”，设置字体为“微软雅黑 Bold”、字体大小为“20 像素”、字体颜色为红色，调整位置水平居中。

② 使用横排文字工具绘制一个文本输入框，输入“无论您是想咨询信息，解决问题，或者是对我们的服务提出建议，您都可以用多种方式联系我们。我们会尽我们所能为您服务！”相关文本，设置字体为“微软雅黑”、字体大小为“14 像素”、字体颜色为黑色，调整位置，页面效果如图 10-30 所示。

联 系 我 们

无论您是想咨询信息，解决问题，或者是对我们的服务提出建议，您都可以用多种方式联系我们。我们会尽我们所能为您服务！

图 10-30
联系我们的
文本效果

③ 在“图层”面板中，新建一个图层，使用矩形选框工具，在其选项栏中，设置样式为“固定大小”、宽度为 420 像素、高度为 36 像素，绘制矩形选区，使用<Alt+Delete>快捷键填充矩形框的颜色为白色，执行“编辑”→“描边”菜单命令，弹出“描边”对话框，设置描边宽度为 1 像素、颜色为深灰色（#767676），调整位置。

④ 使用横排文字工具绘制一个文本输入框，输入“用户名”“电子邮件”相关文本，设置字体为“微软雅黑”、字体大小为“14 像素”、字体颜色为黑色，调整位置，页面效果如图 10-31 所示。

联 系 我 们

无论您是想咨询信息，解决问题，或者是对我们的服务提出建议，您都可以用多种方式联系我们。我们会尽我们所能为您服务！

用户名　　电子邮件

图 10-31
添加文本框
后的效果

⑤ 采用同样的方法添加文本框，制作按钮效果，“联系我们”模块的效果如图 10-32 所示。

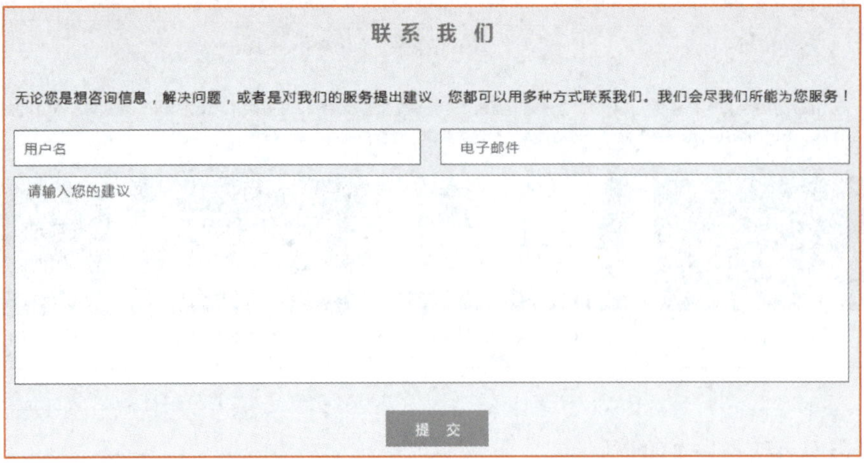

联 系 我 们

无论您是想咨询信息，解决问题，或者是对我们的服务提出建议，您都可以用多种方式联系我们。我们会尽我们所能为您服务！

用户名　　电子邮件

请输入您的建议

提 交

图 10-32
“联系我们”
模块的效果

10.3.8　版权信息的制作

在“图层”面板中单击“创建新组”按钮，命名为“版权信息”，使用矩形选框工具，选择最下方的版权区域，填充为深灰色（#282828），使用横排文字工具输入“Copyright © 2017 蒸丞文化传媒有限公司”，设置字体为“微软雅黑 Bold”、字体大小为“16 像素”、字体颜色为白色，调整位置水平居中，页面效果如图 10-33 所示。

Copyright © 2017　　蒸丞文化传媒有限公司

图 10-33
“版权信息”模块的效果

项目 2：数码婚纱照的设计与制作

10.4　项目展示

本项目主要使用 Photoshop 设计与制作“蝶恋芬芳”和“春之韵”两个主题的婚纱案例，“蝶恋芬芳”的效果如图 10-34 所示，“春之韵”主题的效果如图 10-35 所示。

图 10-34
“蝶恋芬芳”婚纱
设计效果图

图 10-35
“春之韵”婚纱设计效果图

10.5　项目分析

婚纱照是新人在结婚前后所拍摄的照片，在成婚前后多将照片悬挂于墙上以示甜蜜、幸福。通常前期所拍摄的照片在色调、形式、所表达的含义等方面并不能完全满足新人的

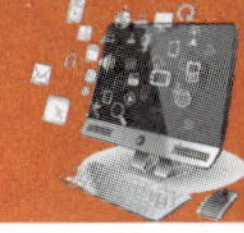

需求，这就需要进行后期的处理。为了张扬个性和追求独特，针对各个消费群体的不同需求，就形成了各具特色的婚纱处理方式。

一对新人在拍摄完实景照片后，希望将图片处理成温馨、浪漫以及具有春天气息的效果。依据新人的需求，选用两种风格的婚纱处理方式："蝶恋芬芳"和"春之韵"两个主题。"蝶恋芬芳"的设计中主要使用漂亮的蝴蝶、精致的花纹、散落的星光等方式来实现温馨、浪漫的情调，再配上偏亮调的明暗处理，给人一种唯美、自然的视觉效果。"春之韵"的设计以绿色作为作品主色调，给人以宁静、自然的视觉感受，在设计元素上，以花朵及花纹等具有季节代表性的元素作为装饰，彰显出春天的气息。

10.6 项目实施

10.6.1 "蝶恋芬芳"主题婚纱制作

1. 主题婚纱图片中人物素材的处理

① 按<Ctrl+N>组合键新建一个文件，在弹出的对话框中，设置宽为 1 500 像素、高为 1 100 像素、分辨率为 72 像素/英寸、颜色模式为 RGB、背景内容为白色，单击"确定"按钮，即可创建一个新的空白文件。设置前景色的颜色值为浅黄色(#f4b85c)，按<Alt+Delete>组合键填充前景色。

微课 10-1
主题婚纱图片中人物素材处理

② 打开素材"背景.psd"，使用"移动工具"将背景图像拖动至新建的画布中，将所在图层命名为"背景"。

③ 在该文档中，人物图像占据了画布的绝大部分，所以首先向画布中添加人物图像。打开素材文件"人物 1.jpg"，如图 10-36 所示，双击"背景"图层，单击对话框中的"确定"按钮将其转化为普通图层。

④ 使用"魔棒工具"将人物从背景中选取出来，并将背景部分图片删除。如果头发细节不够明显，可使用魔棒工具选项栏中的"调整边缘"，通过设置"智能半径"来精确获取头发。接下来执行"编辑"→"变换"→"水平翻转"菜单命令将图像翻转，效果如图 10-37 所示。

图 10-36 "人物 1"素材图片

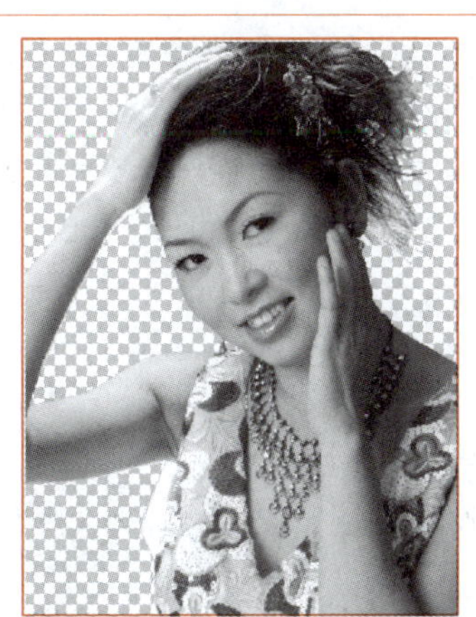

图 10-37 去除背景调整后的图像

⑤ 将去掉背景的图片拖动到新创建的文件中，放置在画布左侧，将其所在图层命名为"人物 1"，效果如图 10-38 所示。

⑥ 单击“添加图层蒙版”按钮，为“人物 1”添加蒙版，设置前景色为黑色，选择“画笔工具”，在其工具选项栏中设置合适的画笔大小及不透明度，在图层蒙版中进行涂抹，以将人物右侧的图像隐藏起来，直至得到如图 10-39 所示的效果。

图 10-38
“人物 1”放置在场景中

图 10-39
设置蒙版后的效果

⑦ 打开素材文件“人物 2.jpg”，如图 10-40 示，双击“背景”图层，单击对话框中的“确定”按钮将其转化为普通图层。

⑧ 使用“魔棒工具”将人物从背景中选取出来，并将背景部分删除，效果如图 10-41 所示。

图 10-40
“人物 2”素材图

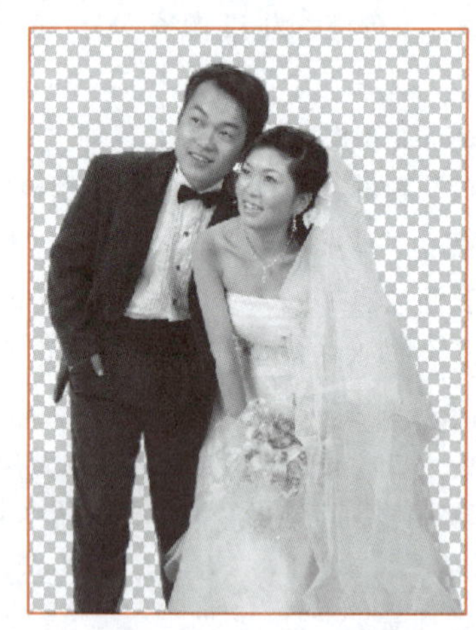

图 10-41
去掉背景后的效果

⑨ 使用“移动工具”将去掉背景的“人物”素材拖动至新建的画布中，并调整其大小，放置在右侧位置，将其所在图层名称改为“人物 2”，效果如图 10-42 所示。

⑩ 设置“人物 2”图层的不透明度为“70%”，并利用“模糊工具”将左侧人物边缘进行虚化，使之很好地和背景融合在一起，如图 10-43 所示。

图 10-42
添加“人物 2”后的效果

图 10-43
“人物 2”调整后的效果

⑪ 分别为两个人物素材图像调整其颜色，利用“编辑”→“调整”→“亮度/对比度”菜单命令进行调整，如图 10-44 所示。最终形成如图 10-45 所示效果图。

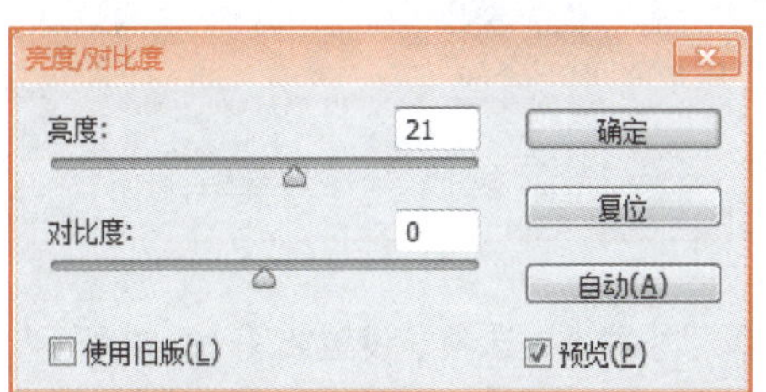

图 10-44
调整亮度/对比度

图 10-45
“亮度”调整后的效果

2. 主题婚纱图片中底部图像的处理

微课 10-2
主题婚纱图片中底部图像的处理

① 在“路径”面板中新建一个“路径 1”，单击“钢笔工具”，在工具选项栏上单击“路径”模式，然后在画布的底部位置绘制一个弧形路径，得到如图 10-46 所示的效果。

② 按<Ctrl+Enter>组合键将当前路径转换为选区，返回“图层”面板，并在所有图层上方新建一个图层，命名为“装饰 1”，设置前景色的颜色为深黄色（#b77d00），按<Alt+Delete>组合键填充前景色，按<Ctrl+D>组合键取消选区，得到如图 10-47 所示的效果。

图 10-46
绘制的路径

图 10-47
填充后效果

③ 下面对图像进行模糊处理。选择“滤镜”→“模糊”→“高斯模糊”菜单命令，在弹出的对话框中设置“半径”数值为 74，得到如图 10-48 所示的效果。

④ 切换至“路径”面板，并选中“路径 1”，然后使用“路径选择工具”，选中其中的路径并向上拖动一定的距离，按 <Ctrl+Enter>组合键将当前路径转换为选区，再次返回“图层”面板，并新建一个“装饰 2”图层，按<Alt+Delete>组合键填充前景色，按<Ctrl+D>组合键取消选区。

⑤ 设置“装饰 2”的“填充”数值为 0，单击“添加图层样式”按钮，在弹出的菜单中选择“渐变叠加”命令，在弹出的“渐变叠加”对话框中进行设置，如图 10-49 所示。

图 10-48
高斯模糊后的效果

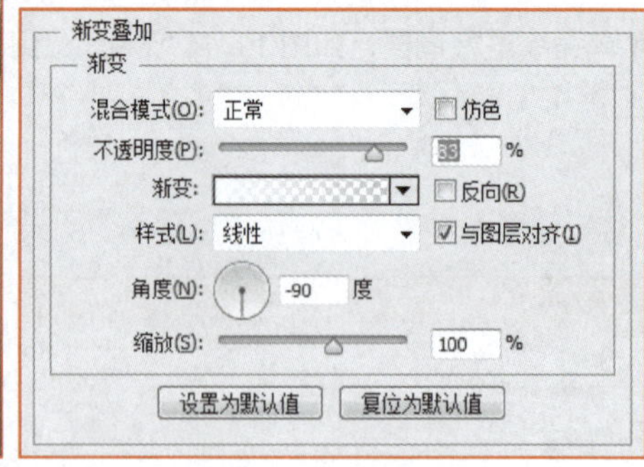

图 10-49
“渐变叠加”设置

⑥ 然后在“图层样式”对话框中继续选择“外发光”选项，设置如图 10-50 所示，“内阴影”选项设置如图 10-51 所示，得到如图 10-52 所示的效果。

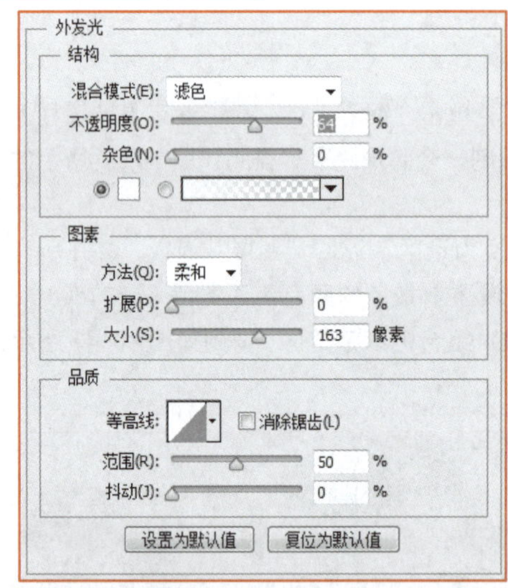

图 10-50
“外发光”设置

内阴影
结构
混合模式(B): 滤色
不透明度(O): %
角度(A): 120 度 使用全局光(G)
距离(D): 164 像素
阻塞(C): 0 %
大小(S): 250 像素

图 10-51
“内阴影”设置

⑦ 下面将结合画笔描边路径功能，在弧形图像的左侧位置绘制两个曲线装饰图像。在“路径”面板中新建一个“路径 2”，选择“钢笔工具”，在工具选项栏上单击“路径”模式，然后在弧形图像的左侧绘制一条如图 10-53 所示的路径。

图 10-52
设置图层样式后的效果

图 10-53
绘制的路径效果

⑧ 设置前景色为白色，选择“画笔工具”，按<F5>键调出“画笔”面板，单击右上方的画笔面板按钮，在弹出的菜单中选择“载入画笔”命令，在弹出的对话框中选择素材文件“笔刷1.abr”，单击“载入”按钮，设置画笔的样式为“散布的枫叶”、笔刷的不透明度为100%。

⑨ 新建一个图层，命名为“左下装饰”，在“路径”面板中单击“用画笔描边路径”按钮，然后单击“路径”面板中的空白区域以隐藏路径，得到如图10-54所示的效果。

⑩ 按照第8步和第9步的操作方法，再绘制一条路径，并将画笔大小调整至45 px，再次描边路径，得到类似如图10-55所示的效果。

图 10-54
描边后效果

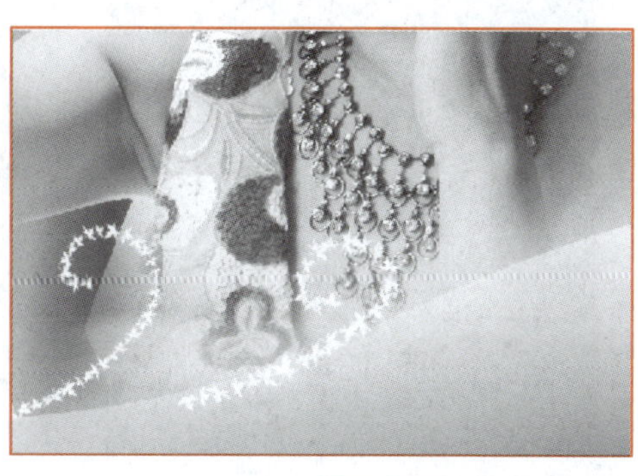

图 10-55
制作另外一个描边效果

由于上面做的两段曲线图像与弧形图像之间显得比较突兀，下面将在该范围内涂抹一些白色，使它们之间有一些过渡。

⑪ 新建一个图层，命名为“过渡”，选择“画笔工具”，使用普通的柔角画笔，设置适当的画笔大小及不透明度，在弧形图像的左侧进行涂抹，得到类似如图10-56所示的效果。

⑫ 新建一个图层，命名为“星星”，按照第8步的操作方法载入画笔，打开素材文件夹中的文件“笔刷2.abr”，设置前景色为白色，使用“画笔工具”，选择“柔边椭圆90”样式，设置大小为45 px，在画布底部进行涂抹以绘制散点星光，得到如图10-57所示的效果。

图 10-56
过渡效果

图 10-57
星光效果

⑬ 下面绘制更细小的散点星光图像，设置画笔大小为24 px，然后在“画笔”面板中选中“传递”选项，并修改其参数，如图10-58所示。继续使用画笔在画布底部涂抹，直至得到类似如图10-59所示的效果。

图 10-58
“画笔”面板设置

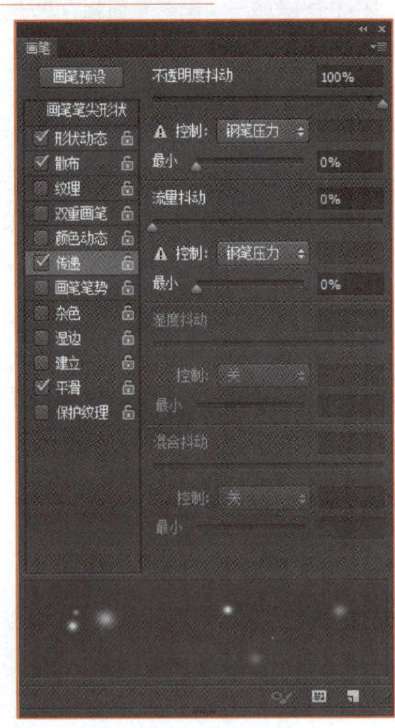

图 10-59
最终星光效果

⑭ 新建一个图层，命名为“枫叶”，然后继续在画布底部位置涂抹枫叶图像，得到如图 10-60 所示的效果。

⑮ 选择“装饰 1”图层，并按住<Shift>键单击“枫叶”的图层名称，从而将两者之间的所有图层选中，按<Ctrl+G>组合键将选中的图层编组，并将得到的组名称修改为“底部图像”，此时的“图层”面板如图 10-61 所示。

图 10-60
绘制的枫叶效果

图 10-61
创建组的图层面板

3. 主题婚纱图片中装饰的处理

微课 10-3
主题婚纱图片中装饰的处理

① 选择“背景”图层，打开素材文件夹中的文件“素材 6.psd”图像，如图 10-62 所示。使用“移动工具”将其拖至本例制作的文件中，图层命名为“云彩”，然后选择“编辑”→“变换”→“旋转 90 度（顺时针）”菜单命令以旋转图像。

② 设置“云彩”图层的混合模式为“滤色”、不透明度为“40%”，然后调整图像至画布的中间，如果边缘没有和背景图层融合在一起，可以使用“模糊工具”对边缘进行模糊处理，得到如图 10-63 所示的效果。

图 10-62
云彩素材

图 10-63
云彩与图像融合后效果

③ 设置前景色为黑色，选择“椭圆工具”，在其工具选项栏上单击“形状”模式，按住<Shift>键在弧形图像的右上位置绘制一个黑色正圆，得到如图 10-64 所示的效果，同时得到“形状 1”图层。

④ 下面为黑色正圆添加图像。打开电子资源中的文件“人物 3.jpg”，如图 10-65 所示。使用“移动工具”将其拖至刚制作的文件中，图层命名为“人物 3”，并确认该图层位于“形状 1”的上方，按<Ctrl+Alt+G>组合键执行“创建剪贴蒙版”操作。

图 10-64
圆形形状效果

图 10-65
“人物 3”素材

⑤ 使用“移动工具”调整“人物 3”中人物图像的位置及大小，直至将人物显示出来为止，得到如图 10-66 所示的效果。

⑥ 下面为小圆图像增加发光效果。选择“形状 1”，单击“添加图层样式”按钮，在弹出的菜单中选择“描边”命令，设置描边大小为 10 像素、颜色为粉红色（#fdb47f），其他设置为默认。然后，在“图层样式”对话框中继续选择“内发光”选项，设置“阻塞”为 11、“大小”为 81 像素，如图 10-67 所示。

图 10-66
添加“人物 3”效果

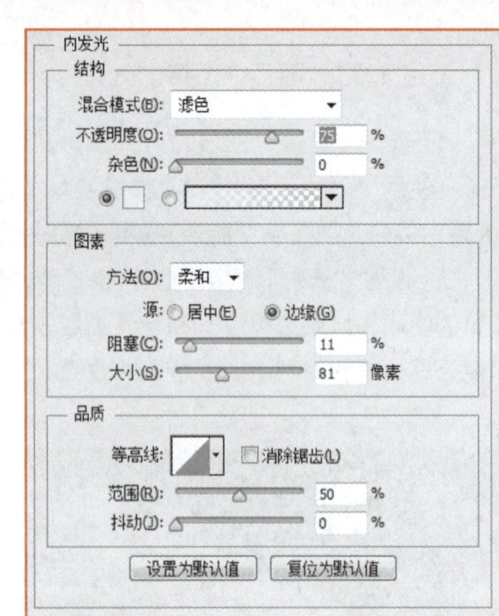

图 10-67
“内发光”设置

⑦ 接下来选择“外发光”选项，并设置其选项区域中的“扩展”为 17%、“大小”为 133 像素，如图 10-68 所示，得到如图 10-69 所示的效果。

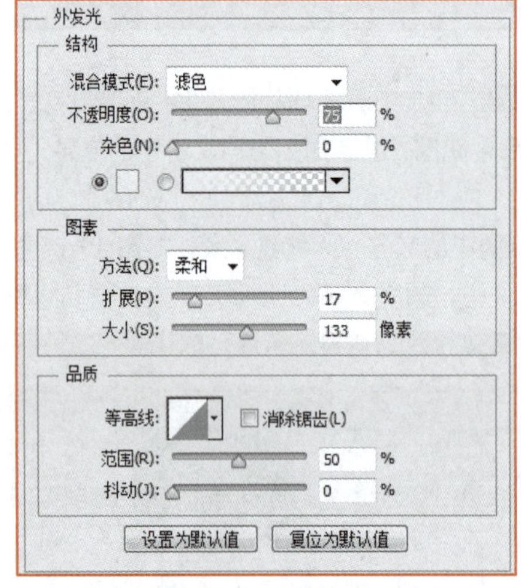

图 10-68
“外发光”设置

图 10-69
设置后效果

⑧ 打开素材文件夹中的素材文件“蝶恋芬芳文字.psd”，如图 10-70 所示。使用“移动工具”将其拖至刚制作的文件中，将其所在图层命名为“蝶恋芬芳”，并将该图像移至画布中心偏下的位置，此时“蝶恋芬芳”的文字效果如图 10-71 所示，最终效果如图 10-34 所示。

图 10-70
“蝶恋芬芳”文字素材

图 10-71
添加“蝶恋芬芳”文字后的效果

10.6.2 “春之韵”主题婚纱制作

1. 主题婚纱图片中背景的处理

① 按<Ctrl+N>组合键新建一个文件，在弹出的对话框中设置宽度为 2 400 像素、高度为 3 440 像素，单击“确定”按钮，即可创建一个新的空白文件，设置前景色为浅绿色（#8bc300），按<Alt+Delete>组合键填充前景色。

微课 10-4
主题婚纱图片中背景的处理

② 利用几幅素材及画笔绘制功能，制作背景图像的基本轮廓。打开素材文件夹中的文件“素材 1.psd”，如图 10-72 所示。使用“移动工具”将其拖至刚制作的文件中，命名为“背景 1”，设置其混合模式为“正片叠底”、“不透明度”为 45%，并调整位置及大小，得到如图 10-73 所示的效果。

图 10-72 素材图片

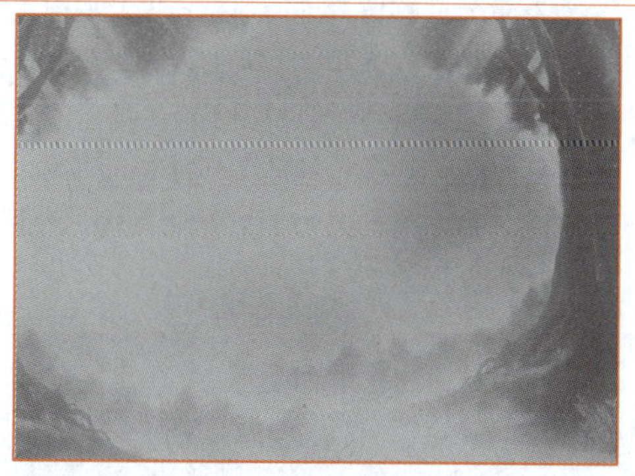

图 10-73 放置的位置

③ 按照上一步的操作方法，打开素材文件夹中的文件“素材 2.psd”，如图 10-74 所示，将其拖至刚制作的文件中，所在图层命名为“背景 2”，设置其混合模式为“正片叠底”、不透明度为“45%”，得到如图 10-75 所示的效果。

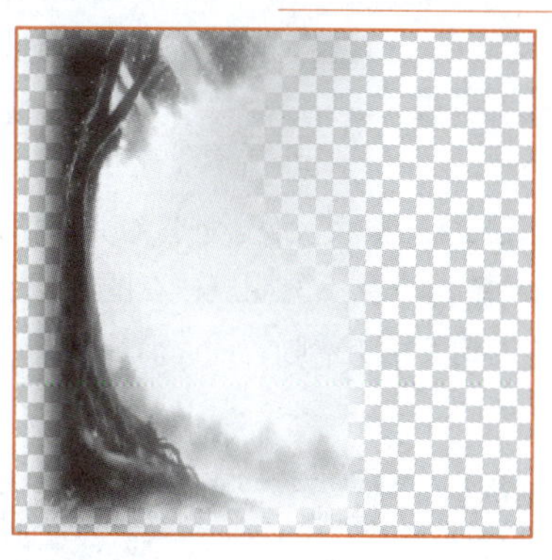

图 10-74 素材图片

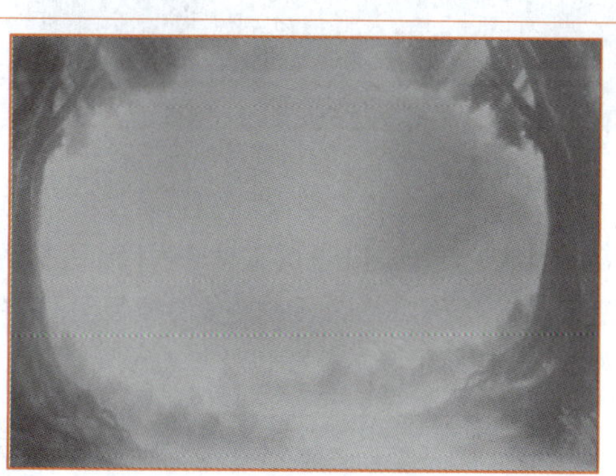

图 10-75 调整后图像效果

④ 下面使用“画笔工具”在画布底部绘制暗调图像。新建一个图层，命名为“暗调”，设置前景色为暗绿色（#1e5400），选择“画笔工具”并设置适当的画笔大小及不透明度，在画布的底部进行涂抹。

⑤ 新建一个图层命名为“照射”，设置前景色为白色，选择“画笔工具”并设置适当的画笔大小及不透明度，在画布的左上方绘制出阳光的轮廓，得到如图 10-76 所示的效果。

⑥ 执行“滤镜”→“模糊”→“动感模糊”菜单命令，得到如图 10-77 所示的效果。

图 10-76
画笔涂抹效果

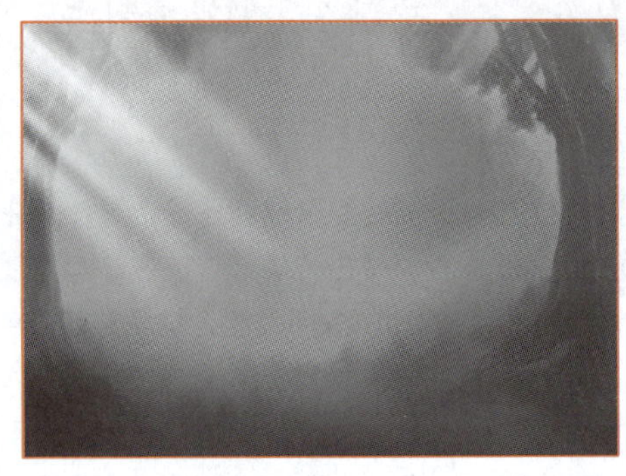

图 10-77
执行动感模糊后的效果

⑦ 按<Ctrl+F>组合键重复应用“动感模糊”，设置图层不透明度为“85%”。下面将在光线最靠近光源的位置进行涂抹，使光变得更强一些。新建一个图层，命名为“强光”，保持前景色为白色，选择“画笔工具”并设置适当的画笔大小及不透明度，在画布的左上方进行涂抹，直至得到类似如图 10-78 所示的效果。

⑧ 打开素材文件夹中的“人物 1.jpg”，如图 10-79 所示。使用“移动工具”将其拖动到文档中，命名为“人物 1”，翻转图像，设置图层混合模式为“柔光”，调整大小与位置，如图 10-80 所示。

图 10-78
增加强光后的效果

图 10-79
人物素材

⑨ 单击“添加图层蒙版”按钮，为“人物 1”图层添加蒙版，设置前景色为黑色，选择“画笔工具”，在其工具选项栏中设置适当的画笔大小及不透明度，在图层蒙版中进行涂抹，以将人物外围的图像隐藏起来，将背景中的树变得更清晰，而此时蒙版的状态如图 10-81 所示。

图 10-80
人物素材调整后效果

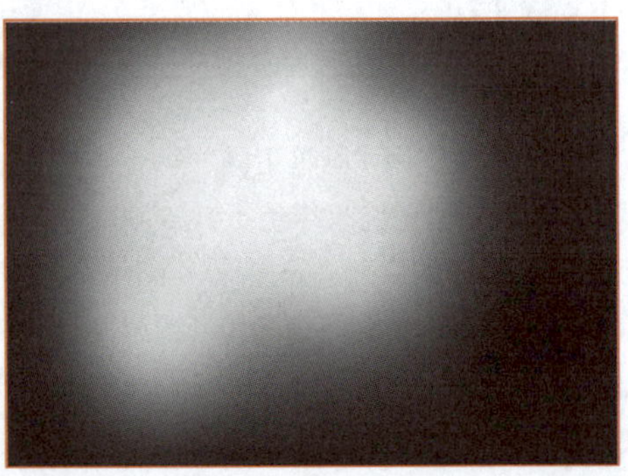

图 10-81
蒙版状态

⑩ 接下来调整背景图像的颜色。单击“图层”面板下面的“创建新的填充或调整图层”按钮，在弹出的菜单中选择“色相\饱和度”命令，弹出“色相\饱和度”对话框，设置色相为“+23”即可。

⑪ 按<Ctrl+Alt+A>组合键选中“背景”图层以外的所有图层，继续按<Ctrl+G>组合键将图层放入一个组中，将得到的组重命名为“背景图像”。至此已经完成了对于背景图像的处理，下面将向画布中添加人物等主题图像。

2. 主题婚纱图片中人物素材的处理

微课 10-5
主题婚纱图片中人物素材的处理

① 打开素材文件夹中的文件“人物 2.psd”图像，如图 10-82 所示。将人物所在图层变为普通图层，使用“魔棒工具”，设置容差为“10”，将背景图像选取出来，然后删除。

② 使用“移动工具”将其拖入本案例的文件中，将其所在图层命名为“人物 2”。执行“编辑”→“变换”→“水平翻转”菜单命令将图像翻转，并将其置于画布的左下角，如图 10-83 所示。如果“背景图像”组中的“人物 1”过于靠左，可单独向右移动“人物 1”图层的图像。

图 10-82
人物素材图像

图 10-83
人物放置在画布中效果

③ 下面将开始在画布的右侧制作两块渐变方格图像，同时利用素材图像增加其他花纹等装饰内容。选择“矩形工具”，在其工具选项栏上单击“路径”模式，在画布中绘制一个矩形路径，按<Ctrl+T>组合键调出路径自由变换控制框，对路径进行缩放并旋转约 15 度，然后置于画布的右下方，得到如图 10-84 所示的效果，按<Enter>键确认变换操作。

④ 单击“创建新的填充或调整图层”按钮，在弹出的菜单中选择“渐变”命令，设置渐变颜色为深绿（#43a81c）到浅绿（#97f667），得到如图 10-85 所示的效果，同时得到图层“渐变填充 1”。

图 10-84
绘制的路径效果

图 10-85
填充后的效果

⑤ 单击“图层”面板下面的“添加图层样式”按钮 fx，在弹出的菜单中选择“描边”命令，设置大小为 5 像素、位置为外部、颜色为白色，其他为默认。然后在“图层样式”对话框中继续选择“外发光”选项，设置混合模式为滤色、不透明度 60%、杂色为淡绿色（#caf9bd）、扩展为 0、大小为 60 像素，其他为默认，得到如图 10-86 所示的效果。

⑥ 打开素材文件夹中的文件“人物 3.jpg”，如图 10-87 所示。

图 10-86
设置图层样式后的效果

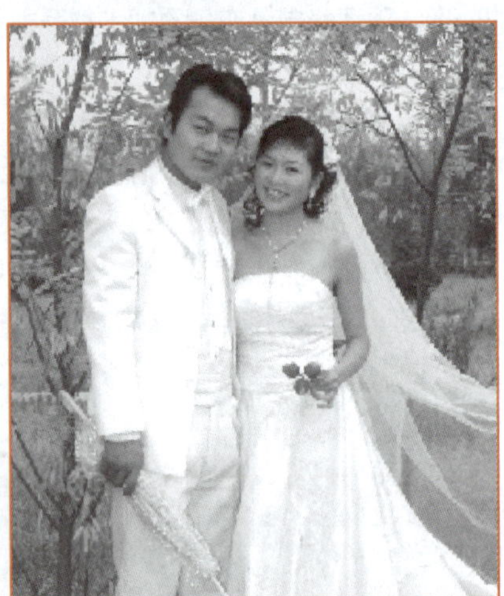

图 10-87
人物素材

⑦ 利用矩形选区工具选取一部分，使用“移动工具”将其拖至刚制作的文件中，将其所在图层命名为“人物 3”，结合自由变换功能将其旋转并移动至渐变方块上，设置其不透明度为 90%，得到如图 10-88 所示的效果。

⑧ 按照第 3~7 步的操作方法，在右侧再制作一个渐变方块及并将素材图像“人物 4”导入到画布中，同时得到图层“渐变填充 2”和“人物 4”。结合“横排文字工具” T 及自由变换功能，在两个渐变方块的下方输入相关的文字，得到如图 10-89 所示的效果。至此已经完成了渐变方块图像的内容，下面将继续添加其他的装饰图像。

图 10-88
放置“人物 3”
后的效果

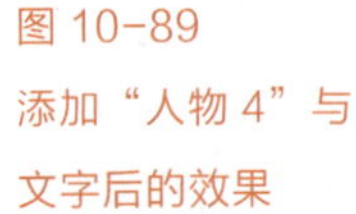

图 10-89
添加“人物 4”与
文字后的效果

微课 10-6
主题婚纱图片中装饰效果的制作

3. 主题婚纱图片中装饰效果的制作

① 打开素材文件夹中的文件“素材 6.psd”图像。使用“移动工具”将其拖至刚制作的文件中，将其图层命名为“钉”，使用“移动工具”将其置于底部渐变方块的左上角，并复制一层，将其放置在另一个小图像上面。接下来为两个钉所在的图层添加图层样式，单击“添加图层样式”按钮 fx，在弹出的菜单中选择“外发光”命令，设置大小为“10

像素”、颜色为“白色”，得到如图 10-90 所示的效果。

② 打开素材文件夹中的文件“素材 7.psd”图像，如图 10-91 所示。

图 10-90
放置钉后的效果

图 10-91
花饰素材图

③ 使用“移动工具”将其拖至刚制作的文件中，将其所在图层命名为“花饰”，使用“移动工具”将其摆放至画布的右上角，得到如图 10-92 所示的效果。

④ 按<Ctrl+Alt+A>组合键选中“背景”图层以外的所有图层，并按住<Ctrl>键单击组“背景图像”，以取消其选中状态，然后按<Ctrl+G>组合键将选中的图层编组，将得到的组重命名为“主题图像”。

⑤ 设置前景色为白色，选择“画笔工具”，按<F5>键调出“画笔”面板，单击右上方的画笔面板按钮，在弹出的菜单中选择“载入画笔”命令，在弹出的对话框中选择画笔素材，打开素材文件夹中的文件“笔刷 1.abr”，单击“载入”按钮。

⑥ 新建一个图层，命名为“星星”，选择“画笔工具”，并选中上一步载入的画笔，在画布的四周进行涂抹，直至得到如图 10-93 所示的效果。

图 10-92
将花饰放到
画布中的效果

图 10-93
添加星星后效果

⑦ 打开素材文件夹中的文件“素材 5.psd”，使用“移动工具”将文字素材图像拖至刚制作的文件中，将所在图层命名为“修饰”，再利用“横排文字工具”结合其文字变形功能，在画布的中间偏下位置制作主体文字，图 10-35 所示为二者添加图层样式后的整体效果。

项目 3：菜单封面效果的设计与制作

10.7　项目展示

本项目主要使用 Photoshop 设计与制作运河人家的食府菜谱封面，效果如图 10-94 所示，菜谱立体效果如图 10-95 所示。

图 10-94
菜谱展开效果

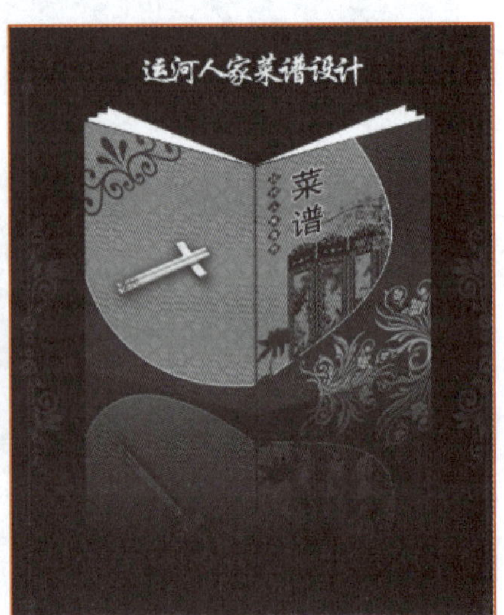

图 10-95
立体菜谱效果

10.8　项目分析

回溯中国烹饪的历史长河，千古菜系，除了鲁、川、粤外，就是唯一破例以省以下城市及区域称谓的淮扬菜系，称为八大菜系之首。运河人家食府是一家以古运河文化为依托的特色饭店，以淮扬菜为特色。菜单的设计要古香古色，充满“淮扬菜”的文化气息。

10.9　项目实施

10.9.1　菜谱封面展开页制作

微课 10-7
菜谱封面展开页制作

① 新建一个宽为 638 像素、高为 450 像素、分辨率为 150 像素/英寸、颜色模式为 CMYK、背景内容为白色的文档。然后将画布填充为土黄色（#ba9a6c），如图 10-96 所示，将文件保存为“菜谱封面设计.psd”。

② 打开素材图片“底纹.psd”文件，使用移动工具将底纹素材拖动到新建画布中，然后将其缩小并放置到画布的左上角，效果如图 10-97 所示。

图 10-96
画布填充效果

图 10-97
添加图像

③ 按<Alt+Ctrl+T>组合键执行复制并变换命令，然后水平向右拖动将其复制一份，按<Enter>键确认，效果如图 10-98 所示。

④ 在按住<Alt+Shift+Ctrl>组合键的同时，多次按<T>键重复复制并移动操作，其效果如图 10-99 所示。

图 10-98
复制并移动后的效果

图 10-99
重复复制并移动后的效果

⑤ 将除“背景”以外的图层全部选中并合并图层。按<Alt+Ctrl+T>组合键将合并后的图层选中，然后将其垂直移动，按<Enter>键确认，效果如图 10-100 所示。

注意

按<Ctrl+Shift+E>组合键，可以快速合并所有可见图层。

⑥ 在按住<Alt+Shift+Ctrl>组合键的同时，多次按<T>键重复复制并移动操作，形成如图 10-101 所示效果。

图 10-100
向下复制后的效果

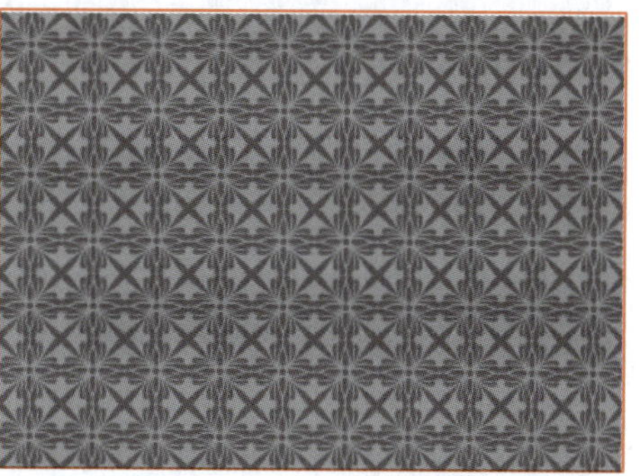

图 10-101
重复向下复制后的效果

⑦ 将除“背景”以外的图层全部选中并进行合并，然后将其重命名为“底纹”，并将其“不透明度”设置为 15%，效果如图 10-102 所示。

⑧ 执行“文件”→“打开”菜单命令，弹出“打开”对话框，选择素材中的“屏风.psd”文件，单击“打开”按钮。使用移动工具将屏风素材及梅花素材拖动到新建画布中，然后将其缩小并放置到画布的右下角，并将屏风所在图层命名为“屏风”，为将其更好地融合到背景中，设置“屏风”图层的图层样式为“正片叠底”，如图 10-103 所示。

图 10-102
调整不透明度后的效果

图 10-103
添加屏风与正片叠底后的效果

⑨ 选择工具箱中的“钢笔工具”，在画布中绘制一条封闭路径，如图 10-104 所示。在绘制路径时，外侧的路径不用完全沿画布边缘绘制，可以大于画布，这样更加容易绘图，填充时也不会出现留白。

⑩ 创建一个新图层，命名为“边框”。按<Ctrl+Enter>组合键将路径转换为选区，然后将其填充为咖啡色（#522913），填充后的图像效果如图 10-105 所示。

图 10-104
绘制的路径形状

图 10-105
替换选区并填充

⑪ 单击“图层”面板底部的“添加图层样式”按钮，在弹出的菜单中选择“描边”命令。打开“图层样式”对话框，设置描边的“大小”为 2 像素、“颜色”为黄色（#faf3a4），如图 10-106 所示。单击“确定”按钮，效果如图 10-107 所示。

图 10-106

“描边”参数设置

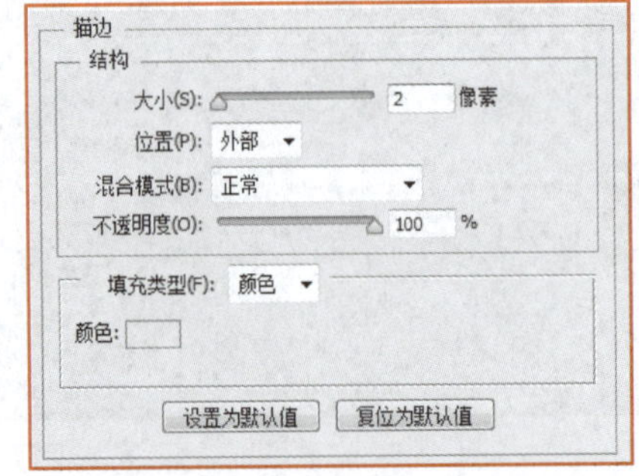

图 10-107
描边后效果图

⑫ 创建一个新图层，命名“修饰 1”，将前景色设置为咖啡色（#522913）。选择

工具箱中的“自定形状”工具，单击选项栏中的“单击可打开‘自定形状’拾色器”按钮，然后在“‘自定形状’拾色器”中，单击右上角的设置按钮，在弹出的菜单中选择“自然”命令，弹出“是否用自然中的形状替换当前的形状？”提示框，单击“追加”按钮，“自然”形状组被载入装饰形状，然后选择“花 2”形状，如图 10-108 所示。

⑬ 单击选项栏中的“填充”模式，将鼠标指针移至画布中，在“修饰 1”的图层中单击鼠标并拖动绘制一个装饰花纹图形，效果如图 10-109 所示。

图 10-108
选择的形状

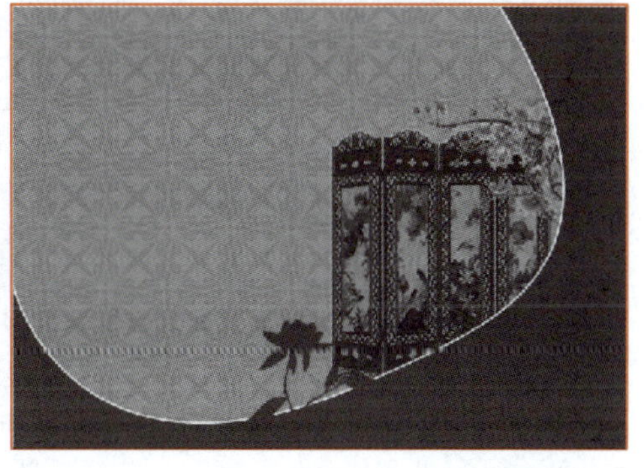

图 10-109
装饰花纹形状

⑭ 新建一图层，命名为“装饰 2”，继续使用“自定形状”工具，设定形状为“装饰”→“装饰 5”，在左上角绘制一形状，利用移动工具调整其角度和大小，效果如图 10-110 所示。

⑮ 选择“画笔”工具，在其工具选项栏中单击“点按可打开‘画笔预设’管理器”，打开“‘画笔预设’管理器”，单击右上角的小三角，在弹出的菜单中选择“载入画笔”命令，打开素材中的“stock01.abr”，将画笔形状追加到管理器中。接下来选择一种画笔，如图 10-111 所示。

图 10-110
绘制的新形状

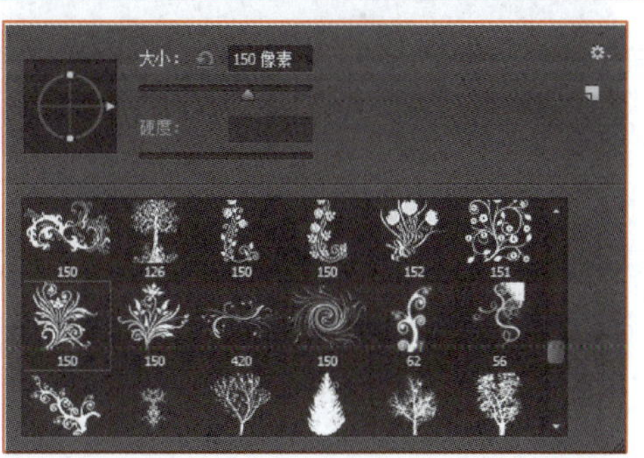

图 10-111
选择的画笔形状

⑯ 新建一图层，命名为“装饰 3”，将前景色设置为土黄色（#e3b145），使用画笔在该图层的右下角绘制装饰效果，如图 10-112 所示。

⑰ 创建一个新图层，将前景色设置为咖啡色（#522913）。选择工具箱中的“自定形状工具”，单击选项栏中的“单击可打开‘自定形状’拾色器”按钮，然后在“‘自定形状’拾色器”中选择“形状”→“方块形卡”形状。然后将鼠标指针移至画布中，单击鼠标并拖动绘制一个方块形图形，效果如图 10-113 所示。

图 10-112
新修饰图

图 10-113
“方块形卡”
形状新修饰图

⑱ 将刚绘制的方块复制多份，然后将其分别垂直向下移动到合适的位置，如果方块的位置和屏风图像有重叠，可适当移动图像，效果如图 10-114 所示。最后将所有方块图层选中并合并，重命名为“方块”。

⑲ 选择工具箱中的“直排文字工具” ，在画布中输入汉字，设置字体为黑体、大小为 23 像素、颜色为黑色。然后将其放置到合适的位置，单击“菜谱”文字“图层”面板底部的“添加图层样式”按钮 ，在弹出的菜单中选择“描边”命令。打开“图层样式”对话框，设置大小为 3 像素、颜色为黄色（#e4cd90），图像效果如图 10-115 所示。

图 10-114
复制并移动后的效果

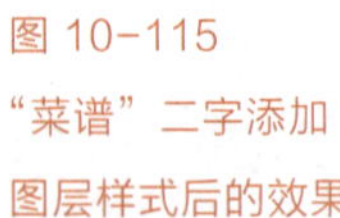

图 10-115
“菜谱”二字添加
图层样式后的效果

⑳ 选择工具箱中的“直排文字工具”，在画布中输入文字“运河人家食府”，设置字体为黑体、大小为 10 像素、颜色为浅黄色（#fdffd8），效果如图 10-116 所示。

㉑ 执行“文件”→“打开”菜单命令，弹出“打开”对话框，选择素材中的“筷子.psd”文件，单击“打开”按钮。使用“移动工具”将筷子素材拖动到新建画布中，将其所在图层命名为“筷子”，然后将其缩小并放置到合适的位置，效果如图 10-117 所示。

图 10-116
输入文字后的效果

图 10-117
导入“筷子”素材

㉒ 单击“筷子”素材“图层”面板底部的“添加图层样式”按钮 ，在弹出的菜

单中选择“投影”命令。打开“图层样式”对话框，设置距离为 18 像素、扩展为 0、大小为 21 像素，其他参数保持默认。单击“确定”按钮，图像添加投影后的效果如图 10-94 所示。这样就完成了菜谱展开面的最终效果。

10.9.2　制作菜谱的立体效果

① 新建一个宽为 480 像素、高为 580 像素、分辨率为 150 像素/英寸、颜色模式为 RGB、背景内容为白色的画布，然后将画布填充为黑色，将文件保存为“菜谱立体效果.psd”。

微课 10-8
菜谱立体效果制作

② 执行“文件”→“打开”菜单命令，弹出“打开”对话框，打开前面制作的“菜谱封面设计.psd”文件，单击“打开”按钮，选择工具箱中的“矩形选框工具”，将菜谱的封面部分选中，如图 10-118 所示。

③ 按<Shift+Ctrl+C>组合键将选中的图像进行合并复制。切换到新建画布中，按<Ctrl+V>组合键将其进行粘贴并调整大小，效果如图 10-119 所示，将其所在图层命名为“封面”。

图 10-118
选择部分区域

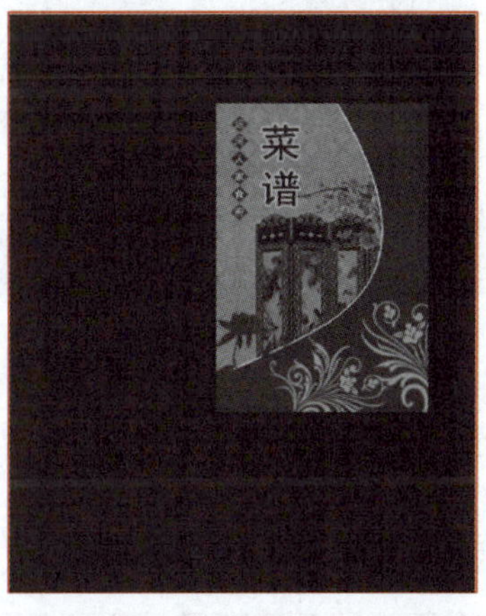

图 10-119
复制粘贴后的封面

④ 按<Ctrl+T>组合键执行“自由变换”命令，在画面中单击鼠标右键，在弹出的快捷菜单中选择“扭曲”命令。将鼠标指针移至右边中间的控制点上，在按住<Shift>键的同时向上拖动鼠标，将图像进行扭曲变形。按<Enter>键完成变形操作，效果如图 10-120 所示。

⑤ 切换到菜谱封面画布，选择“矩形选框工具”，将画布中的矩形选区水平向左移动，然后将封底和封脊左半部分图像选中，如图 10-121 所示。

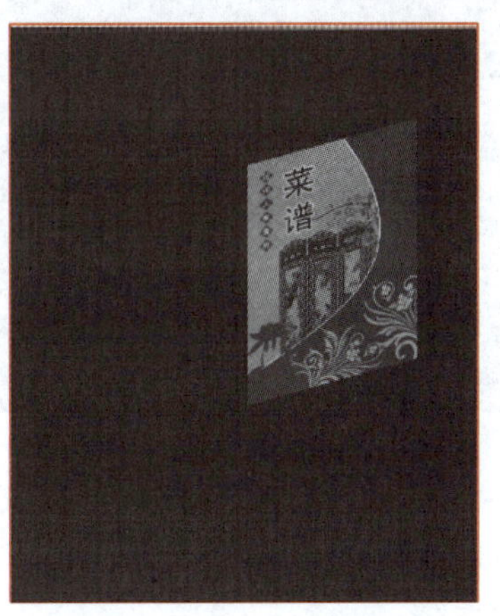

图 10-120
扭曲后的效果

图 10-121
选择平面图中的封底

⑥ 参照前面的操作方法，将选中的图像合并复制到新建画布中，并对其进行扭曲变形，效果如图 10-122 所示，然后将其所在的图层命名为“封底”。

⑦ 创建一个新图层，命名为“书脊”。设置前景色为咖啡色（#522913），选择工具箱中的“直线工具”，单击选项栏中的“填充像素”按钮，设置粗细为“2 px”。然后在封面和封底的中心绘制一条直线，效果如图 10-123 所示。

图 10-122
扭曲后的效果

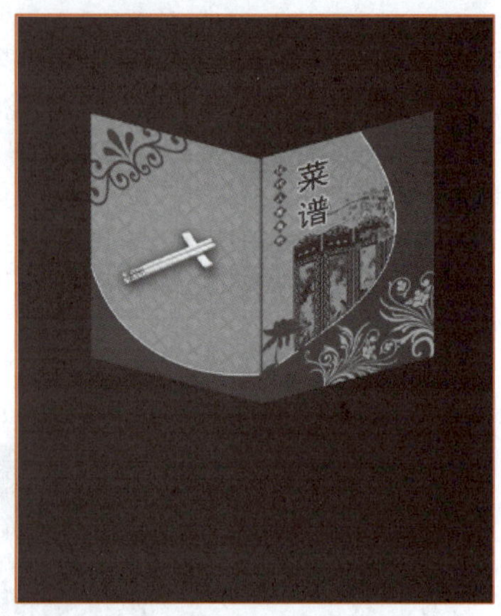

图 10-123
绘制书脊效果

⑧ 利用“钢笔工具”在封面的上方绘制一条封闭路径，将封闭路径复制一份并进行水平翻转。然后将复制出的路径水平向左移动放置到合适的位置，如图 10-124 所示。

⑨ 创建一个新图层，按<Ctrl+Enter>组合键将路径转换为选区并填充为白色，取消选区后的效果如图 10-125 所示。

图 10-124
绘制的路径效果

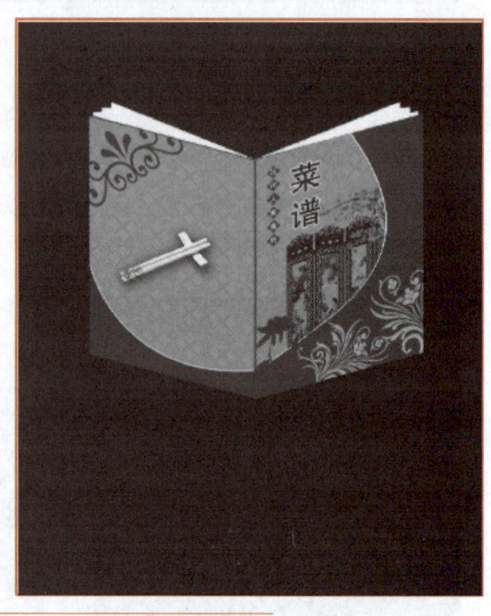

图 10-125
选区填充效果

⑩ 在“图层”面板中将“封面”“封底”和“书脊”图层选中，再按住鼠标拖动到面板下方的“新创建图层”按钮，将其进行复制。然后将复制出的图像垂直向下移动到合适的位置，并进行垂直翻转，效果如图 10-126 所示。

⑪ 分别将复制出的封面和封底进行扭曲变形，变形后的图像效果如图 10-127 所示。然后将封面、封底和书脊的副本图层进行合并。

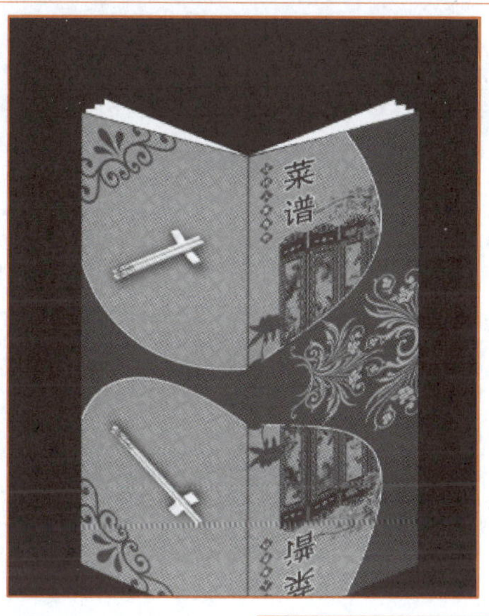

图 10-126
复制图像的效果

图 10-127
扭曲变形后的效果

⑫ 单击“图层”面板底部的“添加图层蒙板”按钮，并设置渐变填充颜色为白色到黑色。然后从图像的上方向下方拖动鼠标填充蒙版，效果如图 10-128 所示。

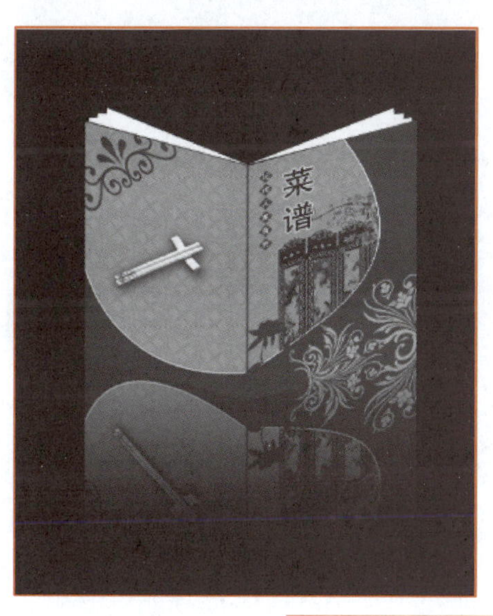

图 10-128
添加蒙版后的效果

⑬ 执行“文件”→“打开”菜单命令，弹出“打开”对话框，选择素材“角花.psd”文件，单击“打开”按钮。使用“移动工具”将角花素材拖动到新建画布中，然后将其缩小并逆时针旋转 90 度，移动到画布的左侧。将角花复制一份并进行水平翻转，然后水平向右移动到画布的右侧。最后，利用“横排文字工具”在画布中输入相应的文字，如图 10-95 所示，这样就完成了菜谱的立体效果。

参考文献

[1] 赵鹏. 毫无 PS 痕迹：你的第一本 Photoshop 书[M].北京：中国水利水电出版社，2015.

[2] 马兆平，李仁，郑国强. Photoshop CC 设计从入门到精通[M].北京：清华大学出版社，2015.

[3] 刘英杰，徐雪峰，刘万辉. Photoshop CC 图像处理案例教程[M]. 2 版. 北京：机械工业出版社，2016.

[4] 雷波. Photoshop CC 中文版标准教程 [M]. 5 版. 北京：高等教育出版社，2017.

[5] 华天印象. Photoshop 淘宝网店设计与装修实战从入门到精通[M].北京：人民邮电出版社，2015.

[6] 罗晓琳. Photoshop APP UI 设计从入门到精通[M].北京：机械工业出版社，2016.

[7] 李金明，李金荣. Photoshop 专业抠图技法[M].北京：人民邮电出版社，2012.

[8] 锐艺视觉. 中文版 Photoshop CS6 平面广告设计实战宝典 505 个必备秘技 [M].北京：人民邮电出版社，2014.

[9] Art Eyes 设计工作室. Photoshop 玩转移动 UI 设计[M].北京：人民邮电出版社，2015.

[10] 一线文化. 实战应用 Photoshop 网店美工设计[M].北京：中国铁道出版社，2015.